全国高等职业教育建筑电气专业十三五规划教材

主编 陈德明 董 娟 李明君

智能建筑安全防范系统设计与安装

ZHINENGJIANZHU ANQUAN FANGFAN XITONG SHEJI YU ANZHUANG

HEUP 哈尔滨工程大学出版社

内容简介

本书从智能建筑安全防范系统工程的实际出发，具体讲述了个防范子系统的设计与安装，内容包括智能建筑安全防范系统认识、停车场车辆管理系统与电子巡查系统的设计与安装、楼宇对讲系统的设计与安装、闭路电视监控系统的设计与安装、出入口控制系统的设计与安装、防盗报警系统的设计与安装、电气消防系统的设计与安装和安全防范系统集成设计等，并通过典型的案例讲述各子系统的组成、工作原理及各子系统间的联系，是一本实用性很强的专业书籍。

本书适合作为高等职业技术院校和本科院校内设的职业技术教育学院的楼宇智能化、建筑电气自动化、设备安装及水电技术等相关专业的教材，也可作为成人高等院校相关专业的教材和建筑行业有关技术人员的培训教材或参考书。

图书在版编目(CIP)数据

智能建筑安全防范系统设计与安装/陈德明，董娟，李明君主编. —哈尔滨：哈尔滨工程大学出版社，2017.1(2020.8 重印)
ISBN 978-7-5661-1424-2

Ⅰ.①智… Ⅱ.①陈… ②董… ③李… Ⅲ.①智能化建筑-安全防护 Ⅳ.①TU89

中国版本图书馆 CIP 数据核字(2016)第 325228 号

选题策划 吴振雷
责任编辑 吴振雷 周一曈
封面设计 卓印堂设计

出版发行 哈尔滨工程大学出版社
社　　址 哈尔滨市南岗区南通大街 145 号
邮政编码 150001
发行电话 0451-82519328
传　　真 0451-82519699
经　　销 新华书店
印　　刷 北京中石油彩色印刷有限责任公司
开　　本 787 mm×1 092 mm 1/16
印　　张 15.75
字　　数 416 千字
版　　次 2017 年 1 月第 1 版
印　　次 2020 年 8 月第 4 次印刷
定　　价 32.00 元
http://www.hrbeupress.com
E-mail:heupress@hrbeu.edu.cn

前　言

随着社会不断发展，智能建筑在我国快速兴起，由于建筑的大型化、多功能化、高层次和高技术的特点，其安保系统显得尤为重要，而且要求更加智能、更加完善。如何尽快造就一批熟悉和精通建筑防范技术的应用型人才，以适应现代建筑智能化的快速发展，满足社会的需求，不仅是我们目前进行课程开发、深化课程改革亟待解决的问题，也是大力发展高等职业教育的一项紧迫的任务。

本书从建筑安全防范系统的设计、安装等实际出发，在内容上强调知识的应用性，体现高等职业教育的特点，以技术与技能培养为根本，力求相关理论知识以够用为准，避免冗长的理论讲述。本书图文并茂，依据国家最新的工程设计规范，采用通俗易懂的文字阐述停车场车辆管理系统、楼宇对讲系统、闭路电视监控系统、出入口控制系统、防盗报警系统和电气消防系统等安全防范系统，并用典型的案例讲述各子系统的组成、工作原理以及各子系统间的相互关系。

本书内容可根据教学课时的多少和不同专业的要求进行取舍。

本书由黑龙江建筑职业技术学院陈德明、董娟、李明君担任主编，王欣、高影担任副主编。具体工作为：情境一和情境五由董娟编写；情境二和情境三由王欣编写；情境四和情境六由陈德明编写；情境七由高影编写；情境八由董娟和李明君共同编写。

本书在编写过程中参阅了大量的有关技术书刊和资料，在此谨向这些书刊和资料的作者表示衷心的感谢。

由于时间仓促，编者水平有限，书中难免存在疏漏与不足之处，敬请广大读者和同行批评指正。

编　者

2016 年 9 月

目　　录

情境一　智能建筑安全防范系统认知

知识目标：

1. 了解什么是安全防范系统；
2. 初步了解安全防范系统包括哪些子系统。

能力目标：

1. 安全防范系统概述；
2. 建筑安全防范系统分类。

现在，随着生活水平的日益提高和改善，人们对于自身安全和财产安全的要求越来越高。因此，人们对于生活、工作环境的安全性也相应地提出了更高的要求。建筑物的整体安防已成为现代建筑质量标准中一个非常重要的方面。目前，人身安全和财产安全面临着两方面的因素的威胁：一方面是人为因素，是指由人为破坏或实施犯罪过程的行为，如盗窃、抢劫、谋杀等；另一方面是自然因素，是指因建筑物内管线等设备失效而引起的危害，如漏水、漏气、漏电及火灾等。所以，安全防范系统是现代化建筑楼宇自动化系统中不可缺少的一个子系统，也是建筑现代化科学管理的一种主要手段，它可为大厦或小区创造出一个安全舒适的工作与生活环境。

任务一　安全防范系统认知

现代建筑的高层化、大型化以及功能的多样化向安全防范系统提出了更新、更高的要求——安全可靠，具有较高的自动化水平及完善的功能。

建筑安全防范系统必须对建筑物的主要环境（包括内部环境和周边环境）进行全面有效的全天候监视，对建筑物内部的人身、财产、文件资料、设备等的安全起着重要的保障作用。那么，什么是建筑安全防范系统呢？

建筑安全防范系统是指通过人力防范（Personal Protection，人防）、实体防范（Physical Protection，物防）、技术防范（Technical Protection，技防）三种手段相结合，做好准备与保护，以应付入侵和迫害，从而使被保护的区域或对象处于安全的状态。

人力防范是指执行安全防范任务的具有相应素质人员或人员群体的一种有组织的防范行为（包括人、组织、管理等）。

实体防范是指用于安全防范目的、能延迟风险事件发生的各种实体防护手段，包括建（构）筑物、屏障、器具、设备、系统等。

技术防范是指利用各种电子信息设备组成系统或网络以提高探测、延迟、反映能力和防护功能的安全防范手段。

目前,智能建筑的安全防范系统具有很高的自动化程度,而且具有智能功能,故又称为“智能保安系统”。

为了防止各种偷盗和暴力事件,在楼宇中设立保安系统是必不可少的。过去,人们在下班后采取的保安措施就是把门锁上。现在,随着科技的飞速发展,新出现的各种犯罪手段对保安系统提出了许多新课题。同时,信息时代的到来使保安系统的内容有了新的意义。最初,保安的内容是保护人身和财产安全;现在,重要文件、技术资料、图纸的保护变得越来越重要。进入信息社会的今天,计算机系统已经渗透到各行各业的各个角落,大量的文件和数据都存在计算机中,它们更需要保护。在金融行业,利用计算机盗取巨款的案例与日俱增;在技术领域,通过计算机来获取技术资料和情报的间谍活动也越来越多。所以,计算机系统的保护已成为保安系统的一项重要内容。在具有信息自动化和办公自动化的智能大厦内,人员的层次多、成分复杂,不仅要对外部人员进行防范,而且要对内部人员加强管理,对于重要的地点、物品还需要特殊的保护。所以,现代化大楼需要多层次、立体化的保安系统。从防止罪犯入侵的过程上讲,保安系统要提供以下三个层次的保护。

1. 外部侵入保护

外部侵入保护是为了防止无关人员从外部侵入楼内。例如,防止罪犯从窗户、门、天窗、通风管道等地侵入楼内。因此,这一道防线的目的是把罪犯排除在所防卫区域之外。

2. 区域保护

如果罪犯突破了第一道防线,进入楼内,保安系统则要提供第二个层次的保护——区域保护。这个层次保护的目的是探测是否有人非法进入某些区域,如果有,则向控制中心发出报警信息,控制中心再根据情况做出相应处理。

3. 目标保护

第三道防线是对特定目标的保护,如保险柜、重要文物等均列为这一层次的保护对象。目标保护是在前两道防卫措施都失效后的又一项防护措施。

总之,大厦的保安系统最好在罪犯有侵入的意图和动作时便及时发现,以便尽快采取措施以“拒敌以外”。当罪犯侵入防范区域时,保安人员应当通过保安系统了解他的活动。当罪犯把手伸向目标时,保安系统的最后一道防线要马上起作用。如果所有的防范措施都失败,保安系统还应该有事件发生前后的信息记录,以便帮助有关人员对犯罪经过进行分析,这就是智能建筑保安系统的任务。

初始的保安是由人完成的,现代化大楼内的保安也可以通过增加保安人员加强保安效果。但是,增加人员一方面要大量增加费用;另一方面,人终究不能像机器一样始终如一地坚持原则。所以,现代化大楼的保安系统应当尽量降低对人员的需求,而以机器代之。目前,根据安防工作的性质,现代建筑安全防范系统(智能保安系统)可以分为:防盗报警系统、出入口控制系统、闭路电视监控系统、访客对讲系统、火灾自动报警与自动灭火控制系统、电子巡更系统及停车场管理系统等。

总而言之,全方位的安全防范系统应该由计算机协调共同完成,构成一个完全集成化的安全防范系统,从而达到一个更安全的防范目的。

任务二　建筑安全防范系统分类

一、防盗报警系统

随着社会的进步和科学的发展,人类进行现代化管理、安全防范的技术水平也不断提高。目前,我们已基本上摆脱了“手持武器、瞪大眼睛”的人力机械防守手段,已经可以科技强兵、靠现代技术武装自己,提高安全防范的可靠性和效率。其中,防盗报警系统是安防系统中应用最广泛的手段之一,其独特的功能是其他安防手段所无法比拟的,目前已被广泛应用于部队、公安机关、金融机构、现代化综合办公大楼、工厂、商场等领域。

防盗报警系统主要由防盗报警探测器、传输系统和报警控制器组成。防盗报警系统的核心设备是探测器,它可以对建筑内外重要地点和区域进行布防,及时地探测非法侵入,并且当探测到有非法侵入时,第一时间向有关人员示警。另外,人为的报警装置,如电梯内的报警按钮、人员受到威胁时使用的紧急按钮等也属于此系统。目前,常用防盗报警系统的还有安装在墙上的振动探测器、玻璃破碎报警器及门磁开关等,可有效探测罪犯从外部的侵入;安装在楼内的运动式探测器和红外探测器可感知人员在楼内的活动;接近探测器可以用来保护财物、文物等珍贵物品。目前,防盗报警系统在市场上种类繁多,将在后面详述。另外,此系统还有一个任务,就是一旦有报警,要记录入侵的时间、地点,同时要向监视系统发出信号,让其录下现场情况。

二、出入口控制系统

出入口门禁系统,顾名思义就是对出入口通道进行管制的系统,它集微机自动识别技术和现代安全管理措施为一体,涉及电子、机械、光学、计算机、通信、生物等诸多新技术,是解决重要部门出入口实现安全防范管理的有效措施。

出入口门禁系统是在传统的门锁基础上发展而来的。传统的机械门锁仅仅是单纯的机械装置,不管结构设计多么合理、材质多么坚固,人们总能用通过各种手段将其打开。在人口密集的出入通道(如办公室、酒店客房等),钥匙的管理很麻烦,钥匙丢失或人员更换都要把锁和钥匙一起换掉。为了解决这些问题,又出现了电子磁卡锁和电子密码锁。这两种锁的出现从一定程度上提高了人们对出入口通道的管理程度,使通道管理进入了电子时代。但随着这两种电子锁的不断应用,它们本身的缺陷就逐渐暴露。磁卡锁的问题是信息容易复制,卡片与读卡机具之间磨损大、故障率高、安全系数低;密码锁的问题是密码容易泄露,又无从查起,安全系数很低。同时,这个时期的产品由于大多采用读卡部分(密码输入)与控制部分合在一起安装在门外,很容易被人在室外打开锁,这个时期的门禁系统还停留在早期不成熟阶段。因此,当时的门禁系统通常被人称为电子锁,应用也不广泛。

最近几年,随着感应卡技术和生物识别技术的发展,门禁系统得到了飞跃式的发展,进入了成熟期,出现了感应卡式门禁系统、指纹门禁系统、虹膜门禁系统、面貌识别门禁系统、乱序键盘门禁系统等各种技术的系统,它们在安全性、方便性、易管理性等方面都各有所长,门禁系统的应用领域也越来越广,如银行、军械库、机要室、智能化小区、工厂企业等。

三、闭路电视监控系统

随着各类建筑的智能化要求和生产经营管理自动化的要求，也随着安全防范的高标准要求，电视监控系统目前得到了极大的发展，也得到了各行各业的广泛使用。有些行业、部门和国家有关部门还要求强行使用电视监控系统（如银行、星级宾馆等）。

电视监控系统可分为闭路（有线）电视监控系统和无线电视监控系统。有线电视监控系统有着保密性强、不易受干扰、不干扰其他电器设备、传输信号稳定可靠、设备费用低等优点，得到普遍使用和推广。无线系统有着无线传输不需要布线、施工简单等优点，但有很多地方是不能与有线系统相比的，所以一般不用。在此，我们只介绍闭路电视监控系统，简称“CCTV 系统”。

闭路电视系统是应用电缆或光缆在闭合的路径内传输电视信号，并从摄像到显像完全独立齐备的电视系统。

闭路电视系统可分为工业（管理）电视系统和保安电视监控系统。

工业电视监控系统用于工厂企业的生产调度、质量检测或对人眼不便直接观察的场所（如有毒、有害工序等）进行监控，也用于商家、公司的经营管理。

闭路电视监控系统应用于写字楼、酒店、宾馆、商场、银行、文物展厅、停车场、车站、机场以及建筑出入口等场所，其作用是对现场进行实时图像监控，并能采用录像等方式进行记录。

四、楼宇对讲系统

随着社会的发展和人类的进步，安全、舒适和先进的居住环境已成为现代化住宅小区（或智能化住宅小区）的基础，而现代化楼宇的访客对讲系统是营造这一基础的一个重要组成部分，这个系统将楼宇的入口、住户及小区物业管理部门三方面的通信集成在同一网络中，组成防止住宅受非法侵入的重要防线，有效地保护了住户的人身安全和财产安全。

目前，访客对讲系统主要分为单对讲和可视对讲两种。多数基本功能型单对讲系统只有一台设于安全大门口的门口机，而一部分多功能型对讲系统除门口机外，还连有一台设于物管中心的管理员机（主机），因此，可实现主机（或门口机）呼叫住户，住户呼叫主机以及多个住户同时呼叫主机等功能。随着人们生活水平的提高，住户已不满足于和访客对讲，还能希望同时看清访客的容貌和大门口的情景，所以可视对讲系统越来越受到人们的关注。尤其是摄像、显像技术的飞跃发展，摄像机、监视器日趋小型化，生产成本也越来越低，这就为可视对讲系统的应用普及创造了条件。

五、停车场车辆管理系统与电子巡查系统

停车场车辆管理系统是基于现代化电子与信息技术，在停车区域的出入口处安装自动识别装置，通过非接触式卡或车牌识别对出入此区域的车辆实施监控，其目的是有效地控制车辆与人员的出入，记录所有详细资料并自动计算收费额度，实现对场内车辆与收费的安全管理。

停车场车辆管理系统集感应式智能卡技术、计算机网络、视频监控、图像识别与处理及自动控制技术于一体，对停车场内的车辆进行自动化管理，包括车辆身份判断、出入控制、车牌自动识别、车位检索、车位引导、会车提醒、图像显示、车型校对、时间计算、费用收取及

核查、语音对讲、自动取(收)卡等系列科学、有效的操作。这些功能可根据用户需要和现场实际灵活删减或增加,形成不同规模与级别的豪华型、标准型、节约型停车场管理系统和车辆管制系统。停车场管理系统在住宅小区、大厦、机关单位的应用越来越普遍。而人们对停车场管理的要求也越来越高,智能化程度也越来越高,使用更加方便快捷,也给人类的生活带来了方便和快乐,不仅提高了现代人类的工作效率,也大大地节约了人力物力,降低了公司的运营成本,并使得整个管理系统安全可靠。

在现代大型楼宇中,出入口很多,来往人员复杂,必须有专人巡逻以保证大楼的安全。较重要的场所应设巡查站,定期进行巡逻。现代的电子巡查系统就是利用全新的技术,确保保安巡更工作科学化、规范化的。它可以根据建筑的使用功能和安全防范管理的要求,按预先编制的保安人员巡查程序,通过信息识读器或其他方式对保安人员巡逻的工作状态进行监督、记录,并能对意外情况及时报警,以确保大楼的安全。

六、电气消防系统

火灾是当今世界上普遍关注的一个重大问题,它是发生频率较高、损失很大的一种灾害。随着社会经济的发展,高层建筑不断涌现,其装修装饰的档次越来越高,在装饰材料及家具中有很多易燃物质,火灾的危险性日益增加。另外,建筑内有各种管道及竖井,它们像一个个直立的“烟囱”,一旦失火,建筑内的易燃物质借助“烟囱效应”迅速燃烧蔓延。同时高层建筑的人员、物质疏散非常不方便。又加之很多高层建筑都是裙楼围绕主楼的形式,主楼发生火灾,消防车辆难以接近,消防人员难以扑救。因此,在建筑中装备完善、高效的火灾自动报警与自动灭火控制系统显得越来越重要。

由于不同形式、不同结构、不同功能的建筑物对消防系统有不同的标准和要求,因此,应当按照建筑物的使用性质、火灾的危险性、疏散和扑救的难易程度,采用具有相应功能的消防系统。目前,在建筑物中比较常用的消防系统有自动监测、人工灭火系统和自动监测、自动灭火系统两种。

自动监测、人工灭火系统:这种系统是半自动化消防系统,适用于普通厂房、一般商店等。当系统中的探测器探测到要失火时,本层或本区域火灾报警器就会发出报警信号。同时,探测器输出信号送入管理值班室,值班室的显示屏显示发生火灾的具体位置,消防人员根据情况采取灭火措施。

自动监测、自动灭火系统:该系统是全自动化系统,适用于重要办公楼、高级宾馆、档案馆、变电所、易燃易爆仓库等建筑。目前的智能建筑中一般均采用这种系统,该系统中设置了一套完备的火灾自动报警与自动灭火控制系统。当要失火时,探测器立即将探测到的火情变为电信号送给消防中心的火灾报警控制器,火灾报警控制器在输出报警信号的同时输出控制信号,控制相关灭火设备联动,在发生火灾区域进行灭火,实现消防自动化。在自动化的消防系统中也可以手动控制报警与灭火。

思考题

1. 什么是安全防范系统?
2. 建筑安全防范系统分几类?
3. 防止非法入侵保安系统应提供哪几个层次的保护?

情境二　停车场车辆管理系统与电子巡查系统的设计与安装

知识目标：

1. 熟悉停车场车辆管理系统的构成；
2. 熟悉电子巡查系统的构成和工作原理；
3. 掌握停车场车辆管理系统工作过程。

能力目标：

1. 掌握停车场车辆管理系统方案的设计与选择；
2. 学会停车场管理系统的主要设备选型；
3. 能够对停车场车辆管理的方案设计。

任务一　停车场车辆管理系统的初步认识

停车场车辆管理系统作为现代化大厦和住宅小区高效、科学管理必需的手段，已在国外普遍采用。在国内，随着国民经济的不断发展，现代化的大厦和小区日益增多，需要先进的停车管理手段与之配套，而传统的停车场人工管理无法满足当今高效、快节奏市场经济社会的需求。

根据建筑设计规范，大建筑数必须设置汽车停车场，以满足交通组织需要，保障车辆安全，方便公众使用。具体要求是：对于办公楼，按建筑面积每 10 000 m^2需设置 50 辆小型汽车停车位；住宅为每 100 户需设置 20 个停车位；对于商场，则按营业面积每 1 000 m^2需设置 10 个停车位。

为了使地面有足够的绿化面积与道路面积，同时为保证提供规定数量的停车位，多数大型建筑都在地下设置停车库。当停车场内的车位数超过 50 个时，往往需要考虑建立停车库管理系统，又称停车场自动化系统，以提高车库管理的质量、效益及安全性。

一、停车场车辆管理系统功能

①车辆驶近入口时，可看到停车场指示信息标志，标志显示入口方向与停车场内空余车位的情况。若停车场停车满额则车满灯亮，拒绝车辆入场；若车场未满，允许车辆进场，但驾车人必须购买停车票或专用停车卡，通过验读机认可，入口电动栏杆升起放行。

②车辆驶过栏杆门后，栏杆自动放下，阻拦后续车辆进入。进入的车辆可由车牌摄像机将车牌影像摄入并送至车牌图像形成当时驶入车辆的车牌数据。车牌数据与停车凭证

数据一齐存入管理系统计算机内。

③进场的车辆在停车引导灯指引下,停在规定的位置上。此时管理系统中的 CRT 上即显示该车位已被占用的信息。

④车辆离场时,汽车驶近出口电动栏杆处,出示停车凭证并经验读器识别出行的车辆的停车编号与出场时间,出口车辆摄像识别器提供的车辆数据与验读器读出的数据一起送入管理系统,进行核对与计费。若需当场核收费用,则由出口收费器(员)收取。手续完毕后,出口电动栏杆升起放行。放行后电动栏杆落下,车场停车数减 1,人口指示信息标志中的停车状态刷新一次。

通常,有人值守操作的停车场出口称为半自动停车场管理系统。若无人值守,全部停车管理自动进行,则称为停车场自动管理系统。

二、停车场车辆管理系统的组成

停车场车辆管理系统布置图如图 2.1 所示。

1. 车辆出入的检测与控制

车辆出入的检测与控制通常采用环形感应线圈方式或光电检测方式。

2. 车位和车满的显示与管理

车位和车满的显示与管理可有车辆计数方式和车位检测方式等。

3. 计时收费管理

计时收费管理有无人自动收费系统、有人管理系统等。

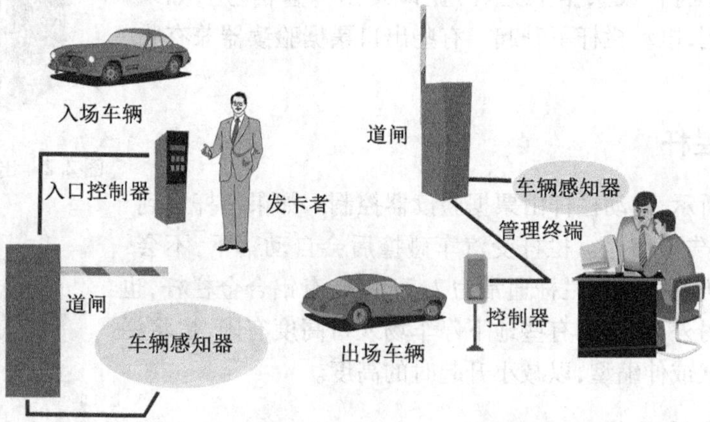

图 2.1　停车场车辆管理系统布置图

任务二　停车场管理系统的主要设备选型

停车场管理系统的主要设备有出入口票据验读器、电动栏杆、自动计价收银机、车牌图像识别器、管理中心等。

一、出入口票据验读器

由于停车人有临时停车人、短期租用停车位人与停车位租用权人三种情况，所以对停车人持有的票据卡上的信息要作相应的区分。

停车场的票据卡有条形码卡、磁卡与IC卡三种类型，因此，出入口票据验读器的停车信息阅读方式可以有条形码读出、磁卡读写和IC卡读写三类。无论采用哪种票据卡，票据验读器的功能都是相似的。

对入口票据验读器，驾驶人员将票据送入验读器，验读器根据票据卡上的信息，判断票据卡是否有效。票据卡有效，则将入场的时间（年、月、日、时、分）打入票据卡，同时将票据卡的类别，编号及允许停车位置等信息存储在票据验读器中并输入管理中心。此时电动栏杆升起车辆放行。车辆驶过入口感应圈后，栏杆放下，阻止下一辆车进场。如果票据卡无效，则禁止车辆驶入，并发出警报信号。某些入口票据验读器还兼有发售临时停车票据的功能。

如图2.2所示，对于出口票据验读器，驾驶人员将票据卡送入验读器，验读器根据票据卡上的信息，核对持卡车辆与凭卡人驶入的车辆是否一致，并将出场的时间（年、月、日、时、分）打入票据卡，同时计算停车费用。当合法持卡人支付结清停车费时，电动栏杆升起车辆放行。车辆驶过出口感应线圈后，栏杆放下，阻止下一辆车出场。如果出场持卡人为非法者（持卡车辆与驶入车辆的牌照不符合或票据卡无效）立即发出告警信号。如果未结清停车费用，电动栏杆不升起。有些出口票据验读器兼有收银POS的功能。

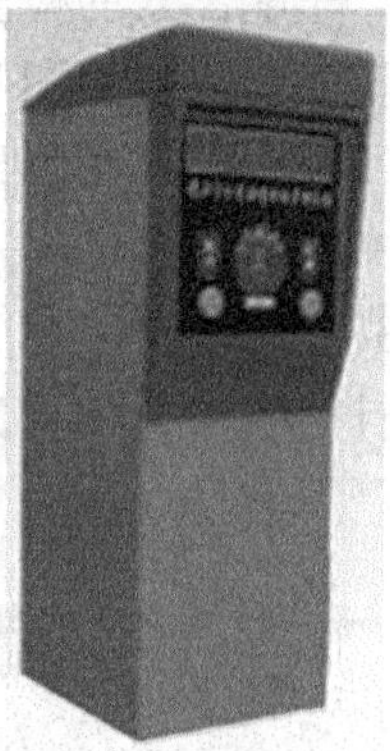

图2.2　出口票据验读器

二、电动栏杆

如图2.3所示，电动栏杆由票据验读器控制。如果栏杆遇到冲撞，立即发出告警信号。栏杆受汽车碰撞后会自动落下，不会损坏电动栏杆机与栏杆。栏杆通常为2.5 m长，有铝合金栏杆，也有橡胶栏杆。另外，考虑到有些地下停车场入口高度有限，也将栏杆制造成折线状或伸缩型，以减小升起时的高度。

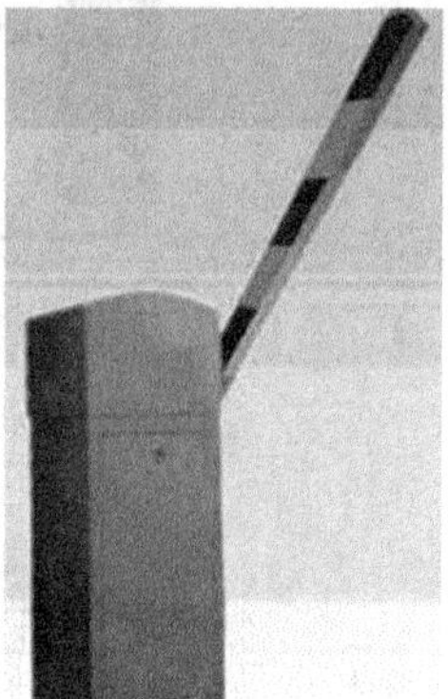

图2.3　电动栏杆

三、自动计价收银机

自动计价收银机根据停车票据卡上的信息自动计价或向管理中心取得计价信息，并向停车人显示，停车人则按显示价格投入钱币或信用卡支付停车费。停车费结清后，则自动在票据卡上打入停车费收讫的信息。

四、车牌图像识别器

车牌识别器是防止偷车事故的保安系统。当车辆驶入停车场入口时，摄像机将车辆外形、色彩与车牌信号送入电脑保存起来，有些系统还可将车牌图像识别为数据。车辆出场前，摄像机再次将车辆外形、色彩与车牌信号送入电脑，与驾驶人在入口时的信号进行对比，若两者相符即可放行。这一判别可由人工按图像识别，也可以完全由计算机操作。

五、管理中心

管理中心主要由功能较强的PC机和打印机等外围设备组成。管理中心可作为一台服务器通过总线与下属设备连接，交换营运数据。管理中心对停车场营运的数据作自动统计、档案保存，对停车收费账目进行管理；若人工收费时，则监视每一收费员的密码输入，打印出收费员的密码输入，打印出收费的表。

在管理中心可以确定计时单位（如按0.5 h或0.25 h计）与计费单位（如2元/0.5 h）；并且设有密码阻止非授权者侵入管理程序。管理中心的CRT具有很强的图像显示功能，能把停车场平面图、泊车位的实时占用、出入口开闭状态以及通道封锁等情况在屏幕上显示出来，便于停车场的管理与调度。停车场管理系统的车牌识别与泊位调度的功能，有不少是在管理中心的计算机上实现的。

任务三　停车场车辆管理的方案设计

停车场管理的方案设计包括车辆出入检测控制系统以及车满系统的设计等车辆出入检测与控制系统的设计。

一、车辆出入检测方式

车辆出入与检测控制系统如图2.4所示。为了检测出入车库的车辆，目前有两种典型的检测方式，即红外线方式和环形线圈方式，如图2.5所示。

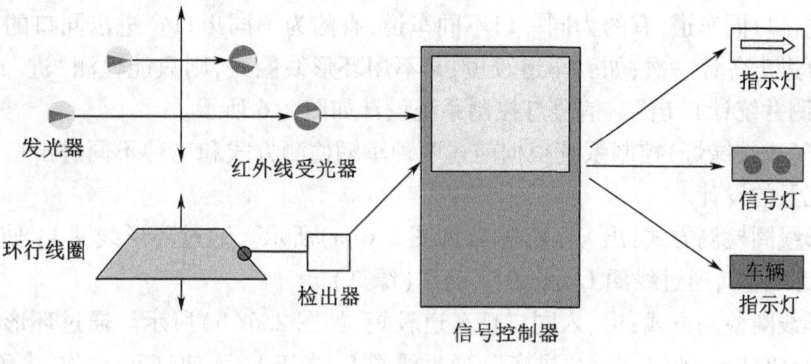

图2.4　车辆出入检测与控制系统

1. 红外线检测方式

如图2.5(a)所示，在水平方向上相对设置红外线收发装置，当车辆通过时，红外光线被遮短，接收端即发出检测信号。图2.5(a)中1组检测器使用两套收发装置，是为了区别通过的是人还是车。而采用两组检测器是利用两组的遮光顺序同时检测车辆的进行方向。

安装时，除了收发装置相互对准外，还应注意接收装置（受光器）不可让太阳光直射到。

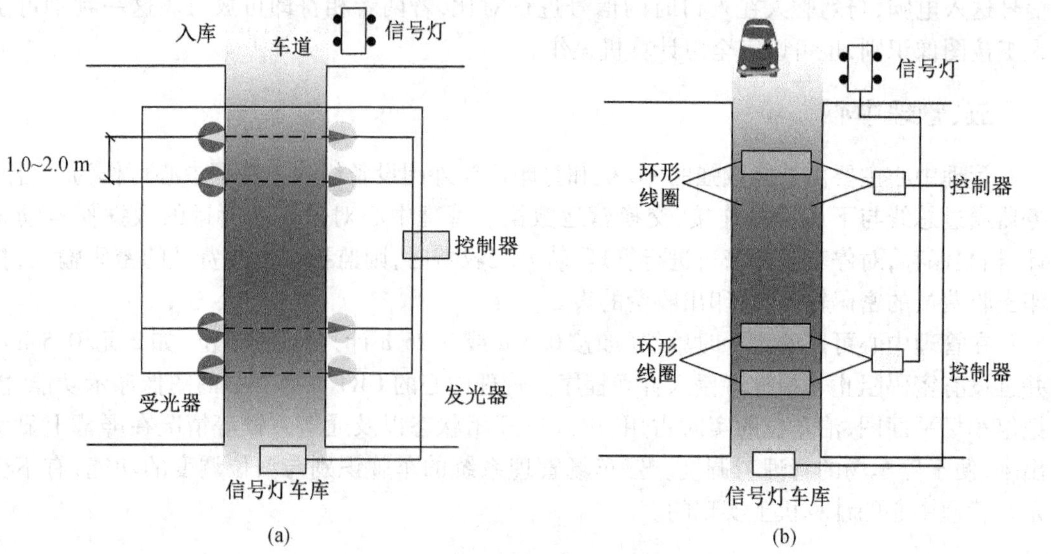

图 2.5　两种典型的检测方法

(a)红外线方式;(b)环形线圈方式

2. 环形线圈检测方式

如图 2.5(b)所示,将电缆或绝缘电线做成环形,埋在车路底下,当车辆(金属)金属驶过时,其金属车体使线圈发生短路效应而形成检测信号。所以,线圈埋入车路时,应特别注意有否触碰周围金属,环形线圈周围 0.5 m^2 范围内不可有其他金属物。

二、信号灯控制系统的设计

停车场管理系统的一个重要用途是检测车辆的进出。但是,停车场有各种各样的,有的为进出同一口同车道,有的为同一口不同车道,有的为不同出口。进出同口的,如引车道足够长则可进出各计一次;如引车道较短,又不用环形线圈式,则只能检测"进"或"出",通常只管(检测并统计)"出"。信号灯控制系统设计如图 2.6 所示。

信号灯(或红绿灯)控制系统根据前述两种车辆检测方式和三种不同进出口形式,可有如下几种配置的设计。

①环形线圈检测方式:出、入不同口,如图 2.6(a)所示。通过环形线圈 L_1 使灯 S_1 动作(绿灯),表示"进",通过线圈 L_2 使灯 S_2 动作(绿灯)。

②环形线圈检测方式:出、入同口且车道较短,如图 2.6(b)所示。通过环形线圈 L_1 先于 L_2 动作而使灯 S_1 动作,表示"进车";通过线圈 L_2 先于 L_1 而使灯 S_2 动作,表示"出车"。

③环形线圈检测方式:出、入同口且车道较长,如图 2.6(c)所示。在引车道上设置四个环形线圈 L_1 ~ L_4。当 L_1 先于 L_2 动作时,检测控制器 D_1 动作并点亮 S_1 灯,显示"进车";反之,当 L_4 先于 L_3 动作时,检测控制器 D_2 动作并点亮 S_2 灯,显示"出车"。

④红外线检测方式:出、入不同口,如图 2.6(d)所示。车进来时,D_1 动作并点亮 S_1 灯;车出去时,D_2 动作并点亮 S_2 灯。

⑤红外线检测方式:出、入同口且车道较短,如图 2.6(e)所示。通过红外线检测器辨识车向,核对"出"的方向无误时,才点亮 S 灯显示"出车"。

⑥红外线检测方式：出、入同口且车道较长，如图 2.6(f) 所示。车进来时，D_1 检测方向无误时就点亮 S_1 灯，显示“进车”；车出去时，D_2 检测方向无误时就点亮 S_2 灯并显示“出车”。

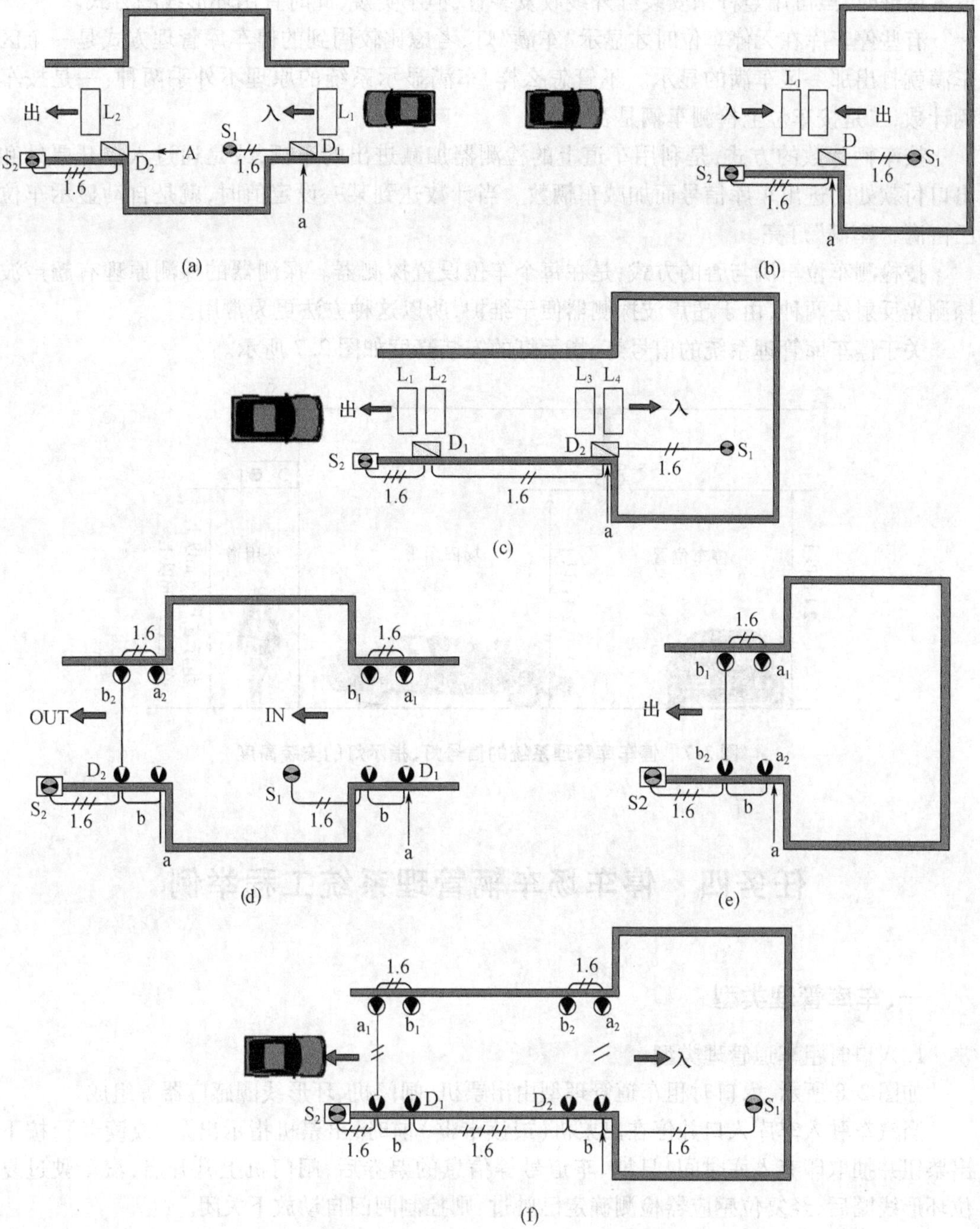

图 2.6　信号灯控制系统设计一

以上叙述的环形线圈和红外线两种检测方式各有所长，但从检测的准确性来说，环形线圈方式更为人们所采用，尤其对于计费系统相结合的场合，大多采用环形线圈方式。不

过,还应该注意的是:

①信号灯与环形线圈或红外线装置距离至少在 5 m 以上,最好有 10 ~ 15 m;

②在积雪地区,若车道下没有融雪电热器,则不可使用环形线圈的方式,对于车道两侧设置墙壁时,虽可用竖杆来安装红外线收发装置,但不美观,此时宜用环形线圈方式。

有些停车库在无停车位时才显示"车满"灯,考虑比较周到的停车库管理方式是一个区车满就打出那一区车满的显示。不管怎么样,车满显示系统的原理不外乎两种:一是按车辆计数,二是按车位上检测车辆是否存在。

按车辆计数的方式,是利用车道上的检测器加减进出的车辆,或是通过入口开票处和出口付款处的进出车库信号而加减车辆数。当计数达到某一设定值时,就是自动显示车位已占满,"车满"灯亮。

按检测车位车满与否的方式,是在每个车位设置探测器。探测器的探测原理有超声波探测光反射法两种,由于超声波探测器便于维护,所以这种方法更为常用。

关于停车库管理系统的信号灯、指示灯的安装高度如图 2.7 所示。

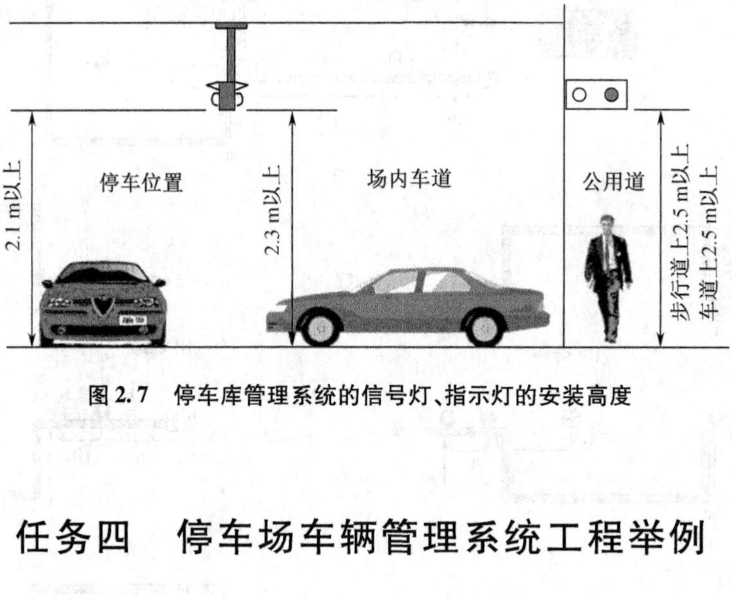

图 2.7　停车库管理系统的信号灯、指示灯的安装高度

任务四　停车场车辆管理系统工程举例

一、车库管理类型

1. 入口时租车道管理类型

如图 2.8 所示,入口时租车道管理型由出票机、闸门机、环形线圈感应器等组成。

当汽车驶入车库入口并停在出票机(或读卡器)前时,出票机指示出票(或读卡),按下出票钮并抽取印有入库时间、日期、车道号等信息的票券后,闸门机上升开启,汽车驶过复位环形线圈后,经复位感应器检测确定已驶过,则控制闸门自动放下关闭。

2. 时租、月租出口管理

如图 2.9 所示,时租、月租出口管理型由出票验票机、闸门机、收费机、环形线圈感应器等组成。入库部分与图 2.8 一样,在检测到有效月票或按压取票后,闸门机上升开启;当汽车离开复位线圈感应器时,闸门自动放下关闭。出场部分可采用人工收费或另设验票机,检测到有效月票后,闸门自动上升开启;当汽车驶离复位线圈感应器后,闸门机自动放下关闭。

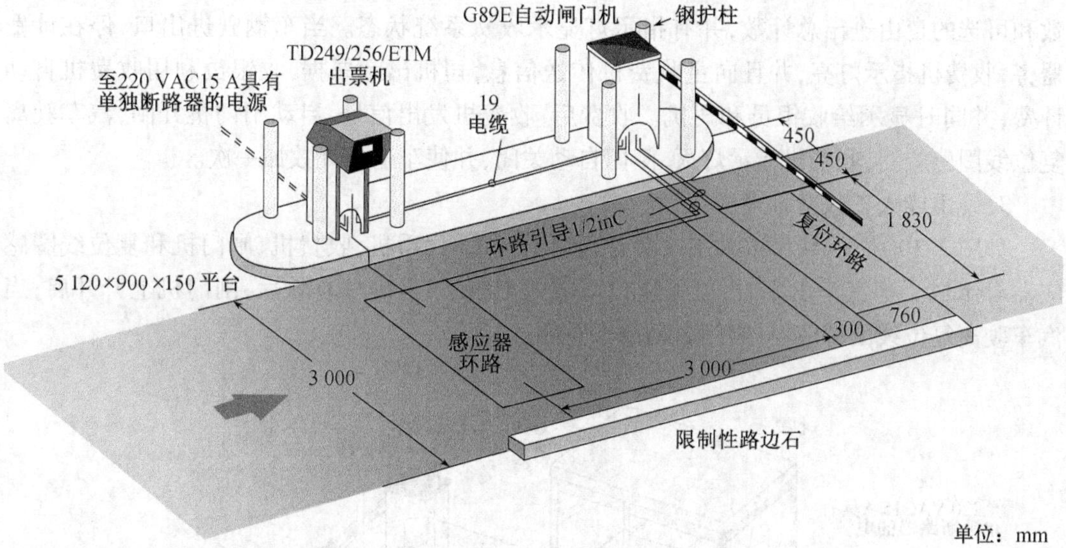

图 2.8　入口时租车道管理型车辆管理系统

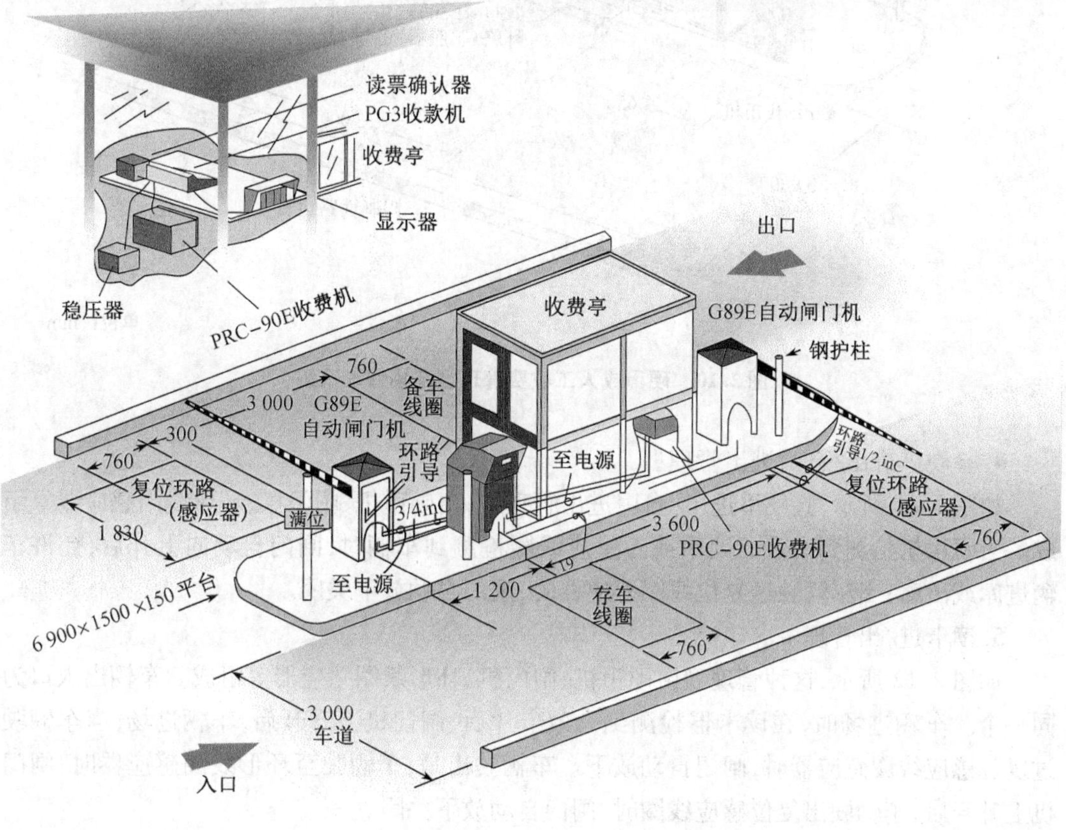

图 2.9　时租、月租出口管理型车辆管理系统

PRC－90E 型收费机面板上有四组不可复位装置：车道总计数、交易总计数、月租总计数和可选的自由进出总计数，并有指示灯显示收费系统状态。当车辆驶进出口，停在计费器旁，收费机指示灯亮，并且向主收费机传送信息，司机出示票据，收银员利用收费机自动计费，并同时显示给收银员和司机。收费后，收费机发出信号，启动闸门机开闸，汽车驶离复位线圈感应器，收费机指示灯灭，闸门自动关闭，并使车道总计数加一次。

3. 硬币或人工收费管理型

如图 2.10 所示，硬币或人工收费管理型由硬币/代币机、收费机、闸门机和复位线圈感应器等组成。当汽车出库时，可采用投币或人工收费，经确认有效后，闸门机上升开启；当汽车驶离复位线圈感应器，闸门自动放下关闭。

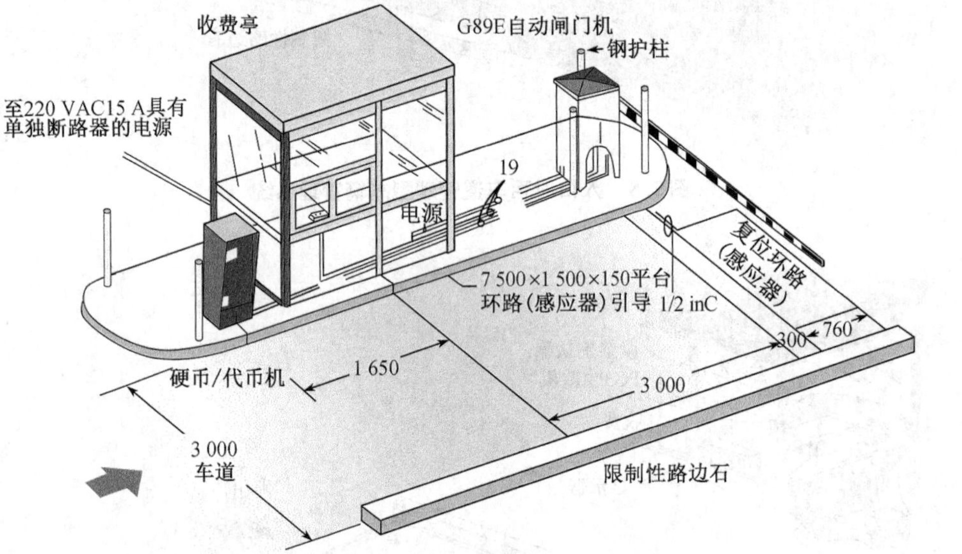

图 2.10　硬币或人工收费管理型车辆管理系统

4. 验硬币进出/自由进出管理型

如图 2.11 所示，验硬币进出/自由进出管理型，由硬币机、闸门机、环形线圈感应器等组成。当硬币机检测到有效的硬币或者感应线圈检测到车辆时，闸门自动向上开启，允许车辆进库或出库；当车辆驶过复位线圈感应器时，闸门自动放下关闭。

5. 读卡进/出管理

如图 2.12 所示，这种管理型由硬币机、闸门机、环形线圈感应器等组成。车辆出入口为同一个。车辆进场时，在读卡器检测到有效卡片后，闸门机上升开启，车辆进场；当车辆驶过复位感应线圈感应器时，闸门自动放下。车辆驶出是，车辆驶至环形线圈感应器时，闸门机上升开启，车辆驶出复位感应线圈时，闸门自动放下关闭。

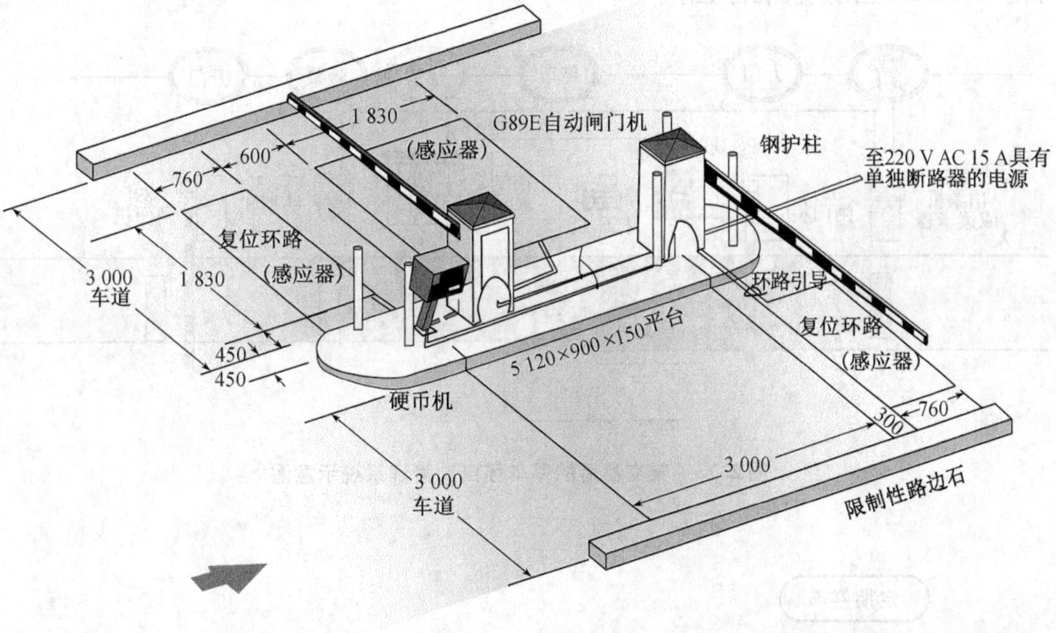

图 2.11　验硬币进出/自由进出管理型车辆管理系统

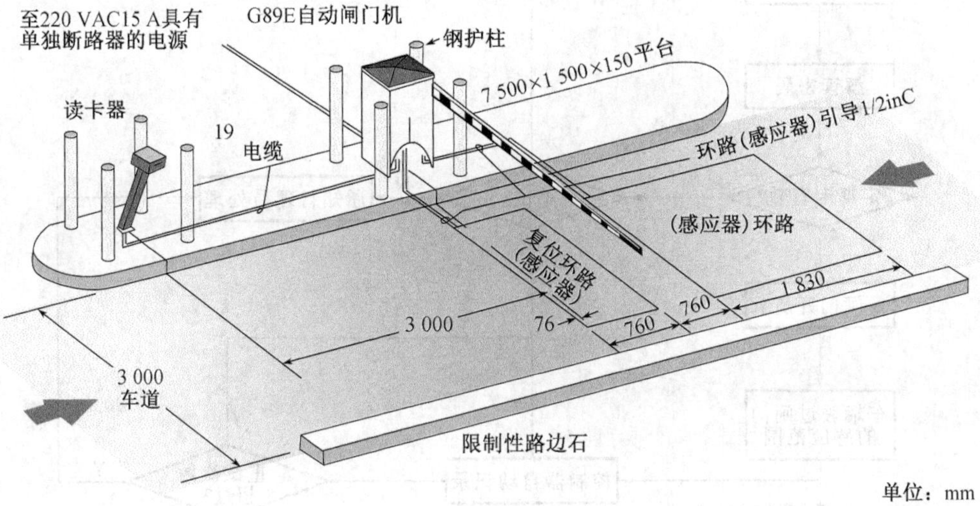

图 2.12　读卡进/出管理型车辆管理系统

二、系统组成

图 2. 13 和图 2. 14 是某交易所的停车库自动管理系统及流程示意图。

停车场入口,每一进口车道设有一台 ETM320 型(或 APS500)出票机(或读卡器)和一台自动闸门机及一对车辆感应器。当车辆停在入口门臂前,该处的车辆感应器受感应系统指示 ETM320 型出票机准备工作。

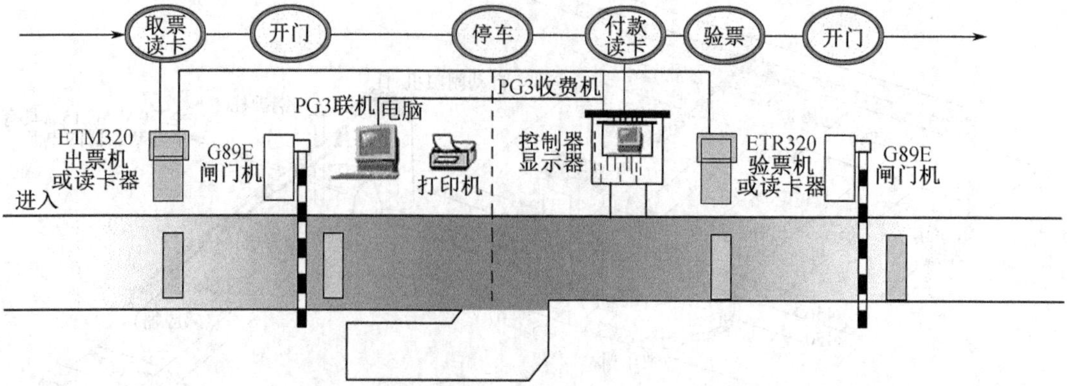

图 2.13　某交易所的停车场自动管理系统示意图

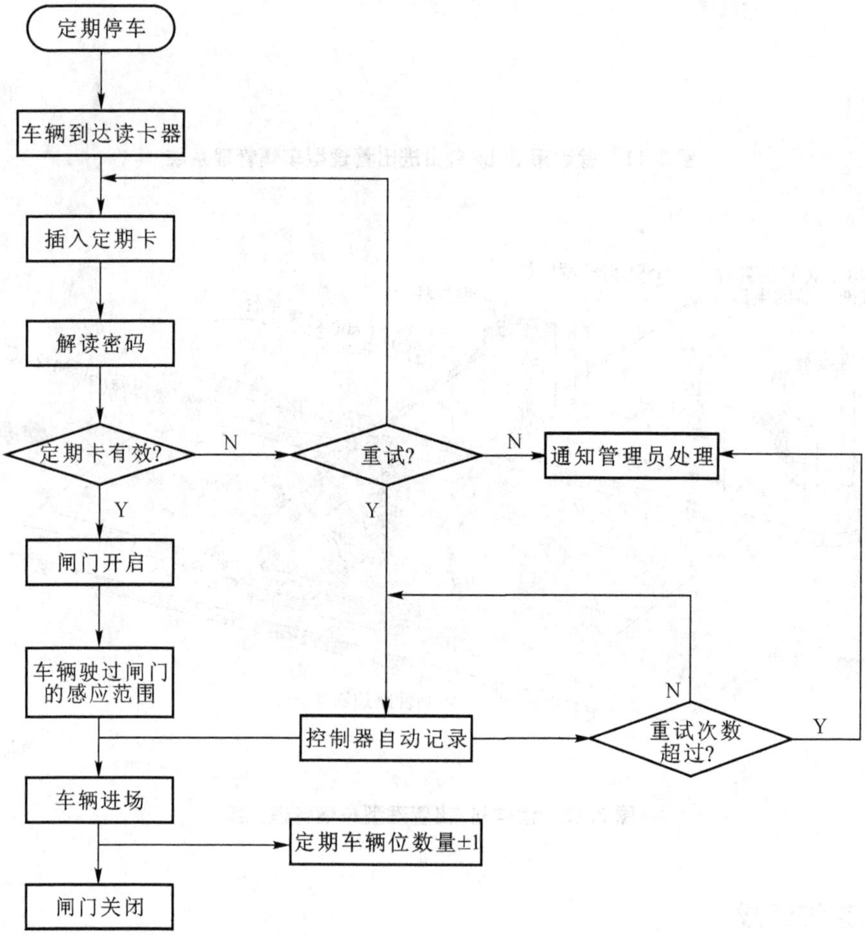

图 2.14　某交易场所停车场自动管理系统程序流程示意图

停车场出口，每一出口车道设有一台 ETR320 验票机（或读卡器）、一对车辆感应器和一台自动闸门机。当车辆停在出口门臂前，该处的车辆感应器指示验票机或读卡器准备工作。

三、车道的布置

本停车场为两进两出车道，其设备布置设计如图 2. 15 所示。图 2. 15 中，每个环形线圈的沟槽为 40 mm × 40 mm。

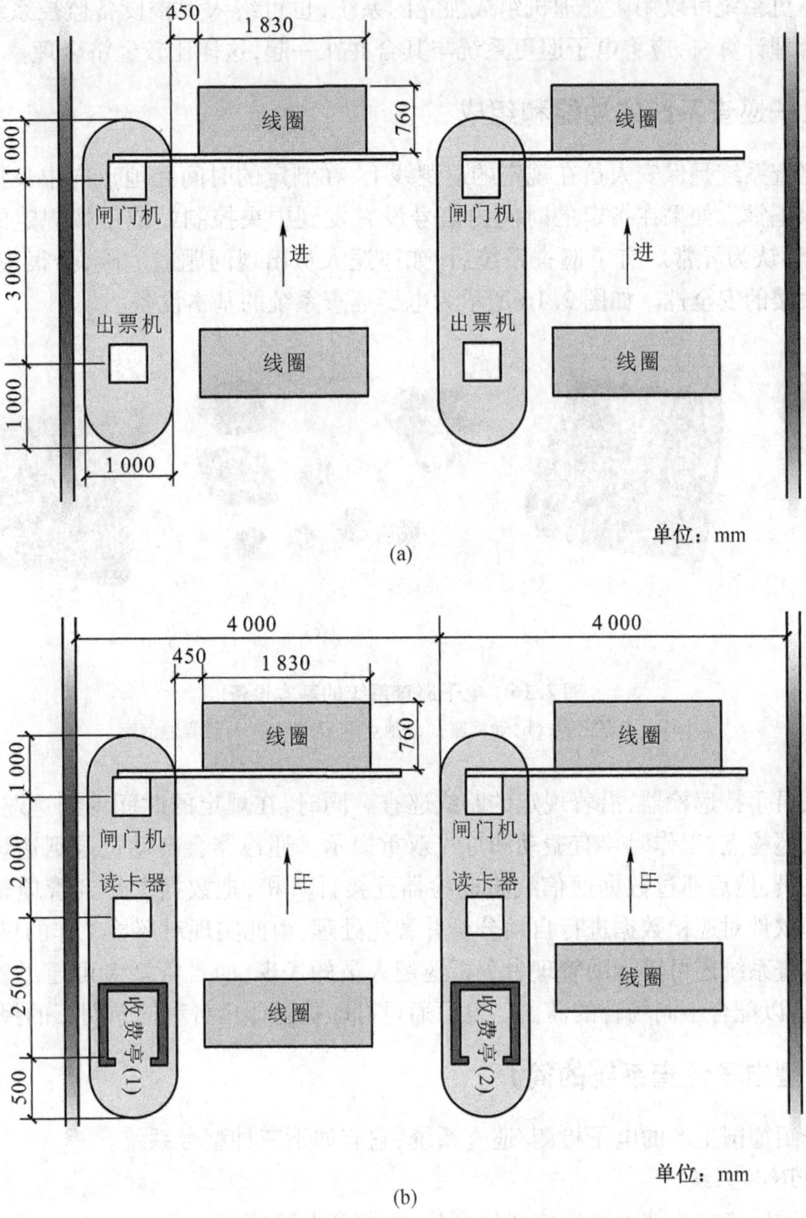

图 2. 15　两进两出车道设备布置设计图

（a）入口；（b）出口

任务五　电子巡查系统的认知

现代化大型楼宇(如办公楼、宾馆、酒店等)出入口很多,来往人员复杂,必须有专人巡逻,以保证大楼的安全。较重要的场所应设巡更站,定期进行巡逻。现代化的电子巡查系统已经完全实现微机管理,利用微电子技术加强事故处理。

电子巡更系统可以用微处理机组成独立的系统,也可纳入大楼设备监控系统。如果大楼已装设管理计算机,应将电子巡更系统与其合并在一起,这样比较经济合理。

一、电子巡查系统的功能和组成

电子巡查系统是保安人员在规定的巡逻线上,在制定的时间和地点向中央控制站发回信号以表示正常。如果在指定的时间内信号没有发到中央控制站或不按规定的次序出现信号,系统将认为异常。有了巡查系统后,如巡逻人员出现问题或危险,会很快被发觉,从而增加了大楼的安全性。如图 2.16 所示为电子巡查系统的基本设备。

(a)　　(b)　　(c)　　(d)

图 2.16　电子巡查系统的基本设备

(a)电子巡更棒;(b)通信座;(c)地点卡、人员卡;(d)远程通信座

巡逻人员手持巡检器,沿着规定的路线巡查。同时,在规定的时间内到达巡检地点,用巡检器读取巡检点,工作时伴有振动和灯光双重提示。巡检器会自动记录到达该地点的时间和巡检人员,然后通过数据通信线将巡检器连接计算机,把数据上传到管理软件的数据库中。管理软件对巡检数据进行自动分析并智能处理,由此实现对巡检工作的科学管理。

电子巡查系统还可以帮助管理者分析巡逻人员的表现,而且管理者可通过软件随时更改巡逻路线,以配合不同场合的需要。也可通过打印机打印出各种简单明了的报告。

二、典型电子巡查系统的简介

下面介绍德国生产的电子检测/巡查系统,它有如下三种型号系统。

1. DE PROX 系统

采用射频感应检测技术和感应式检测片,并配合电脑使用。

2. DE WATCH 系统

采用红外线检测技术和条形码检测片,并配合电脑使用。

3. GUARD SYSTEM 系统

采用红外线检测技术和条形码检测片,但不需电脑直接连接打印机打印报告。

系统安装时,将条形码检测片安装在大楼或小区的不同地点。当巡逻人员携带读卡机巡更时,根据预先编好的巡更路线到各个不同的检测片读取数据。每读取一个检测片时,读卡机即会发出确认的声音。

巡逻人员在读完所有的检测片后,回到保安控制室,将读卡机插入读卡界面单元,便可在电脑上通过窗口式操作软件进行操作的分析。

本系统除了作巡更功能外,DE WATCH 系统和 DE PROX 系统还可作为资产管理、保修控制等功能使用。

思考题

1. 停车场车辆管理系统由哪几部分组成?
2. 车辆出入检测方式有哪几种?
3. 电子巡查系统由哪些设备组成?

情境三　楼宇对讲系统的设计与安装

知识目标：

1. 熟悉对讲系统的组成；
2. 了解对讲系统的工作原理；
3. 熟悉对讲系统的基本设备。

能力目标：

1. 掌握对讲系统的基本安装方法与调试；
2. 能够对系统进行故障分析及简单设计。

楼宇对讲既在楼宇建筑中起通话作用的一种设备，也称可视门铃(Video Door Phone)。

通俗地说，楼宇对讲就是指家中的门铃系统。我们常说楼宇对讲、可视门铃、可视对讲、对讲门铃等几个词语，都是同一个意思，即指一套访客对讲管理系统(一套包含软件、硬件及售后服务的人性化管理访客操作系统等)。

随着居民住宅的不断增加，小区的物业管理显得日趋重要，而访客登记及值班看门的管理方法已不适合现代管理快捷、方便、安全的需要。楼宇对讲系统在当今错综复杂的社会环境中，为防止外来人员的入侵，确保家居的安全，起到了非常可靠的防范作用，并已成为智能化家居验收标准之一，它带给住户一种安全感，同时能提升楼盘的销售价格。访客对讲系统是在个单元口安装防盗门和对讲系统，已实现访客与住户对讲，住户可遥控开启防盗门，有效地防止非法人员进入住宅楼内。

任务一　访客对讲系统的分类及基本构成

一、访客对讲系统的分类

访客对讲系统按功能可分为单对讲性对讲系统和可视对讲系统两种。

1. 单对讲性对讲系统

最早的楼宇对讲产品功能单一，只有单元对讲功能。自 20 世纪 80 年代末期，国内已开始有单户可视对讲和单元型对讲产品面世。系统中仅采用的发码、解码电路或 RS－485 进行小区域单个建筑物内的通信，无法实现整个小区内大面积组网。这种分散控制的系统互不兼容，不利于小区的统一管理，系统功能相对较为单一。

单对讲性对讲系统一般由防盗安全门、对讲系统、控制系统和电源等组成。其中，防盗安全门与普通安全门的区别是加有电控门锁闭门器；对讲系统由传声器、语音放大器和振铃电路组成；控制系统采用数字编码方式，当访客按下欲访户的号码，对应户的分机振铃响起，户主摘机通话后可决定是否打开防盗安全门；访客对讲系统的电源由市电供给。

单对讲型对讲系统基本功能如下。

系统在住宅楼的每个单元首层大门处设有一个电子密码锁，每个户主使用自己加密码开锁(此密码可根据需要随时修改，以保证密码不被盗用)。来访者需进入时按动大门上主机面板上对应房号，则被访者家分机发出振铃声，主人摘机与来访者通话确认身份后，按动分机上遥控大门电子锁的开关，打开门允许来访者进入后，闭门器使大门自动关闭。来访者如要与管理处的保安人员询问事情时，也可通过按动大门主机上的保安键与之通话。

一般系统还应具有报警和求助功能，当住户家中遇到突发事情(如火灾)，可通过对讲分机与保安人员取得联系，及时得到救助。

如图 3.1 所示为单一可视对讲系统。

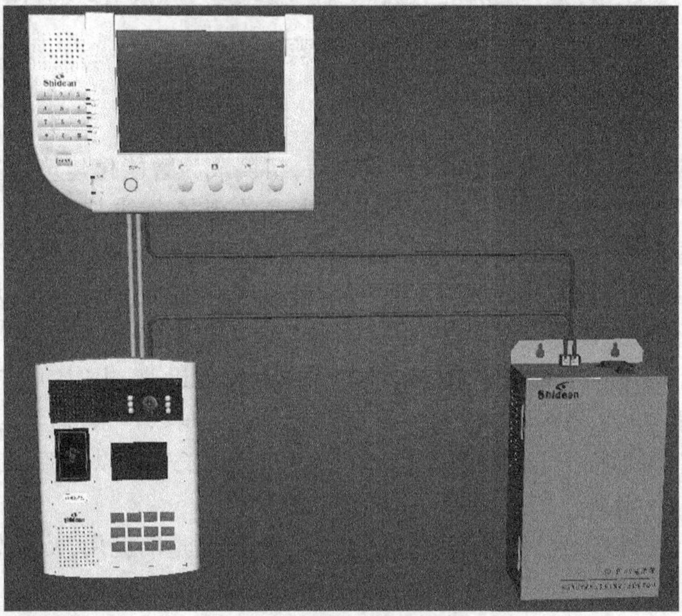

图 3.1　单一可视对讲系统

2. 可视对讲系统

可视对讲系统简单地说就是在单对讲系统的基础上增加一套视频系统，即在电控防盗门上方安装一低照度摄像机，一般配有夜间照明灯。摄像机应安装在隐蔽处并要防破坏。视频信号经普通视频线引导楼层中继器的视频开关，当访客叫通户主分机时，户主摘机可从分机的屏幕上看到访客的形象，与其通话后决定是否打开防盗安全门。图 3.2 为可视对讲系统控制图。

随着 Internet 的普及，很多小区都已实现了宽带接入，信息高速公路已铺设到小区并进入家庭。智能小区系统采用 TCP/IP 技术的条件已经具备。智能小区系统的运行基础正由小区现场总线向 Internet 转变，由分散式管理到集中管理转变。

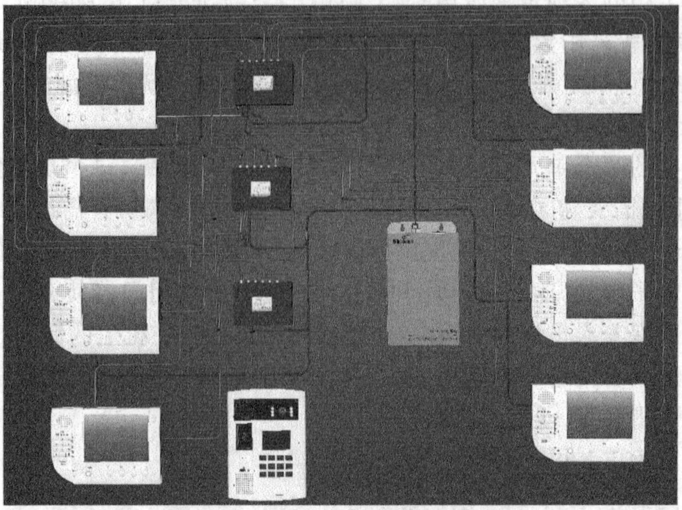

图 3.2　单元楼型可视对讲

(1)单一可视对讲(总线型)

20 世纪 90 年代中后期,尤其是 1998 年以后,组网成为智能化建筑最基本的要求。因此,小区的控制网络技术广泛地采用单片机技术的现场总线技术,如 CAN,BACNET,LONWORKS 和国内 AJB－BUS,WE－BUS 以及一些利用 RS－485 技术实现的总线等。采用这些技术可以把小区内各种分散的系统互联组网、统一管理、协调运行,从而构成一个相对较大的区域系统。现场总线技术在小区中的应用使对讲系统向前迈出了一大步。

2000 年以后,各省会城市楼宇对讲产品的需求量发展迅速,相应的生产厂家也快速增加,形成了珠三角与长三角区两个主要厂家集群地。珠三角以广东、福建两地为主,主要厂家有广东安居宝、深圳视得安、福建冠林、厦门真振威等;长三角以上海、江苏两地为主,主要厂家有弗曼科斯(上海)、杭州 MOX、江苏恒博楼宇等。

从需求市场看,该产品已进入需求量平台区。经过大量的应用,传统总线可视对讲系统也表现出一定的局限性:

①抗干扰能力差,常出现声音或图像受干扰不清晰现象;

②传输距离受限,远距离时需增加视频放大器,小区较大时联网困难,且成本较高;

③采用总线制技术,占线情况特别多,因为同一条音视频总线上只允许两户通话,不能实现户户通话;

④功能单一,大部分产品仅限于通话、开锁等功能,设备使用率极低;

⑤由于技术上的局限性,产品升级或扩充功能困难;

⑥行业缺乏标准,系统集成困难,不同厂家之间的产品不能互联,同时,可视对讲系统也很难和其他弱电子系统互联;

⑦不能共用小区综合布线,工程安装量大,服务成本高,也不能很好地融入小区综合网。

(2)多功能可视对讲(局域网型)

2001 年到 2003 年,随着 Internet 的应用普及和计算机技术的迅猛发展,人们的工作、生活发生了巨大变化,数字化、智能化小区的概念已经被越来越多的人所接受,楼宇对讲产品进入第三个高速发展期,多功能对讲设备开始涌现,基于 ARM 或 DSP 技术的局域网技术开发产品逐渐推出,数字对讲技术有了突破性的发展。用网络传输数据,模糊了距离的概念,可无限扩展。突破传统观念,可提供网络增值服务(如还可提供可视电话、广告等功能,且费用低廉)。将安防系统集成到设备中,提高设备实用性。

多功能可视对讲的主要优点为:

①适合复杂、大规模及超大规模小区组网需求;

②数字室内机实现了数字、语音、图像通过一根网线传输,从而不需要再布数据总线、音频线和视频线,只要将数字室内机话接入室内信息点即可;

③可以实现多路同时互通,而不会存在占线的现象;

④对于行业的中高档市场冲击很大,并能跨行业发展;

⑤接口标准化,规范标准化;

⑥组建网络费用较低,便于升级及扩展;

⑦利用现有网路,免去工程施工;

⑧便于维护及产品升级。

事实上,传统产品的生产厂家也注意到了市场的这些需求,通过努力满足了其中部分需求。但随着用户需求的不断提高,传统厂商已经感到力不从心,纷纷终止原有产品线的开发,转而寻求数字化解决之道。根据市场调查,目前推出数字化产品的有国内少数厂家相继推出具有多功能使用局域网技术的系列产品,并且在市场上得到良好的反应,验证并确定了网络技术在可视对讲上以及在小区智能化发展上的积极作用和必然趋势。

(3)自由自在的可视对讲(因特网型)

截止到 2005 年,广域网数字可视对讲系统的楼盘已经在全国范围内悄然出现,并且其系统稳定性、可运营性都十分稳定可靠,数字可视对讲时代真正来临了。

2004 年至 2005 年,市场上出现了数字可视对讲系统产品。广域网可视对讲系统是在 Internet 广域网的基础上构成的。数字室内机作为小区网络中的终端设备起到两个作用:一是利用数字室内机实现小区多方互通的可视对讲;二是通过小区以太网或互联网同网上任何地方的可视 IP 电话或 PC 之间实现通话。

随着整个产业步入良性循环,一个全新的宽带数字产业链正逐步清晰,基于宽带的音频、视频传输和数据传输的数字产品是利用宽带基础延伸的新产品,它既包括宽带网运营商和宽带用户驻地网接入商,未来以视频互动为特征的宽带网内容提供商、宽带电视等下游产业也正在浮出。

总之,可视对讲产品的发展的主要方向是数字化,数字化是可视对讲系统发展的必由之路。

二、楼宇对讲系统的基本结构

系统主要由主机、分机、UPS 电源、电控锁和闭门器等组成。根据类型,可分为直按式、数码式、数码式户户通、直按式可视对讲、数码式可视对讲、数码式户户通可视对讲等。

1. 主机

主机是楼宇对讲系统的控制核心部分,每一户分机的传输信号以及电锁控制信号等都通过主机的控制,它的电路板采用减振安装,并进行防潮处理,抗震防潮能力极强,并带有夜间照明装置,外形美观、大方。

2. 分机

分机是一种对讲话机,一般都是与主机进行对讲,但现在的户户通楼宇对讲系统则与主机配合成一套内部电话系统可以完成系统内个用户的电话联系,使用更加方便。它分为可视分机和非可视分机,具有电锁控制功能和监视功能,一般安装在用户家里的门口处,主要方便住户与来访者对讲交谈。

3. UPS 电源

UPS 电源的功能主要是保持楼宇对讲系统不掉电。正常情况下,处于充电的状态。当停电的时候,UPS 电源就处于给系统供电的状态。现在的楼宇对讲系统,厂家一般不设 UPS 电池,主要是可视系统耗电太大,一般的小容量 UPS 电池保证不了使用时间。

4. 电控锁

电控锁的内部结构主要由电磁机构组成。用户只要按下分机上的电锁键就能使电磁线圈通电,从而使电磁机构带动连杆动作,就能控制大门的打开。

5. 闭门器

闭门器是一种特殊的自动闭门连杆机构,具有调节器,可以调节加速度和作用力度,使用方便、灵活。

如图 3.3 所示为小区联网型可视对讲系统。

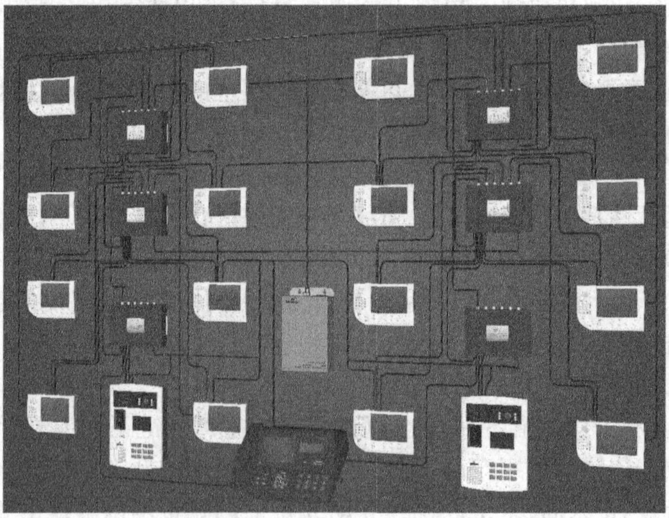

图 3.3　小区联网型可视对讲

任务二　访客对讲系统在设计时应该考虑的问题

一、对讲系统

对讲系统主要由传声器、语言放大器和振铃电路等组成,要求对讲语音清晰、信噪比高、失真度低。

二、控制系统

一般宜采用总线制传输,数字编码方式控制,只要方可按下户主的代码,对应的户主拿下话机就可以与访客通话,以决定是否需要打开防盗安全门。

三、电源系统

电源系统供给语音放大,电气控制等部分的电源必须考虑下列因素:

①居民住宅区市电电压的变化范围较大,白天负荷较轻时可达 250 ~ 260 V,晚上负荷重,可能只有 170 ~ 180 V,因此,电源设计的适用范围要大;

②要考虑交、直流两用,当市电停电时,直流电源要供电。

四、电控防盗安全门

楼宇对讲系统用的电控防盗安全门是在一般防盗安全门的基础上加上电控锁,闭门器等构件组成,防盗门可以是栅栏式的或复合式的,但关键是安全性和可靠性要有保证。

五、系统线制结构的选择

访客对讲系统的线制结构有多线制,总线多线制和总线制三种,其各自的特点如下。

1. 多线制

通话线,开门线,电源线共用,每户再增加一条门铃线。

2. 总线多线制

采用数字编码技术,一般每层有一个解码锁(四用户或八用户)解码器与解码器之间以总线连接,解码器与用户室内机成星形连接,系统功能多而强。

3. 总线制

将数字编码移至室内用户机中,从而省去解码器,构成完全总线连接.故系统连接更灵活,适应性更强,但若某用户发生短路,会造成整个系统不正常。

因此,在实际的工程设计时应根据实际情况灵活地选择不同的线制结构的系统。

六、可视对讲系统的选择

可视对讲系统可用于单元式的公寓和经济条件比较富裕的家庭,它由视频,音频和可控防盗安全门等系统组成。视频系统的摄像机既可以是彩色的又可以是黑白的,但目前市场上大多数是黑白的,最好使用低照度摄像机或外加灯光照明,摄像机的安装更隐蔽、防破坏。保安人员也可根据需要开启摄像机监控大门处的来访者,在分机控制屏上监视来访者并能与之对讲。

任务三　典型访客对讲系统产品的功能和技术特性简介

下面以一个典型的楼宇访客对讲系统产品为例,介绍访客对讲系统产品在选型时要注意的功能和技术特性指标。

一、楼宇对讲单元主机

楼宇对讲单元主机如图 3.4 所示。

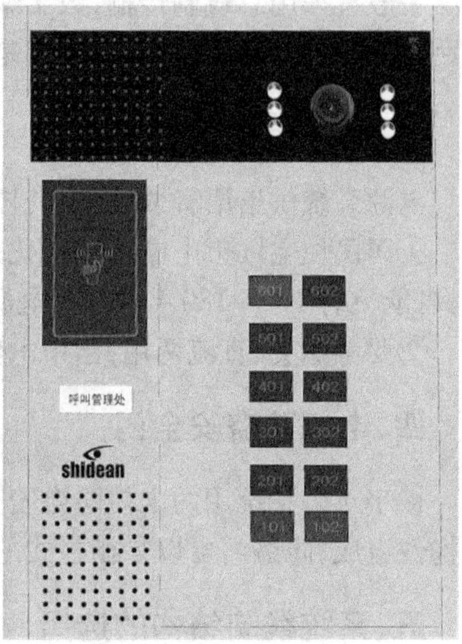

图 3.4　楼宇对讲单元主机

楼宇对讲单元主机即既是部分生产企业生产的门口机、梯口机。

楼宇对讲的单元主机功能是单元楼入口的访客管理操作平台，为进入单元楼的一道程序，它能够实现：

①访客通过单元主机呼叫欲访问的用户，从而实现双向对讲、身份确认等工作程序；

②访客通过单元主机呼叫管理中心机的保安人员，从而实现双向对讲、身份确认等工作程序；

③用户通过单元主机呼叫管理中心机的保安人员，从而实现双向对讲、身份确认等多种服务程序；

④用户通过单元主机操作该用户家中的各类探测报警器；

⑤用户通过单元主机，用密码为自己打开单元主机的电控锁；

⑥系统通过单元主机，向用户与各访客发布管理信息；

⑦系统显示相应的字符，提示用户的操作，实现人性化的人机界面。

单元主机的显示一般分为数码管显示与液晶显示，其使用方式如下：

①数码管显示为普通的功能操作使用，主要显示输入的房号、密码等数字字符；

②液晶显示为智能型单元主机显示，主要显示输入的房号、密码、提示操作的信息、管理信息等智能化的信息资源；

③不管分哪种显示，一般的键盘分两种，即直按式（操作简单明了，但容量小）和数码式（操作灵活，容量大）；

单元主机的安装一般分为埋墙式安装和普通安装两种：

①埋墙式安装的单元主机自带预埋安装盒，可以埋墙或埋柱安装，也可以装在门上，多数为先固定预埋盒，再安装其他部分，维护方便；

②普通安装的单元主机不带预埋盒，适应于安装在单元门上，不适应于安装在墙体或柱上，维护、拆卸相对困难。

单元主机的特性如下。

①安装高度：距地 1.40 m。

②工作环境：温度 0 ℃ ~50 ℃；湿度 0% ~90% 。

③消耗功率：待机 1.35 W，工作 5.25 W。

④分辨率：400 线。

⑤合金外壳，耐气候性能好。

⑥最低照度：0.1 lx/F2.0（最低照度应不低于实际环境的最低照度，否则要采用外加灯光照度）。

二、楼宇对讲室内分机

1. 功能

楼宇对讲室内分机的功能：是用户的操作平台，依据功能与外形，有多种分类，各厂家的型号外形也不一样。

①用户通过室内分机接听房门机、单元主机、围墙机与管理机的呼叫，并双向对讲等完成服务程序；

②用户通过室内分机为围墙机、单元主机、房门机遥控开锁；

③用户通过室内分机监视房门机、单元门主机前的图像；

④用户通过室内分机呼叫小区中的任意联网用户，并与之双向对讲通话；

⑤用户通过室内分机呼叫管理中心机的保安人员，并与之双向对讲通话；

⑥室内分机为联动报警探测器撤、布防，完成报警探测器的工作安排，并将实时警情传递到管理中心动机；

⑦室内分机拥有存储功能，能够接收、显示并存储各警种的使用情况与小区的管理信息，供用户随时查询；

⑧用户通过室内分机向其他的用户发送信息与双向可视对讲，在用户室内分机上面上网冲浪等工作（此功能是未来功能，大规模的流行至少还要 5 ~ 10 年时间）；

如图 3.5 所示，楼宇对讲的室内机一般为壁挂式或嵌入式，现在以壁挂式为主，嵌入式为辅。壁挂式的安装简单，只需要在欲安装的墙上先固定挂机板，再装分机接好线，挂上即可；嵌入式先在墙上打一预留孔洞，再固定分机的挂板或预埋盒，最后将室内分机接线装好。

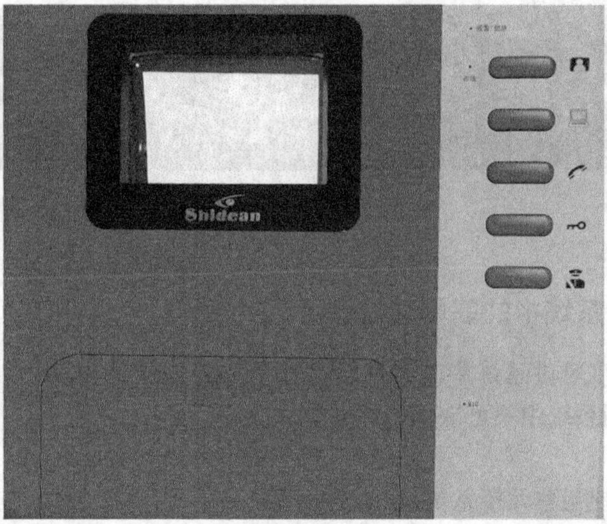

图 3.5　楼宇对讲室内分机

2. 特性

①安装高度：距地 1.40 m。

②工作环境：温度 0 ℃ ~50 ℃；温度 0% ~90%。

③消耗功率:待机0.9 W以下,工作6.5 W。

④室内机故障不影响系统运作。

三、楼宇对讲的保护器

楼宇对讲的保护器是楼宇对讲系统的保护装置,诞生于第二代楼宇对讲时代的末期,如图3.6所示。最原始的第二代楼宇对讲系统参考蓝本是第一代的N+3和N+4系统,所以最开始没有设计保护装置,造成稳定性能不足。由于使用证明,最后多数厂家开始设计并投产了保护装置,即现在的保护器。严格地说,保护器是系统中可以省略的配件设备,其主要功能是隔离保护、均分信号。但由于楼宇对讲系统更稳定、维护更方便,所以不要省略保护器。现在的保护器功能有:

①规范楼层接线、隔离保护系统;

②均匀分配各类信号、消除因传输、干扰等带来的信号不稳定与不匹配、视频信号放大(第三代的楼宇对讲保护器才有此功能),这里虽然能提升信号的抗干扰性能,但不能杜绝干扰,布线请远离强电等干扰源;

③智能故障信息转发,当使用线材、设备等产品有故障时,保护器会将收集的故障信息转发管理中心机,并作相应的字符提示(此类保护器属于智能型保护器,现在多流行用单片机,采用程序控制,并且要整个联网系统设计了线路自动巡视功能的支持),楼宇对讲的保护器一般为塑料盒或铁盒,用螺钉固定于弱电管井中,一般的保护器,第二代末期的保护器多只有隔离保护系统电源、规范楼层接线的功能,不用编地址码等工作,第三代智能楼宇对讲系统多采用智能型的保护器,它们多数系统自带线路自动巡视功能,所以要编地址码,从布线、美观、检修等角度考虑,保护器一般为一层一个或多个为宜,不宜多层共同使用。

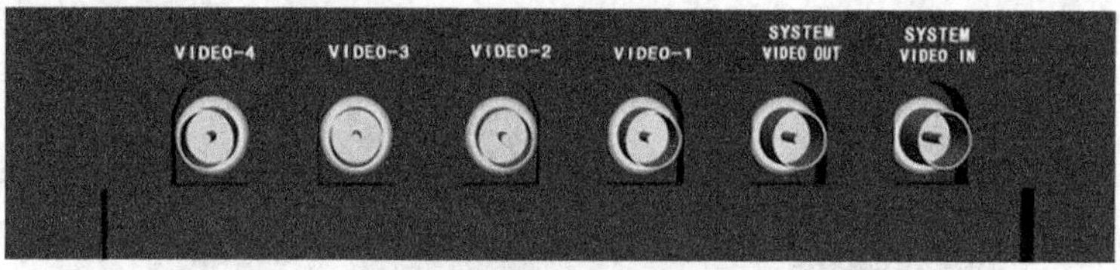

图3.6 楼宇对讲的保护器

四、楼宇对讲系统中的联网转换器

部分厂家称楼宇对讲系统中的联网转换器为楼宇对讲的路由器、楼宇对讲的集线器等,但它确实是联网系统中不可缺少的部分配件设备。

1. 功能

①隔离联网系统与单元楼系统,规范整个联网系统的布线、接线,隔离保护了联网系统与单元楼系统,让两个系统互不干扰,又相互统一;

②调均联网系统与单元楼系统的信号;

③转发各类故障信息给管理中心机。

2. 联网转换器的接线方式

联网转换器多是安装在单元楼的单元主机旁边,分两种方式接线。

①主要厂家是让单元主机的系统线、单元主机电源线、楼内单元系统线、联网总线等都

接入联网转换器,再由联网转换器统一管理、分配;

②部分厂家是将单元系统线接到单元主机上面,单元主机电源线也直接接到单元主机上面,再将单元主机联网信号线接到联网转换器,最后将联网总线接入联网转换器。

如图 3.7 所示,联网转换器的安装与保护器、解码器的方法类似。

图 3.7　楼宇对讲系统中的联网转换器

五、楼宇对讲的电源

如图 3.8 所示,楼宇对讲的电源是楼宇对讲系统的能量之源。因此,电源的好坏直接关系着楼宇对讲的稳定性。现在市面上主要有两种楼宇对讲电源:一是机箱式的电源,通常为 18 V 或 12 V 3 A 的产品,这个电压要根据各厂家系统的设计考虑,这种电源一般用在单元主机、围墙机、管理中心机或室内分机。单元主机、围墙机、管理中心机上一般各使用一台电源,而普通的室内分机可以 8 台共用一个这类的机箱电源;另一类是大功率的开关电源,一般为 18 V 或 12 V,电流的强度根据各个厂家不同,一般为 4.5 A 至 5 A 不等,多数电源不带电池,安装方法是壁挂式,只需在墙上钉两个或一个螺钉,再将电源箱挂上去即可。

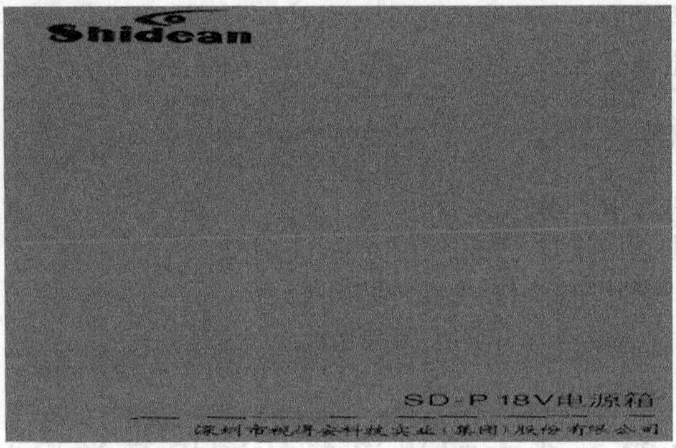

图 3.8　楼宇对讲的电源

六、楼宇对讲管理中心机

如图 3.9 所示,管理中心机是小区智能楼宇对讲联网系统的核心。有了它,可以方便地将小区对讲系统联网,并实现分机、主机、管理中心之间的通话、监看、报警、门禁等安防管理功能。

新型的管理中心机采用大屏幕液晶中文信息显示，人性化操纵，能够支持大容量信息存储，并可方便快捷地进行实时查询，提供时钟日历显示，根据用户需求支持信息发布功能。

小区管理员只需在管理中心电脑上输入要发布的信息内容，足不出户就能够实时获得小区内各种通知、通告、祝福语、天气预告等信息。

图 3.9　楼宇对讲管理中心机

七、双向放大器

当联网距离较长、视频信号衰竭时，可采用双向放大器。

八、中继箱

①金属外罩设计，置于楼梯间弱电箱体内配线；
②端子式设计，每个中继箱可分配连接 4 台室内机；
③消耗功率在待机和工作时皆为 0.45 W；
④具有影像处理分配放大功能；
⑤提供对备用电池充电及自动切换功能。

九、室内机背板

①室内机背板可先预埋，配合阶段施工；
②提供所有对讲，放到回路，周边接线端子；
③端子式接线，方便回路检测、维修及故障排除；
④提供熔断器，有效保护室内主机，方便维修。

任务四　楼宇对讲设备的选择及常见故障

一、楼宇对讲设备选择

楼宇对讲报警系统的设计要充分考虑到不同的使用对象和不同的使用环境，在技术设计上要吸收专业报警器的许多重要功能，才能保证报警系统在民用大量使用，绝对不能只是功能上的摆设、售房上的卖点。主要注意以下几个方面。

1. 楼宇对讲主机

(1)系统容量

我国住宅小区的规模小则几百户,大则上千户,且以楼寓为主,这在人口密度相对很小的西方国家是难以想象的。因此,国外在对讲系统容量上远不及我们。

(2)环境要求

我们国家目前开发的小区只能算是毛坯房,绝大多数家庭在购买后都要进行重新装修,每一户的装修都会对系统造成一定的破坏,而小区全部入住的周期可能长达几年。鉴于这种情况,国内有实力的公司在设计系统时都把抗破坏性和抗干扰性放在首位。

(3)系统的兼容性

由于居住者的要求不同,同一单元的住户可能有的要求装可视,有的要求装非可视,有的要求现在不需联网但以后要联网等,这些都对系统兼容性提出了很高的要求。

2. 可靠的通讯保障

楼宇对讲报警模块接收到报警信号必须可靠地上报管理中心,不能出现误报,尤其是漏报状况,确保报警成功。

(1)报警信息确认

是不是楼宇对讲的报警部分接收到报警信号,并上发管理中心就可以呢?必须建立中心报警信息确认机制,管理中心接收到报警信息后,应对报警主机下发确认信号,表示中心已接收,而楼宇可视对讲报警主机在没有收到确认信号时,应重发。

(2)报警信息校验

报警信息与楼宇对讲通信信息共用数据线路与管理中心联网,复杂的线路问题、通信冲突(报警与楼宇对讲信息)等都有可能导致报警信息出错,必须对通信信息采用校验(如CRC、校验等),管理中心对信息进行校验,错误重发。

(3)通讯侦听

报警信息采用主动发送模式,发送之前对通信线路进行侦听,避免出现数据追尾现象,确保一次通信成功。

3. 丰富的通信协议

好的报警主机必须拥有丰富科学的通讯协议,一个只能报警的主机离实用要求还有很大的距离。比如,目前国际流行的 Ademco 4 + 2 和 Ademco Contactid 报警通信协议就制定得比较完善、科学。但是在民用场合,很多通讯内容可以省去,而以下几条具有特别的意义。

(1)主机撤布防功能

住户对楼宇对讲报警器撤布防时,报警器应该将状态上报给管理中心记录,有特别的意义。

住户使用报警器时,可能会产生纠纷。例如,当人为原因没有对系统布防而外出,导致财物损失时,可能会诬告报警系统失灵,要求索赔。这时,管理中心可以查询该用户撤布防记录进行确认,这种案例在现实中出现过多起。管理中心还可以及时对重要用户主机状态进行监控,甚至还可以由管理中心替住户主动撤布防。

(2)自检功能

报警系统属于“不怕一万,就怕万一”的产品,在正常使用中看不出在工作,但是在出现警情时候,要确保报警成功。住户很难知道报警器是否正常,报警器设计应有自我检查功能,并将自检结果定时上报给管理中心,接受管理中心监控,出现故障立即维护。

(3)中心主动撤布防功能

当住户外出忘记布防时,管理中心在授权的情况下,可以发送指令替住户主机进行布防,避免出现不必要的损失,减少住户的麻烦。

4. 与楼宇对讲融合设计

报警主机与室内楼宇对讲主机进行一体化设计,保证了用户操作使用更加方便,集成度高,工程施工也简单。以下几个事项在设计中值得重视。

(1)模块化设计

进行模块化设计不仅可以给生产厂家带来方便,也非常适合实际中的需要。作为基本构件,楼宇可视对讲在居民家中都安装了,一般来说是一次到位,而报警模块根据用户要求再具体安装。模块化设计可以灵活地适用这种模式,减少智能化投入,工程商也愿意接受。

(2)统一布线

楼宇对讲与报警系统统一布线,并且一并接入到住户室内楼宇对讲主机的接线盘中。从非可视—可视—报警无须再布线,便于系统升级。

(3)一线通设计

楼宇对讲和报警系统可以共用同一个数据线(两芯 485 总线),减少布线量,便于中心系统集成。但要圆满解决大量楼宇对讲信息与报警信息在一条线路上共同通信带来冲突的问题,必须统一制定合理的通信协议。

(4)人性化操作设计

报警系统的日常操作(如撤布防、紧急报警等)要面向各个层次用户。例如,尽量采用按键式操作,要有明确的指示灯和喇叭提示,在可以的情况下使用遥控器,将日常操作集中在遥控器上,而报警主机对使用者来说是完全透明的。

二、常见故障

1. 楼宇对讲系统维修准备工作

①楼宇对讲的生产企业名称、电话及安装时间、安装公司;

②该楼宇对讲系统的接线图、说明书,如有维修档案,也一并找到。

这两个前提条件的作用是了解楼宇对讲的生产企业,在万不得已的情况下,请教于生产企业的技术员。了解安装公司是为了避免同行之间不必要的误会,不形成恶性竞争或出现人为破坏;了解安装时间是以常规损坏评估出现的问题;了解接线图、说明书及维修档案,自然就是为了更快、更好地完成维修工作。

2. 维护检修工具

螺丝刀、万能表、胶布或热缩管、2 m 长的 10 芯护套线一条、可调电源一台。

3. 楼宇对讲的常规问题表现

不开锁、听不见、无图像、不能通话、不能密码开锁、不能刷卡开锁。

4. 检修故障的顺序

先看电,再看线,最后测试其他功能。

5. 检修注意事项

所有接拆线操作必须断电。

6. 楼宇对讲主机的维修(主机即是门口机,此处简称)

(1)不开锁

①除钥匙外的任何开锁方法都不能开锁

先请检测开锁线两端是否接好,再用万能表在电锁端测试,在开锁时,是否有超过 300 mA 的瞬间电流经过开锁线(如有,说明主机及开锁线正常,估计为电锁损坏,请更换电锁测试;如没有,再将万能表在主机开锁端测试,如此时有,则开锁线故障,没有说明主机故障)。

②整个单元住户不能开锁,但可以密码或刷卡开锁

估计是主干线短路或某一楼层平台损坏造成,先检查各主线的接线端口,如接线正常,则从第一层的楼层平台开始依次向上检测楼层平台(检测楼层平台:先断开上层的主干线,测试当层,如正常则不管,如不正常,需更换楼层平台再试,直到测试正常为止,如新装一样调试),依此类推。

(2)听不见

任意终端与主机处于工作状态时,主机皆听见:先看主机喇叭线是否接好,喇叭是否长锈损坏,可找一差不多大小的任意喇叭更换测试。

(3)不能说

任意终端与主机处于工作状态时,主机说话终端都听不见:先看主机扬声器线是否接好,扬声器是否因其他原因损坏,如有机会,找一 52DB 的扬声器更换测试(一般的分机扬声器可与主机通用)。

(4)无视频

任意可视终端与主机处于工作状态时,可视终端皆不能显示主机前图像:先检查主机摄像头至主机控制板的接线是否完好,再详看摄像头控制板是否有浸水的现象(有浸水现象,摄像头很可能已损坏)。此时,有条件的,拿监视器测试,将监视器接到主机的视频线端,正常说明主干视频线故障,不正常说明主机故障,最后将摄像头的视频信号直接接入监视器,正常说明主机控制板故障,不正常说明摄像头故障;

7. 楼宇对讲室内分机的维修

任何分机问题,先看分机的线是否接好,电源指示灯是否亮,再断开一次分机的线,通电再试。

(1)不能开锁(其他功能正常)

间隔性不能开锁:首先考虑按键故障(安装三年以上多数为按键故障),分机与主机处于工作状态时,可将开锁按键触碰短路试试开锁,正常说明开锁按键正常,不正常估计为分机控制板或入户线故障;再用检修用的 10 芯护套线为测试线,直接将这台分机接入主机线端测试,正常估计是入户线或楼层平台故障,不正常当然就是分机控制板故障了;最后,依然用这条 10 芯测试线接入楼层平台测试,正常说明入户线故障,不正常换个楼层平台端口再试,换后正常说明这个楼层平台的这个端口损坏,依然不正常,原因就难查了。

(2)没有图像

①不亮屏且无图像

请检查分机电源,看供电是否有黑白 18 V,彩色 12 ~ 18 V。

②亮屏,但图像扭曲严重、抖动、不清楚、偏黑、偏模糊

请检查分机电源,看电压与电流是否符合说明书要求。

③亮屏无图像

先检查分机的视频线,看是否接好线,是否有视频信号,再更换一台相同型号的分机测试。

④被呼叫有图像,按监视时无图像

多数为监视键故障,更换一般即可解决。

(3)听不见

听不见,其他功能正常:估计为手柄线没有插好或扬声器损坏,先重新插一次手柄线,不行再更换手柄试试,再不行就是分机控制板故障了。

(4)分机不报警

分机不报警,即有防区联动报警功能的分机有警情时不向管理中心报警。

首先,检测报警探头供电是否正常,工作是否正常,供电用万能表测试,工作是否正常采用更换相同型号的报警器测试;然后,检测报警探头至分机的线路是否顺通,是否接触良好(无线报警探测器的此步省略);最后,更换相同型号的分机测试。

备注:一般的分机报警传输的都是数据信号,部分万能表具有测量数据的功能,可先用万能表测试分机的数据线端,看在报警时有无报警数据传出,没有时可按上法测试。

(5)特殊故障

任何分机故障,断电重接一次即解决的,多数为软件或硬件深层故障造成的死机现象。经常发生此类故障的,建议发回生产企业检修,以免带来长久的麻烦。

偶尔不开锁、听不见、无图像、不能通话等,但次数较多,具有间隔性特殊的,估计为分机软件或硬件问题造成的死机,请发回生产企业检修,此类软件故障多是断电后重开就消失故障的。

8. 楼层平台及中间设备的维修

楼宇对讲系统的楼层保护器、楼层解码器或视频分配放大器等楼层中间设备统称楼层平台(任何楼层平台问题,先检查各线端的线是否接好、电源指示灯是否亮,再断开一次电源的线,通电再试)。

楼层平台必须具备的功能:户户隔离保护、视频处理功能,说具体一点,就是必须具有音频、视频、数据信号及电源的智能分配与隔离保护。

(1)某输出端不能正常使用(其他端口正常)

将其他正常端线接入不能正常使用的端测试,正常说明此输出端正常(即为此端线路或其他设备故障),不正常说明此输出端确实故障,只能更换或维修楼层平台。一般单输出端或单输出端口损坏多为硬件故障造成,有电子功底的可现场检修,没有的请发回供货商检修。

(2)全部输出端不能正常使用

首先考虑输入端是否正常,采用技术测量法。会使用万能表测试的,用万能表测试输入端是否有信号输入;不会使用万能表的,可在输入端接入一台分机测试分机的功能。使用正常,说明输入端有信号输入;不正常,则是输入端线或上一楼层平台输出端损坏;输入端正常,但不能工作的,建议发回供货商检修。

(3)特殊故障

偶尔不能工作、工作时图像不稳定、通话不畅、开不了锁等情况,又排除了分机、入户线等可能性,单独测试楼层平台时也是如此,可考虑楼层平台硬件或软件故障,建议发回供货商检修。

9. 楼宇对讲系统的电源维修

楼宇对讲系统的电源是非常重要的配套设备之一(一般分为带电池使用功能和不带电池使用功能两种,考虑到多种原因,在甲方没特殊要求时,不配电池)。

电源的关键是稳定、足电压、足功率、满足系统需要。

电源输出端无电(先检查保险丝),用万能表测量有无220 V市电输入电源。使用变压器的线性电源,先测量有无220 V市电输入变压器,再测量有无电源输到控制板。如有,说明控制板损坏,建议发回生产企业检修。

使用开关电源的,维修难度较高,如测量到有市电输入,但没有输出,建议发回供货商检修。

使用三年以上的电源,建议更换新电源。电源输出电流变小、输出电压变低,此类情况多为电源元器件老化,建议更换新电源。

任务五　楼宇对讲系统工程设计举例

一、系统概述

"某智能化小区"设计为花园式住宅社区,周边环境优美、交通便利。针对"某智能化小区"的定位和设计图纸,结合小区智能化系统设计的理念和其他社区智能化工程建设的经验,本系统设计将通过有效的信息传输网络、系统优化配置和综合应用,向住户提供先进的安全防范、信息服务、物业管理等方面的功能,建立一个沟通住户与住户、住户与小区管理中心、住户与外界的综合服务系统。

二、设计目的

本系统设计中严格依照中华人民共和国公安安全行业标准以及北京市公安局技防办关于保安系统的有关规定,结合实际情况,体现最高的性能价值比。

该智能化小区可视对讲系统工程设计注重整体功能强大、中心设备完备、系统配置科学合理、联网系统稳定,强调社区总体和楼内局部防范相结合,真正体现高技术、高标准、高水平。整个系统的结构清晰合理,既具有自身特点和品牌优势,又具有安全稳定的特色。

三、设计原则

1. 可靠性原则

系统选用的技术及配套设备必须成熟可靠,以保证整个系统的长期正常安全运行,及时处理异常事故,达到电信级的可靠性。

2. 先进性原则

整个系统构成技术先进、应用灵活、扩展方便,还需要和其他系统相连接。

3. 实用性原则

系统设计考虑到用户的使用和以后的维护方便,尽量做到系统使用周期延长,向物业单位提供一个可管理、可运营、可维护、可升级、可盈利的一体化解决方案。

4. 美观性原则

考虑到是用于家庭的产品，应美观大方、自然和谐。

5. 经济性原则

考虑了系统的经济实用性，追求最大限度的节省投资。

6. 综合性原则

综合考虑系统方案设计、工程施工、设备管理、功能扩展和技术服务的全过程。

四、系统设计依据

设计涉及的所有设备和材料，除专门规定外，均依照下列标准规范进行设计、制造、检验和试验。

①《楼宇对讲电控防盗门通用技术条件》GA/T 72—2005；

②《黑白可视对讲系统》GA/T 269—2001；

③《防盗报警控制器通用技术条件》GB 12663—2001；

④《安全防范系统验收规则》GA/T 308—2001；

⑤《智能建筑设计标准》GB/T 50314—2000；

⑥其他有关国家政策法令、法规文件。

五、系统功能

楼宇可视对讲系统的功能主要体现在系统安装的设备上，功能如下。

1. 管理中心机（由管理电脑 + 小区管理软件组成）

管理中心机安装在小区的保安中心，主要是对整个小区进行一个综合的管理。

①具有双向对讲（与单元门口机、室内分机）、遥控开锁、远程查看等功能；

②具有公共信息发布功能；

③接受住户的防区报警信息及住户紧急报警信息，并显示报警的时间、地点、报警内容，储蓄报警地址信息；

④具有图像显示及多门选择监视功能。

2. 围墙机/单元门口机

①可密码、刷卡开锁；

②可与室内对讲分机双向通话；

③可直接呼叫管理中心并通话，中心遥控开锁；

④具有公共信息发布功能；

⑤具有联网功能；

⑥CCD 具有夜晚补光功能。

3. 室内可视对讲分机

①免提可视对讲，三方可视对讲通话；

②户户通话功能；

③可开启单元门电锁；

④具有本地留言以及访客拍照功能；

⑤具有接收短信息功能；

⑥具有免打扰功能；

⑦具有日历、时钟以及屏幕保护功能；

⑧具有来电显示、查询、重拨等功能；

⑨具有室内防盗报警布撤防功能；

⑩可扩展智能家居控制功能。

六、系统特点

1. 组网方式简便、灵活

小区联网是采用超五类网络线传输，而不用单独建设承载网络，克服了传统的多种线材联网的复杂性弱点，安装调试简单化。

2. 适合大型社区和复杂环境的联网

对于大型社区使用网线传输联网，克服了容易出现的信号衰减影响质量等问题，信号传输距离长且质量稳定可靠。

3. 信息服务（可选）

提供全方位的信息交互功能，小区信息提供了小区物业与业主的交互平台，当有新信息到来时，网关界面将会提示有新信息和显示信息的类型，但不会显示信息的内容，用户可通过状态栏快速的提取新信息，通过网络商城可以为业主提供更及时周到的服务。

七、小区户数统计

该工程的总建筑面积为 92 564 m^2，其中地上建筑面积 86 564 m^2，为 7 层、8 层商品住宅楼，由 13 个住宅楼单体和两个带局部二层的商业楼组成。商业楼设局部地下室，8#楼和 12#楼设有地下一层，两楼之间为地下汽车库。其中，8#楼和 12#楼的地下一层及局部汽车库为人防工程。其他楼座均无地下室，且住宅楼套内为毛坯房设计。

该智能化小区由 1#～13#共 13 栋楼、38 个单元组成。

八、系统设计

经详细了解工程的实际情况和用户的需求，对讲系统设计采用数字式楼宇对讲。

①围墙机嵌入式安装在小区主要出入口围墙；

②各单元大堂的主入口、地下室候梯厅主出入口安装可视单元门口机采用嵌入式墙面安装；

③每户住宅客厅安装 1 台 4 寸黑白室内分机，具有防区安保防盗报警功能。

工程共安装黑白围墙机 1 台，黑白单元门口机 44 台，黑白室内分机 584 台。

说明：可选配彩色可视对讲系统（围墙机、单元门口机为彩色可视门口机，室内分机为彩色 3.5 寸屏），增加价格在 20 000.00 元范围内。

九、系统简介

设计采用视得安品牌的黑白可视对讲系统作为该智能化小区的对讲系统。

视得安楼宇可视对讲系统是集差分数字传输技术、图像自动增益补偿技术、双绞线电缆传输自适应均衡器补偿技术、TCP/IP 技术、计算机通信技术为一体的网络监控通信平台，采用楼宇单元系统、楼栋间总线系统、小区 TCP/IP 局域网三级架构，可根据不同的用户需求和工程规模组网。

系统联网全部采用 CAT5E 电缆,即采用一根纯超五类线进行信号传输,系统集可视对讲联网、报警、信息发布等多功能于一体。

它将单纯访客开门的简单功能提升到多功能综合管理的层面上,对提高小区的安全管理与住户的方便起居起到了积极作用。

本系统具有独立的数据传输通道,各主要部件均采用微处理器控制,等于在小区内部建立了一个初级的数字化局域网,优良的系统结构使系统能适应未来发展的功能要求。

智能化系统工程设计注重整体功能强大、中心设备完备、系统配置科学合理,强调社区总体和楼内局部防范相结合,真正体现高技术、高标准、高层次。

视得安楼宇可视对讲系统实际上已涵盖了可视对讲、室内防入侵报警、火灾报警、燃气泄漏报警、电梯控制、门禁"一卡通"等功能及监控系统的部分功能的智能化综合安防系统,如图 3.10 所示。

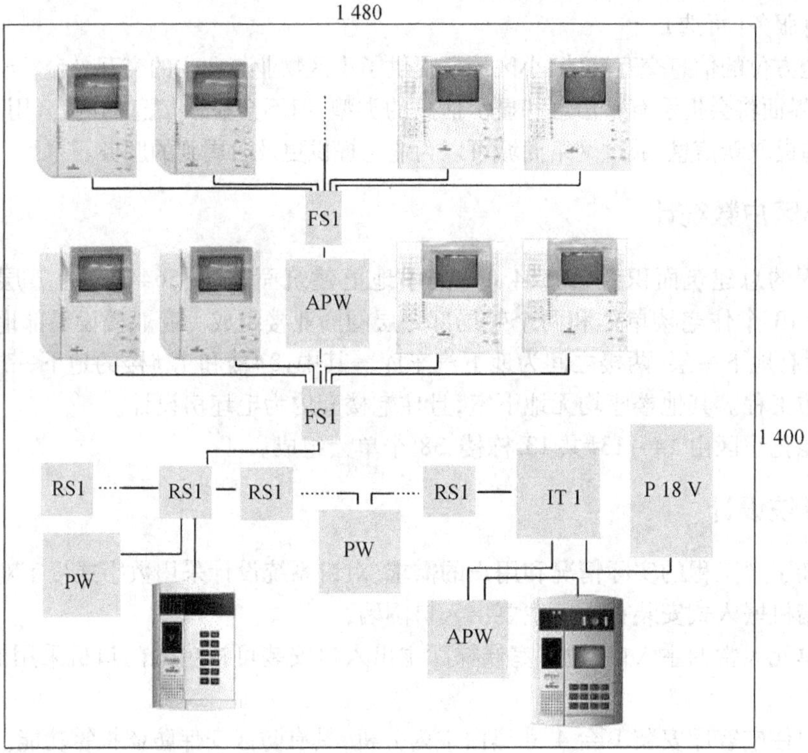

图 3.10　视得安楼宇对讲系统

十、主要设备参数

1. 黑白门口机 EB17SLDGK

EB17SLDGK 门口机如图 3.11 所示。

(1)功能介绍

①有摄像、呼叫、对讲、开锁等功能;

②蓝色背光,LCD 中文操作显示;

③访客呼叫分机、管理中心功能;

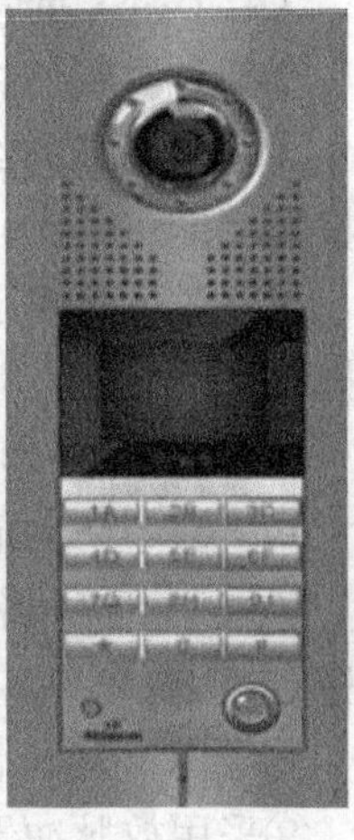

图 3.11　门口机

④CCD 摄像头角度可调,使摄像效果达到最佳;

⑤门禁刷卡开锁功能;

⑥开门超时将自动报警功能;

⑦可视菜单设置功能;

⑧主机参数设置功能;

⑨主机音量调节功能;

⑩地址簿下载功能;

⑪防拆报警功能;

⑫无须打开机身外壳,实现软件升级功能;

⑬按键自动夜光功能;

⑭黑白主机 CCD 红外线夜视功能;

(2)主要参数

①黑白可视;

②具有门禁接口;

③电源为 DC 30 V;

④待机功率为 94 mA;

⑤工作功率为 185 mA;

⑥外观尺寸为 125 mm × 325 mm × 78 mm。

2. 彩色门口主机 EC17SLDGK

EC17SLDGK 外观豪华典雅,触压式按键设计,性能稳定,可直接呼叫室内分机并与之通话,键盘有夜光显示,带门禁和不带门禁可选。

(1)功能介绍

①防水防尘等级 IP54;

②液晶显示,容量多;

③中文菜单显示其操作状态;

④直接呼叫分机或者管理中心实现双向对讲;

⑤红外线 CCD 摄像头及夜间补光 LED 使夜间可清晰显示图像;

⑥防破坏报警设计,当有人非法拆动或是破坏主机时,主机会发出报警声,用户可在主入口主机上直接按密码开启大门电锁;

⑦可外接门禁实现 IC 卡开锁;

⑧主机视频传输距离可调;

⑨主机有门锁打开超时报警功能。

(2)主要参数

①电源为 DC 30 V;

②待机功率为 94 mA;

③工作功率为 185 mA;

④外观尺寸为 125 mm × 325 mm × 78 mm。

3. 黑白可视分机 B65WHGA

如图 3.12 所示为黑白可视分机 B65WHGA。

①4 寸 CRT 屏,黑白可视,八防区报警功能,免提,壁挂式;

②拥有监视、对讲、开锁、呼叫管理中心、报警等功能;

③国际标准的红色 SOS 紧急报警标识,突出其重要的紧急报警功能;

④材质上运用了欧洲流行的磨砂效果,灯光下光泽闪烁,触摸舒适;

⑤蓝光运用,彰显科技的魅力,能在夜间清晰操作;

⑥一键布防功能,操作简单;

⑦采用 SMD 器件、SMT 工艺,使电路板高度集成,品质更为稳定;

图 3.12　黑白可视分机

⑧增加"浪涌"保护功能,避免产品因雷击等强烈电流对它的破坏;

⑨采用放脉冲干扰技术,产品的稳定性得到进一步提升;

⑩独特增加了 ESD 保护功能,极大地保证系统产品的环境适应性,确保产品不会因静电而导致损坏。

4. 彩色可视分机 C631WHGA(供参考)

如图 3.13 所示为颜色可视分机 C631WHGA。

①黑白价位的彩色分机,超值性价比;

②3.5 寸的液晶显示屏,图像清晰,逼真;

③整体机型小巧玲珑,美观大方;

④来自艺术之都意大利设计,国际品质,一脉相承;

⑤动感和美感无须取舍,动态弧度,灵动外形跳脱传统;

⑥现代住宅的优化组合,将给您的家居更添艺术美感和时尚创意。

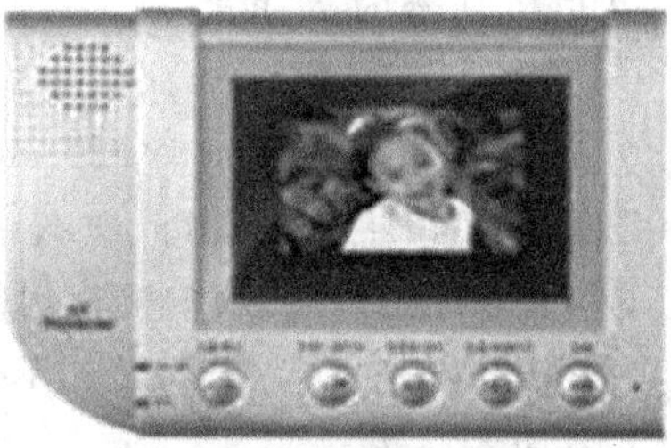

图 3.13　彩色可视分机

5. 楼层分配器 FS1

(1)技术规格

①电源为 DC 30 V;

②功耗为待机时 21 mA,工作时 120 mA;

③外形尺寸为 72 mm × 105.5 mm × 33 mm;

④质量为 0.12 kg。

(2)功能介绍

FS1 楼层分配器安装在楼层之间。各楼层住户的分机通过 FS1 将所有信号线与总线相连,一台 FS1 可连四台分机。FS1 对总线的视频信号进行传输模式的转换,并将其分配到与其相连的分机上。

6. 转换器 RS1

(1)技术规格

①电源为 DC 30 V;

②功耗为待机时 50 mA,工作时 136 mA;

③质量为 0.12 kg。

(2)功能介绍

RS1 连接于单元总线与系统总线之间,其功能为总线隔离,信号转发和音视频通道切换。

RS1 拥有五个 RJ45 接口,分别对应单元总线输入、输出,系统总线输入和输出。第五个 RJ45 接口和另外一个两端接口用于连接单元系统主电源。RS1 还拥有两个四档视频增益调节拨码开关,分别对应主机到系统总线和系统总线到分机两个视频通道,调节增益可提高视频传输质量和传输距离,通过级联 RS1 可将单元系统组网,形成片区统一管理。

7. 联网接口(IT1)

(1)技术规格

①电源为 DC 30 V/DC 18 V;

②功耗为待机时 18 V/460 mA 和 30 V/72 mA,工作时 18 V/480 mA 和 30 V/87 mA;

③外形尺寸为 165 mm × 191.5 mm × 47 mm;

④质量为 1 kg;

⑤系统电源为 PW1。

(2)技术规格

①额定输入电压为 AC 85 ~ 265 V。

②额定输出电压为 DC 30 V。

③额定输出电流为 2 A(不含电池充电电流)。

(3)功能介绍

①市电与电池自动切换功能

本机正常工作时,如停止输入市电,本机自动立即切换到电池供电状态。

当本机处于电池供电状态时,市电来电后,本机将自动切换到市电供电。

②保护功能

当负载阻抗≤2 Ω 时,本机进入可恢复的保护状态。

③自动充电

本机接通市电后,如外接有电池,则自动给电池充电,电池充足后,自动维持充足状态,不会过充。

④电池放电保护功能

本机具有电池放电过放保护功能,以延长电池的使用寿命。

8.8 口交换机 DES - 1008D

(1)产品特点

①8 个 10/100 Mbps 端口;

②每个端口均支持全/半双工模式;

③简易扩展用 MDI 上行链路端口;

④网络配置的自动学习;

⑤全双工模式流量控制,保护数据避免丢失;

⑥半双工模式背压流控;

⑦双绞线缆极性自动纠正;

⑧各端口动态分配 RAM 缓存。

(2)技术参数

①应用类型为桌面型交换机;

②应用层级为二层;

③标准 Flash 内存为 1 M;

④交换方式为存储 - 转发;

⑤背板带宽(Gbps)为 1.6 Gbps;

⑥包转发率在 10 Mb/s 时为 14 800 pps ,100 Mb/s 时为 148 800 pps;

⑦MAC 地址表为 1 K;

⑧网络标准为 IEEE802.3 10Base - T,IEEE802.3u 100Base - TX;

⑨传输速率(Mb/s)为 10/100;

⑩端口类型为 10/100Base - TX;

⑪固定端口数为 8;

⑫网管支持为不支持;

⑬堆叠为不支持;

⑭长×宽×高为 118 mm×192 mm×32 mm;

⑮质量为 0.3 kg。

十一、室内报警系统

随着人民物质生活水平的不断提高,如何有效的防范不法分子的入侵、盗窃、破坏等行为是智能化小区普遍关注的问题。仅靠保安的人力保护人民的生命财产安全是不够的,要同时借助以现代化高科技的电子技术、传感技术以及计算机技术为基础的防盗设备,构成一个快速反应系统,通过人防与技防相结合,从而达到有效防止入侵、盗窃等目的。

1. 设计原则

(1)实用性

系统控制设备要求操作简便,业主在发生受侵害的情况下能及时报警。

(2)可靠性

系统设计符合国家 3C 认证及相关规范,产品性能稳定,误报率低。

(3)系统性

家庭中发生报警时,除自身报警外,需要时通过管理中心能及时向当地公安报警中心报警。

2. 系统功能

①报警反应快速;

②报警快速反应时间不应大于 3 s;

③报警实时显示;

④报警时通过电子地图实时显示报警位置,方便保安人员及时处警;

⑤防破坏;

⑥系统任何一条线路发生短路断路等故障,都能及时报警;

⑦防断电;

⑧住宅断电时,通过室内可视对讲分机供电,支持系统工作 12 h 以上,保证报警信号及时传输。

3. 系统设计

在住宅主卧设置紧急报警按钮，实现昼夜非法入侵等紧急情况下的求救功能；在智能化管理中心配置报警接收计算机，接收机需准确显示警情发生的住户名称、地址及报警方式等信息，并提示保安人员迅速确认警情，及时赶赴现场，以确保住户人身、财产安全。

系统配置说明：

根据该智能化小区的实际户型和图纸，在每户住宅主卧安装一个紧急按钮，共584个。

室内报警即家居安防系统，由家居安防控制主机（对讲户机集成安防报警模块，不需要另配）、前端探测器组成。设计采用室内可视对讲分机作为报警主机使用，实现室内报警的布撤防，一旦有警情发生，报警器通过室内分机，将报警信号传输至小区的监控管理中心，方便安保人员及时处理警情。

系统连线，紧急报警按钮至室内分机采用RVV2×0.5的双芯信号线连接。

4. 系统组成以及技术参数

一个有效、智能的防盗报警系统应由报警主机、报警探测器、报警管理软件等组成。

报警主机，采用室内可视对讲分机作为报警主机，实现家庭报警信号的传输。

报警设备由紧急报警按钮组成。

报警管理软件，通过可视对讲系统的管理主机并连接计算机，实现报警软件的实时显示和及时处理。

紧急按钮为HO－01B。

主要技术参数：

①防火ABS阻燃外壳；

②连接方式为常开，常闭；

③额定电流为300 mA；

④额定电压为DC 250 V；

⑤质量（毛重）为17 kg；

⑥包装尺寸为460 mm×380 mm×365 mm。

思考题

1. 常用楼宇对讲系统分为哪些类型？

2. 楼宇对讲系统的线制有哪些？

情境四　闭路电视监控系统的设计与安装

知识目标：

1. 熟悉闭路电视监控系统的构成；
2. 了解闭路电视监控系统的特点和组成；
3. 熟悉闭路电视监控系统各个部分的设备的性能及设备选型；
4. 网络数字化电视监控系统的认知。

能力目标：

1. 掌握闭路电视监控系统前端设备的安装；
2. 掌握闭路电视监控系统整体功能实现的安装方式；
3. 掌握闭路电视监控系统简单的初步设计。

电视是利用无线电电子学的方法即时地显示并能即刻远距离传送活动景物图像的一门科学技术，其最大特点是可以把远距离的现场景物即时地“有声有色”地展现在我们面前。

正因为如此，目前电视监控技术的应用领域非常广泛，在我们的社会政治、文化生活方面起着重要的作用。电视监控系统就是利用电视技术收集、整理、处理我们所需的信息。图像信息最能准确地说明和较全面地反映情况，正如通常所说的“百闻不如一见”。

根据电视信号传输方式的不同，电视系统可以分为闭路电视系统和开路电视系统两大类。开路电视系统是将图像信息经载波调制后通过空间电磁波将信息传送给用户，一般用于广播电视。闭路电视监控系统是通过有线的传输线路，把图像信号传送给某一局部范围内特定的用户。闭路电视监控系统一般多用于安全防范领域，在工农业生产、科学研究、教育、国防军事、金融、交通等领域也广为使用。

闭路电视（又称 CCTV）监控系统是安防领域中的重要组成部分，系统通过摄像机及其辅助设备（镜头、云台等），直接观察被监视场所的情况，同时可以把监视场所的情况进行同步录像。另外，电视监控系统还可以与防盗报警系统等其他安全技术防范体系联动运行，使用户安全防范能力得到整体的提高。

任务一　闭路电视系统的特点和组成

一、闭路电视系统的特点

通常，电视分为广播电视和应用电视两大类。人们把用于广播的电视称为广播电视，如电视台的广播电视和共用天线电视(CATV),它们的主要用途是作为大众传播媒介,向大众提供电视节目,丰富人们的精神文化生活。应用电视具有明显的应用特点,它主要用于工业、交通、商业、金融、医疗卫生、军事及安全保卫等领域,是现代化管理、监测、控制的重要手段之一。由于它首先应用于工业,所以有时又称它为工业电视。应用电视能实时、形象、真实地反映被监视控制的对象。人们利用这一特点及时获取大量丰富的信息,极大地提高了管理效率和自动化水平。同时,在某些场合,利用应用电视解决人们不能直接观察的困难,使其成为一种有效的观测工具,发挥不可替代的独特作用。因此,应用电视越来越受到人们的重视,在现代社会的各个方面得到越来越多的应用。

应用电视和 CATV 有线电视一样,通常都采用同轴电缆(或光缆)作为电视信号的传播介质,其特点都是不向空间发射信号,所以统称为闭路电视(Closed Circuit Television, CCTV)。闭路电视的信号传输有两种传输方式:一种是射频信号传输,又称高频传输;另一种是视频信号传输,又称低频传输。通常,CATV 系统采用射频信号传输方式,而宾馆、商场、工业、交通等所用的闭路电视一般都采用视频信号传输方式。本章着重阐述这种采用视频传输方式的 CCTV 系统。不过,既然射频传输和视频传输是闭路电视系统的两种信号传输方式,因此,在某些情况下,两者也可以结合在一起,组成一个多功能的综合的闭路电视系统。

综上所述,与广播电视相比,宾馆、商场、工业、交通等所用的 CCTV 系统具有如下特点:

①CCTV 系统与扩散型的广播电视不同,是集中型,一般作监测、控制、管理使用;

②CCTV 系统的信息来源于多台摄像机,多路信号要求同时传输、同时显示;

③用户是在一个或几个有限的点上,比较集中,目的是收集或监视信号,传输的距离一般较短,多在几十米到几千米的有限范围内;

④一般都采用闭路传输,极少采用开路传输方式,1 km 以内用基带传输(视频传输又称基带传输,即不经过频率变换等任何处理,直接传送摄像机等设备输出的视频信号),1 km 以上可以用射频传输或光缆传输;

⑤一般用视频传输,不用射频传输;

⑥除向接收端传输视频信号外,还要向摄像机传送控制信号和电源,因此,CCTV 系统是一种双向的多路传输系统。

二、闭路电视监控系统的基本特性

①实时性,可将现场情景即时摄取下来,并传送到监控中心;

②高灵敏性,摄像机的灵敏度逐步提高;

③监视空间大,采用多部摄像机组成一个监视网,可以做到大面积的观察,也可以做到某一局部范围的特写;

④便于隐蔽和遥控;

⑤方便经济,资料易于处理保存,价格逐步降低;

⑥在非可见光领域应用,使用专门的摄像机可以摄取红外、紫外、X 射线等非可见光信息图像;

⑦长期有效性,摄像机可以长时间连续工作,提供信息准确。

三、闭路电视监控系统的基本组成

闭路电视监控系统根据其使用环境、使用部门和系统的功能的不同而具有不同的组成方式，无论系统规模有多大、功能有多少，一般电视监控系统均由摄像、传输分配、控制、图像处理与显示等四个部分组成，如图 4.1 所示。

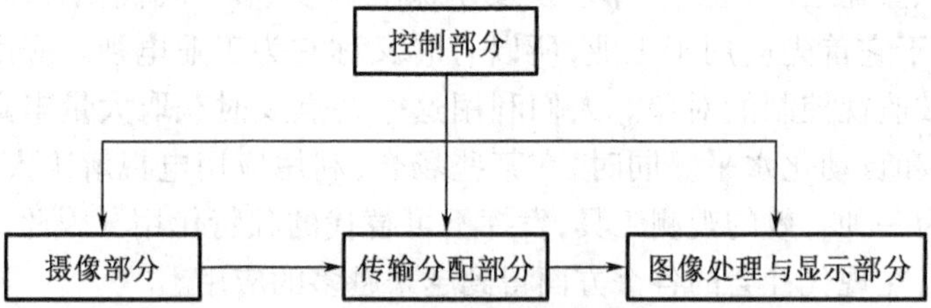

图 4.1　闭路电视监控系统组成图

1. 摄像部分

摄像部分的作用是把系统所监视的目标，即把被摄体的光、声信号变成电信号，然后送入 CCTV 系统的传输分配部分进行传送。摄像部分的核心是电视摄像机，它是光电信号转换的主体设备，是整个 CCTV 系统的眼睛。摄像机的种类很多，不同的系统可以根据不同的使用目的选择不同的摄像机以及镜头、滤色片等。

2. 传输分配部分

传输分配部分的作用是将摄像机输出的视频（有时包括音频）信号馈送到中心机房或其他监视点。CCTV 系统的传输分配一般采用以视频信号本身的所谓基带传输，有时也采用载波传送或脉冲编码调制传送，以光缆为传输介质的系统都采用光通信方式传送。传输分配部分主要如下。

(1) 馈线

传输馈线有同轴电缆（以及多芯电缆）、平衡式电缆、光缆等。

(2) 视频分配器

视频分配器将一路视频信号分配为多路输出信号，供多台监视器监视同一目标，或者用于将一路图像信号向多个系统接力传送。包括音频信号的视频分配器又称为视频音频分配器或视音分配器。

(3) 视频电缆补偿器

视频电缆补偿器在长距离传输中，对长距离传输造成的视频信号损耗进行补偿放大，以保证信号的长距离传输而不影响图像质量。

(4) 视频放大器

视频放大器用在系统的干线上，当传输距离较远时，对视频信号进行放大，以补偿传输过程中的信号衰减。具有双向传输功能的 CCTV 系统必须采用双向放大器，可以把放大后的视频信号分成两路或多路。

3. 控制部分

控制部分的作用是在中心机房通过有关设备对系统的摄像和传输分配部分的设备进行距离遥控。控制部分的主要设备如下。

(1) 集中控制器

集中控制器一般装在中心机房、调度室或某些监视点上。使用控制器再配合一些辅助设备，可以对摄像机工作状态，如电源的接通、关断，摄像机的水平旋转、垂直俯仰、远距离广角变焦等进行遥控。一台遥控器按其型号不同能够控制摄像机的数量也不同，一般为 1 ~6 台。

(2)电动云台

电动云台用于安装摄像机,云台在控制电压(云台控制器输出的电压)的作用下,作水平和垂直转动,使摄像机能在大范围内对准并摄像所需要的观察目标。

(3)云台控制器

云台控制器与云台配合使用,其作用是在集中控制器输出的控制电压下,输出交流电压至云台,以此驱动云台内的电动机转动,从而完成旋转动作等。

(4)微机控制器

微机控制器是一种较先进的多功能控制器,采用微处理技术,其稳定性和可靠性好。微机控制器与相应的解码器、云台控制器、视频切换器等设备配套使用,可以较方便地组成一级或二级控制,并留有功能扩展接口。控制信号传输线可以采取串、并联相结合的布线,从而节约电缆,降低工程费用。

4. 图像处理与显示部分

图像处理是指对系统传输的图像信号进行切换、记录、重放、加工和复制等。显示部分则是使用监视器进行图像重现,有时还采用投影电视来显示其图像信号。图像处理和显示部分的主要设备如下。

(1)视频切换器

视频切换器能对多路视频信号进行自动或手动切换,使一个监视器能监视多台摄像机信号。在要求高的场合,如专业电视台节目制作和播出系统中,还使用特技切换器,其功能全、效果好,但操作复杂。

(2)监视器和录像机

监视器的作用是将送来的摄像机信号重现。在 CCTV 系统中,一般需配备录像机,尤其在大型的保安系统中,录像系统还应具备如下功能:

①在进行监视的同时,可以根据需要定时记录监视目标的图像或数据,以便存档;

②根据对视频信号的分析或在其他指令控制下,能自动启动录像机,如设有伴音系统时应能同时启动,系统应设有时标装置,以便在录像带上打上相应时标,将事故情况或预先选定的情况准确无误地录制下来,以备分析处理;

③系统应能手动选择某个指定的摄像区间,以便进行重点监视或在某个范围内几个摄像区作自动巡回显示;

④录像系统既可快录慢放或慢录快放,也可使一帧画面长期静止显示,以便分析研究。

四、闭路电视监控系统的组成形式

闭路电视监控系统的组成形式一般有如图 4.2 所示的几种方式,其应用场合如表 4.1 所示。

①单头单尾方式是最简单的组成方式,如图 4.2(a)所示。“头”指摄像机,“尾”指监视器。这是由一台摄像机和一台监视器组成的方式用在一处连续监视一个固定目标的场合。

②图 4.2(b)增加了一些功能,比如摄像镜头焦距的长短、光圈的大小、远近焦距都可以遥控调整,还可以遥控电动云台的左右上下运动和接通摄像机的电源。摄像机加上专用外罩就可以在特殊的环境条件下工作。这些功能的调节都是靠控制器完成的。

③如图 4.2(c)所示是由一台摄像机向许多监视点输送图像信号,由各个点上的监视器同时看图像。这种方式用在多处监视同一个固定目标的场合。

④如图 4.2(d)所示是多头单尾系统,用在一处集中多个目标场合。除了控制功能外,还具有切换信号的功能。如果系统中设有动作控制的要求,那么它就是一个视频信号选切器。

⑤多头多尾方式如图 4.2(e)所示,它是多头多尾任意切换方式的系统,用于多处监控多个目标的场合。此时宜结合对摄像机功能让遥控的要求,设置多个视频分配切换装置或矩阵网络,每个监视器都可以选切各自需要的图像。

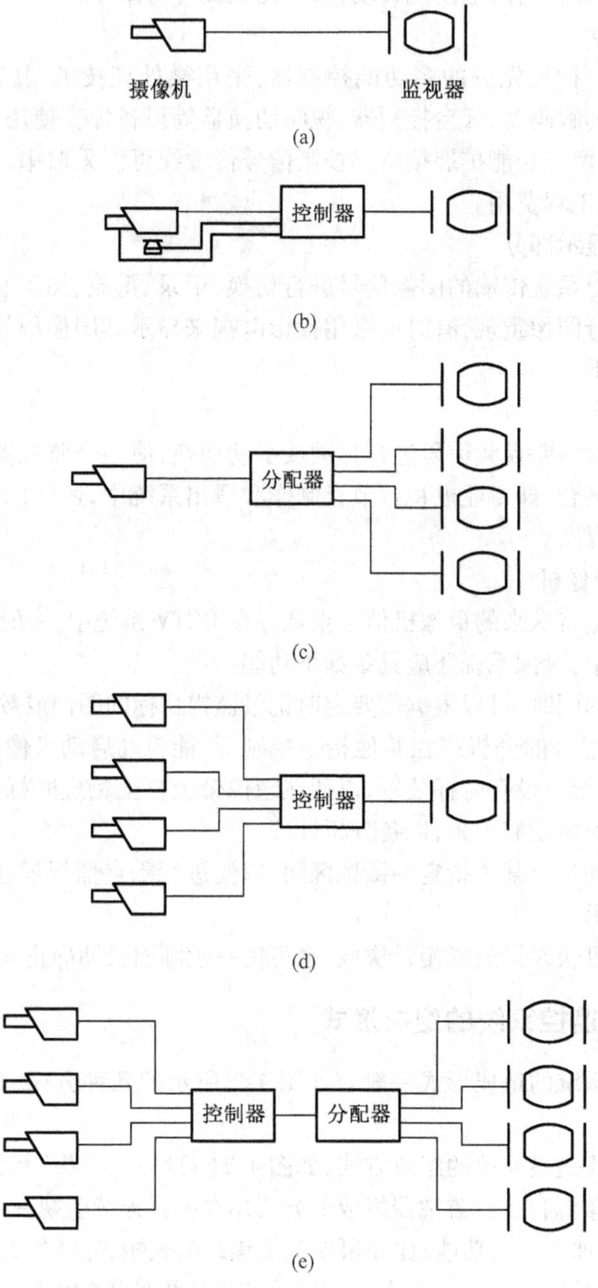

图 4.2　闭路电视监控系统的组成形式

(a)单头单尾方式一;(b)单头单尾方式二;(c)单头多尾方式;

(d)多头单尾方式;(e)多头多尾方式

表 4.1　闭路电视监控系统的四种组成形式的应用场合

序号	组成方式		应用场合
1	单头单尾方式	固定云台,如图 4.2(a)	用于一处连续监视一个目标或一个区域
		电动云台,如图 4.2(b)	
2	单头多尾方式,如图 4.2(c)		用于多处监视同一个固定目标或区域
3	多头单尾方式,如图 4.2(d)		用于一处集中监视多个目标或区域
4	多头多尾方式,如图 4.2(e)		用于多处监视多个目标或区域

当前,我国 CCTV 系统主要应用于监视、调度和电视会议等。对这类系统的功能要求是:将基层观察点所摄制的图像传送到中心控制室,控制室可以对基层点的摄像机、云台等设备进行远距离控制调节。因此,CCTV 系统控制方式可以分为如下几种类型。

①单级控制

这种控制类型只有中心控制室一个控制点,全部受控设备均由中心控制室进行遥控,如图 4.3(a)所示。这种类型适用于小型系统或辐射状的系统。

②不交叉多级串并控制

如图 4.3(b)所示,这种控制类型除总控制中心以外,还设有一级或多级分控中心,各分控中心之间没有联系,即分控中心 1 的摄像机输出的图像不能调到分控中心 2 中去,反之亦然。

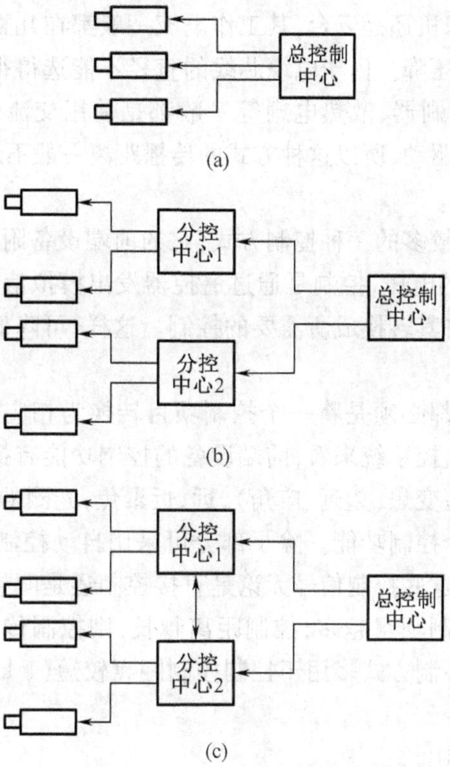

图 4.3　CCTV 系统控制方式

(a)单级控制;(b)不交叉多级串并控制;(c)交叉多级串并控制

③交叉多级串并控制

如图4.3(c)所示,这种控制类型可以实现各分控中心之间的图像交换,即每一个控制中心都可以按照要求调用本系统的各种图像,控制所有的摄像机或其他受控设备。根据系统的要求,总控中心和分控中心可以是平等关系,也可以是主从关系。控制器根据系统的规模和受控设备的多少,可以是一个小盒,也可以是一个大型控制台。

以上三种控制类型又可以根据实际情况进行合理组合,成为一种组合控制系统,这种组合控制的类型适用于大型多台受控设备的 CCTV 系统。

五、闭路监控系统的控制方式和类型

1. CCTV 系统采用的控制方法

CCTV 系统采用的控制方法有直接控制、间接控制、同轴视控、数据编码微机控制四种方法,其中,同轴视控方法在此不作介绍。对于某一种系统,应该选择哪种控制方法,要根据控制中心至受控中心之间的距离和受控设备的多少而定。

(1)直接控制

直接控制是把电压、电流等控制信号直接送入被控设备,即通过单独的电缆从控制室直接送出控制电压来控制前端设备。对摄像机控制主要是摄像管的靶电压、电子束电流、聚焦电压等,这些项目一般都采用直接控制的方式;对电动变焦镜头、摄像机罩、电动云台等部分的控制,在距离焦较短时也都采用直接控制方式。直接控制方式电流大,对传输线要求较高,因为无论是摄像机还是云台,其工作电流一般都在几百毫安,如在控制室直接送出电压则应考虑电缆线的压降。由于电缆芯线的直径不能选得很大,因而限制了作用的距离。摄像机、电动云台、雨刷器、散热电扇等一般都是使用交流低压电源(如 24 V + 24 × 10%,电流 300 ~600 mA)驱动,所以这种方式的传播距离一般不超过 500 m。

(2)间接控制

间接控制是目前采用较多的一种控制方式,它的前端设备附近增设一个继电器控制箱(盒),提供前端设备所有的电压,控制是通过遥控器发出模拟信号或小电流电压来推动继电器盒中的晶闸继电器,将其转换成所需要的控制。这样,可降低对传输电缆芯线的要求,一般可达几百米到两千米。

直接控制和间接控制都必须是将一个控制项目转换为相应的控制电压信号在控制线上输送,而从目前普通的监控系统来看,前端设备的控制功能有摄像机电源开和关,电动云台上、下、左、右运动,长、短变焦(望远、广角),远、近聚焦,光圈的开、闭,室外防尘罩雨刷器的起、停等,总共约有 14 个控制功能。除了部分可采用自动控制外(如调光圈等),其他功能均需通过控制室遥控。这些控制信号无论是直接控制还是间接控制,都需要用一组数量较多的控制线来传输。控制项目越多,控制距离越长,则控制传输线路的费用及施工量将大幅增加。因此,这两种控制方式多用于控制控制距离较短(1 km 以内)、控制项目较少的系统。

(3)数据编码微机控制

例如,用四位并列数码信号,从 000 到 111 共 16 种不同的编码,可以代表 16 个状态,然后用四根控制线传送到前端设备,经过译码转换成串行控制编码,用一对线路传输。因此,这种控制方式也可有效地减少控制线,大大地简化系统,减低成本、减少施工工作量。此外，还有在视频消隐期插入控制信号的时分多工传输方式等。

2. 系统类型

电视传像的整个过程概括起来说就是“光信号”与“电信号”的相互转换过程。在前端电视摄像机将景物的光信号转换为电信号。这一信号经过处理，通过有线或无线传输后，在接收端，经电视接收机或监视器对电信号进行处理后，再把电信号转变为光信号，人们就能从电视机或监视器的荧光屏上看到重现原景物的电视图像。整个过程就是光—电转换、信号传送、电—光转换实现的。闭路电视监控系统的工作原理同样也遵循上述过程。

闭路电视监控系统的技术要求主要是：摄像机的清晰度、系统的传输带宽、视频信号的信噪比、电视信号的制式、摄像机达到较高画质和操作的功能以及系统各器件的环境适应度。闭路电视监控系统的控制方式，可以分为简单监控系统、直接控制系统、间接遥控系统、微机控制系统、以矩阵切换器为核心的控制系统几大类。

简单的系统如图 4.4 所示，它是在只有数台摄像机，也不需要遥控的情况下，以手动操作视频切换器或自动顺序切换选择所需的图像。

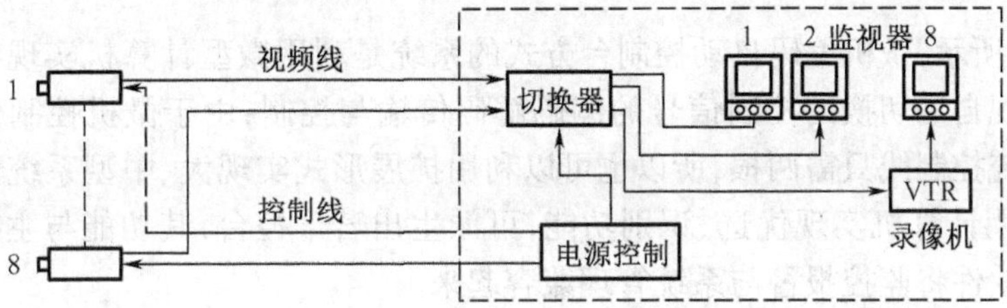

图 4.4　简单的系统

在第一种形式的基础上加上简易摄像机遥控器，如图 4.5 所示，其遥控为直接控制方式。它的控制线数将随其控制功能的增加而增加，在摄像机里控制室距离较远时，不宜使用。

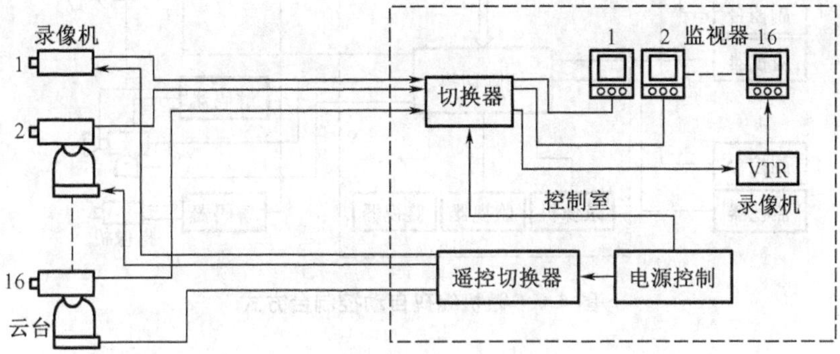

图 4.5　加上简易摄像机遥控器的系统

监视系统如图 4.6 所示，这种形式应用较多，它具备了一般监视系统的基本功能，遥控部分采用间接控制方式，减低了对控制线的要求，增加了传输距离，但对大型控制系统不太适用，因为遥控越多，控制线也越多，距离较远时，控制也困难。

以上三种监控系统均采用逻辑电路实现其控制功能，所用的器件、控制按钮均较多。

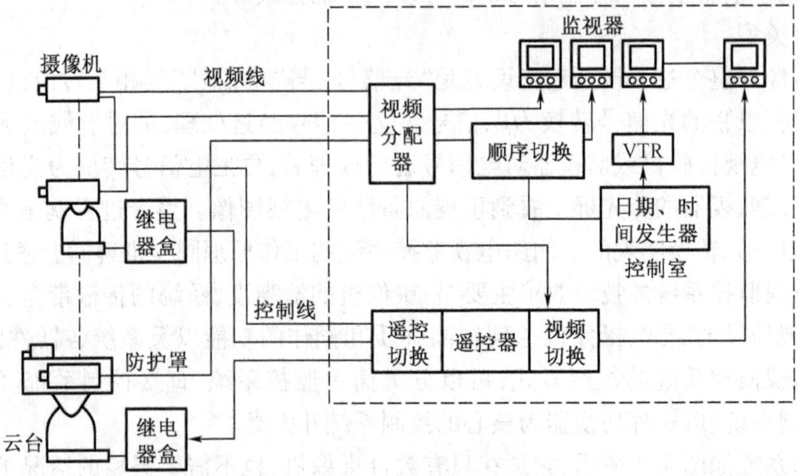

图 4.6　监视系统

如图 4.7 所示，微机编码自动控制台方式的系统是利用微型计算机实现各种控制功能的，它可以实现自动切换的控制信号的编码解码传输与控制；由于微机控制信号可采用穿行码传输，系统控制线只需两根，所以也可以利用扩展形式实现大、中型系统的控制及距离传输；还可以用计算机实现优选、识别功能，可派生出若干控台，其功能与主控台类同。此外，还可以用软件将监控报警与系统管理兼容起来。

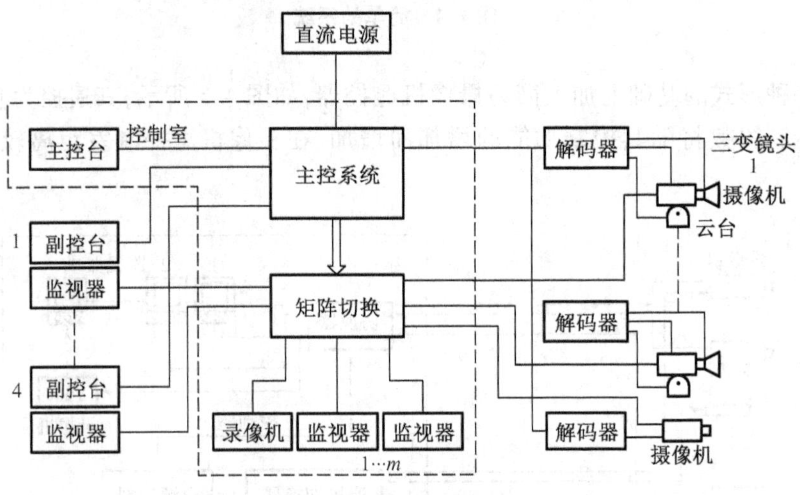

图 4.7　微机编码自动控制台方式

微机控制系统主要由控制台（主控台和副控台）、主控系统和解码控制盒三个部分组成，这三个部分是由单片机组成的。控制台是系统发出控制指令的设备，可以有一个或几个，根据控制台设置的场所不同将其分为主控制台和副控制台。控制台产生请求控制信号的控制信号码，由传输线送至主控系统，主控系统将各控制台发来的指令信号经优先级和功能判别后转换成相应的控制码，分别送至图像切换单元和各前端解码盒。解码盒将主控系统送来的串行码控制信号，解码转换成相应的各种控制电压去控制各前端设备。

该系统的主要特点如下。

(1)图像切换可任意编制

在一般控制系统中,图像切换是由于手动切换器和自动顺序切换器等设备实现的,其缺点是切换开关与输入的每路图像相对应。由于一般切换器的路数都不超过20路,所以对于较大的系统就需要较多的切换器。另外,对于输入视频信号较多的场合,控制开关也较多,使得操作部分比较复杂。利用微机控制后就不需要这些切换器,切换均可通过数字键盘来实现,并可以任意制定每一条监视器的切换顺序和切换时间。由于键盘上的数字可与摄像机的编号一致起来,所以操作部分也就比较简单、方便。

(2)易于实现多路控制

在CCTV系统中,为在控制室能对多个摄像点的图像进行切换和遥控,并在其他有关部门也能观察和遥控各摄像点的图像,用通常的方法视角很难实现,而用微机来控制就比较容易。微机控制系统可以对各路控制台发出的控制信号进行优先排队,不会出现抢控的现象。

(3)控制线可减少

CCTV系统的遥控一般有14~18种,如采用直接传接送控制信号的形式,就需要十几根控线,这将增加工程造价和给施工安装带来困难。而微机控制系统的控制信号是用数码形式传送,可以使控制线降到最低限度。现在,用微机控制CCTV系统一般都采用串行码传输方式,即用一根信号传送数码至前端设备,再进行解码还原成各功能不同的控制电压。也可以利用摄像机的视频电缆串行码与视频信号双向、分时传输,也就是在视频信号的场消隐间传输5 b的串行控制码。同样,利用串行传输对远距离和超远距离的控制,还可以采用调频和光纤传输方式传送,可进一步扩大系统的应用范围。

视频矩阵切换控制器也响应由各类报警探测器发送来的报警信号,并联动实现对应报警部位摄像机图像的切换显示,如图4.8所示。

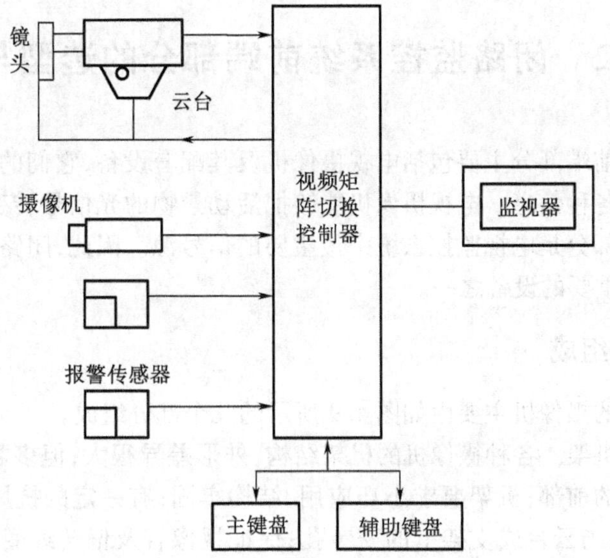

图4.8　闭路监控系统与报警传感器

六、闭路电视监控系统在安全防范中的应用

①用于对重要场所、大型活动、机要单位的安全保卫；

②用于对商场、书店等商业经营单位的闭路电视监控，可以防止商品被盗，同时也可以精减人员，改善经营管理、提高工作效率；

③用于银行、金库等金融系统的电视监控，以确保安全；

④用于博物馆、文物保护单位等处的电视监控系统，用以保护贵重文物和展品；

⑤用于工厂等生产单位，是工厂实现现代化管理的重要组成部分，特别适用于那些高温、高压、有毒、噪声大的场所实现远距离监视；

⑥用于机场、车站、港口、海关等大流量旅客交通要道处的安全检查监视系统；

⑦用于大面积油田、森林等处的消防电视监控系统，可以及时发现火情，迅速采取扑救措施；

⑧用于饭店、宾馆内的电视监控系统，可供保卫部门监看情况；

⑨用于监狱、看守所等处，可用来监视案犯的情况，有效加强对案犯的管理和改造工作；

⑩用于医院的医疗电视监控，也可将手术台手术的过程通过电视监控系统直观、即时地传送给有关人员进行观看学习；

⑪用于交通现代化管理。

在实际使用中，电视监控系统经常与其他的安全防范设备一起配合使用，相辅相成，以便发挥出更大的作用。

此外，根据实际需要，CCTV 系统除了图像系统以外有时还配置通话系统。通话系统与电视图像系统可以是独立分开，也可以同步控制，但两者的系统设计最好独立分开。除电视会议系统外一般采用单向通话系统，目前有朝双向通话系统发展的趋势。

任务二　闭路监控系统前端部分的选型与安装

闭路监控系统前端部分主要包括电视摄像机及其配套设备，它们的主要任务就是为了获取被监控区域的各种信息。电视摄像机能够把活动景物的光信号转变为图像的电信号，闭路监控系统前端部分是电视监控系统中最主要的信号源。因此，闭路监控系统前端部分是 CCTV 系统中最重要的设备之一。

一、摄像机的组成

一台摄像管型的摄像机主要由如图 4.9 所示的几个部分组成。

图 4.9 中①为机架。各种摄像机的机架结构、外形差异很大，但多数都遵循以下原则：镜头多装于摄像机的前部；机架要求小巧应用、结构牢固；有一定的抗风雨性能；有较好的屏蔽性能；有供安装与云台或支架上的安装孔；保证视像管及偏转线圈牢固安装并使其轴向与镜头轴一致。此外，要求带电部分与机架外壳绝缘性能良好；外壳接地良好、安全可靠；具有一定数量的通风孔，使机内热量能合理散出等。近年来，市场及用户也很重视机架的外形美观程度，如颜色协调，工艺精良，标识明显、易懂等。

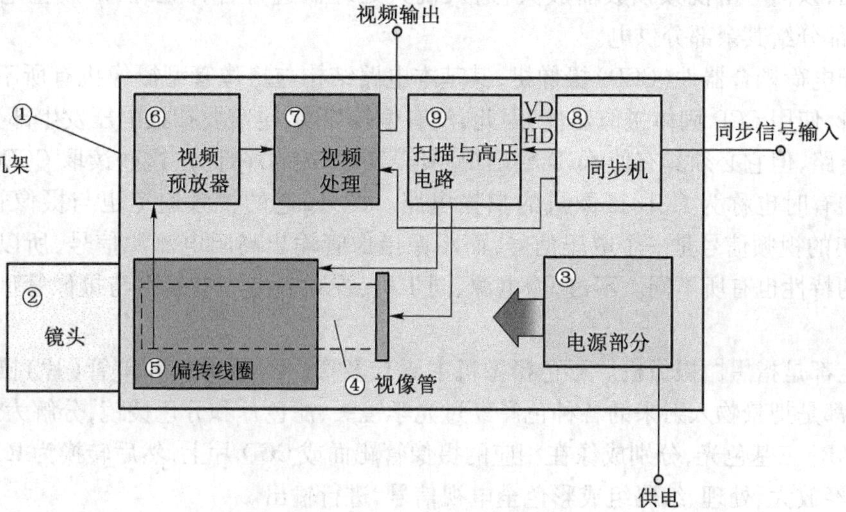

图 4.9　摄像管型摄像机组成图

图 4.9 中②为镜头。下文将专述摄像机镜头的性能，但一定要注意，不同型号的摄像机镜头接口可能是不一致的，有 1 in 接口，2/3 in 接口及 1/2 in 接口等。

图 4.9 中③为电源部分。有的摄像机部分是直流供电，有的是交流供电。国内交流供电的摄像机大多为 AC 220 V 供电，由电源部分提供变压、整流、稳压等功能，有时还要为其他电路提供一些特殊要求的电压、电流。电源一般应保证在交流供电 +10% 范围内正常工作。如果有稳压部分则要求其具有纹波小、内阻低、功率余量足够、干扰小等特点。

图 4.9 中④为视像管，将在下文讲述。

图 4.9 中⑤为偏转线圈。按功能分可分 MM 型—磁偏转、磁聚焦型 SM 型—电聚焦、磁偏转型；按尺寸可分 1 in 型或 2/3 in 型等；按摄像管插入方式可分前插型及后插型。偏转线圈的具体结构及原理这里不专门叙述，有关部分在扫描电路中适当提及。

图 4.9 中⑥为视频预放器，⑦为视频处理器。通过它们，可将视像管靶子输出的很小的信号电流尽量不失真地放大，同时保持尽可能的信噪比，然后进行黑电平调整、钳位、白切割、同步混入、校正等处理，最后形成全电视信号输出。

图 4.9 中⑧为同步机。其产生摄像机的扫描部分及视频部分所需要的全部脉冲，保证整个摄像机的同步系统符合一种规定的扫描制式。就黑白摄像机而言，我国通用的扫描制式为 CCIR 制。同步机一般还要与外来的同步信号锁相，有时还要求其具有与电源锁相的功能。

图 4.9 中⑨为扫描与高压电路。它在同步机有关脉冲的驱动下，产生场扫描、行扫描的各种电压、电流，并产生提升高压供视像管各电极使用。有的摄像机在这部分中还含有停扫自动保护电路。在行或场扫描有故障而输出减小时，能自动使电子束不射向靶面或散焦，防止烧坏靶面。

综上所述，一台典型的摄像管型摄像机的工作可以由以下几句话概括：由镜头获取光学图像投射到视像管靶面上；由同步机产生标准的各种同步脉冲，驱动扫描电路产生行、场扫描的电压、电流分别加到行、场偏转线圈上；在各种高压适当地加到视像管各电极的条件下，使电子束按一定的规律偏转，在靶面上扫描；拾取出微弱的视频信号，以高阻电流源的形式输出,该信号由视频预放器放大,送入视频处理器进行各种处理,形成全电视信号输出;电源部分给其余部分供电。

对于电荷耦合器件(CCD)摄像机,其基本电路结构与摄像管型摄像机有所不同。它没有摄像管,使用CCD固体摄像器件,因此,没有偏转线圈,也需要扫描电压发生部分、高压发生器等电路,但它必须具有使CCD输出视频信号的脉冲时序部分,这些读取CCD信号的脉冲发生器有时也称为CCD摄像机的扫描电路。此外,它的视频通道也与摄像管型不同,CCD输出的视频信号是一个电压信号,而不像摄像管输出高阻电流源信号,所以视频放大器电路的特性也有所不同。不过,像电源、同步机、视频输出等电路则与摄像管型摄像机相类似。

以上都是指黑白摄像机。彩色摄像机主要有多管(片)摄像机和单管(片)摄像机两大类,它们都是把景物入射来的各种色泽经过光学镜头、滤色片和分色棱镜,分解为红(R)、绿(G)、蓝(B)三基色光,分别成像在相应的摄像管靶面或CCD片上,然后转换为R,G,B三个电信号,经放大、处理、编码组成彩色全电视信号,进行输出。

二、摄像机的分类及CCD彩色摄像机的性能指标

1. 依成像色彩划分

黑白摄像机(Monochrome)。适用于光线不足地区及夜间无法安装照明设备的地区,其分辨率通常高于彩色摄像机,可达600~800线,在仅监视景物的位置或移动时可选用。

彩色摄像机(Color Camera)适用于景物细部辨别,如辨别衣着或景物的颜色。因有颜色而使信息量增大,信息量约是黑白摄像机的10倍。在闭路电视监控方面发挥着举足轻重的作用。同时,随着技术上的进步,摄像机的体积也越来越小,小型化和微型化是发展的趋势。此外,一些摄像机还内置有字符发生器,甚至是中文字符发生器,可方便地指明摄像位置和摄像时间。

2. 依摄像机采用的技术划分

①模拟式摄像机;

②具有数字处理功能的DSP摄像机;

③DV格式的数字摄像机。

3. 依摄像机成像清晰划分

①彩色高分辨率型,752×582,480线;

②彩色标准分辨率型,542×582,420线;

③黑白标准分辨率,795×596,600线;

④黑白低照度型,537×596,420线。

4. 依摄像机成像光源划分

①正常照度可见光摄像机;

②低照度摄像机;

③采用双CCD作彩色黑白转换的日夜两用型摄像机;

④单CCD同轴多重型摄像机;

⑤低速快门型摄像机,也称为帧累积型摄像机;

⑥带红外线灯的夜视红外摄像机。

5. 依摄像系统结构划分

①分离结构组合式摄像系统(有长型和短型摄像机之分);

②一体化球型摄像系统;

③迷你型、半球型摄像系统;

④单板型摄像机;

⑤针孔隐蔽型摄像机、纽扣式摄像机;

⑥四分割摄像机;

⑦带硬盘录像摄像机;

⑧可直接连接成网络的网络摄像机。

从技术上而言,围绕着摄像机的各种组成要素,包括摄像机的体积大小和外观、成像感应方式、分辨率、灵敏度、智能化程度(白平衡、逆光补偿、电子快门、同步方式、数字化处理、屏幕显示、自动增益等)、一体化水平、安装使用方式等诸多要素的千变万化,不断有新产品推出。当前,摄像机自身最突出的进步一是低照度和夜视性能大有进步,二是微型化方面进展迅速,三是网络传输功能大有提高。摄像机分类如图 4. 10 所示。

(a)　(b)　(c)

图 4. 10　摄像机分类图

(a)半球式摄像机;(b)一体化球式摄像机;(c)枪式摄像机

6. 摄像机的功能要求

就安全防范系统而言,对摄像机的功能要求主要表现在下列三个方面。

①要有较宽的动态范围,以此弥补逆光补偿功能的不足和设置摄像机的移动探测功能,使处在强背景光下的阴暗物体仍能清晰成像。

②具有低照度,使之既能在正常照度下成像,也能在低照度的场合成像,以实现全天候的监控。发展方向以搭配红外线感应器和快速度为主。

③摄像机的图像能够直接远程传送或联网发送。

7. CCD 彩色摄像机的主要性能指标

(1)CCD 像素值

像素越多,则图像分辨率越高、越清晰,如 752 × 582(水平 × 垂直)。现多以 25 万像素和 38 万像素以上者为高清晰度摄像机。未来像素值还会更高,目前数字照相机的像素值最高已达 800 万。

(2)水平分辨率

水平分辨率是衡量图像清晰度的标准,通常用电视线(TVL)来表示,彩色摄像机的典型分辨率在 320 ~ 500 线之间,低分辨率在 420 线以下,高分辨率多在 460 线以上。水平分辨率在与摄像器件和镜头的质量有关,同时,与摄像机系统的电路通道的频带宽度直接相关,通常规律是 1 MHz 的频带宽度相当于清晰度为 80 条电视线。频带越宽,图像就越清晰,电视线的数值也就越大。一条电视线等于1.33像素,因此,将水平像素值乘以3/4,得到的数值就是摄像机的电视线数值。

(3)最低照度

最低照度也称为灵敏度,一般摄像机现时的最低照度多在1 lx左右。若在很暗的条件下工作,则可采用月光级和星光级(照度分别为0.1 lx和0.01 lx)等高增感度摄像机。

(4)摄像靶面

摄像靶面亦称CCD尺寸,目前状况是1/3 in摄像机占据主导地位,1/4 in摄像机将会迅速上升,1/2 in摄像机所占比例则急剧下降,1/5 in摄像机已经商品化,影像面积小将能降低成本。

(5)信噪比

信噪比典型值为45 dB。若信噪比为50 dB,则图像质量良好,但是图像仍有少量噪音;若能达到60 dB,则图像质量优良,不出现噪声。

(6)扫描制式

扫描制式有PAL制和NTSC制之分。

(7)摄像机电源

摄像机电源直流为12 V或9 V,交流有220 V,110 V,24 V。随着摄像机微型化,采用直流供电的将越来越多,也有不少摄像机能以AC 24 V或DC 12 V供电。

(8)视频输出

视频输出多为1 V(峰-峰值),75 Ω,均采用BNC接头。

(9)镜头安装方式

镜头安装方式有C和CS方式,二者间不同之处在于感光表面距离不同。

(10)有无摄像机标识码ID显示

一般最多为16个字符。

(11)摄像机可否作遥控设置

例如摄像机与矩阵切换控制器或PC机之间可否以单根同轴电缆或用RS-485进行通信。

8. CCD彩色摄像机的可调整功能

彩色摄像机除以上指标外,为了在具体应用中获得最佳视觉效果,还设置一系列的可调整功能,包括同步方式的选择、自动增益控制AGC、背光补偿BLC、可变电子快门AES、白平衡等。

摄像机的CCD芯片大多采用Sony公司的产品,主要有如下几种。

(1)空穴累计二极管技术Hyper HAD(Hole Accumulated Diode,HAD)

空穴累计二极管技术是通过在每一个CCD像素上精确安装的微型镜头OCL(On Chip Lens,OCL)把光线汇聚到感光区域,使得Hyper HAD传感器有高灵敏度。

(2)Exwave HAD

此种芯片摄像机的OCL拥有接近零间隙结构,消除了每个微型镜头拍摄时产生的无影区域,这令小孔累积层接收到最大数量的光线。另外,它能把多余光线折射到CCD表面将垂直变换记录器造成的污染(Smear)减至最小。Exwave HAD还包括了智能控制的数码后光补偿功能和超级自动增益控制AGC功能,令摄像机在低照度条件下也能产生清晰的图像。

(3)Ex-view HAD

Ex-view HAD以聚光镜片提升CCD对光的感应度,适用于低照度高感度摄像机。

(4)Super Wave HAD CCD

Super Wave HAD CCD 具有全光谱适应能力,不仅能感应到可见光区域(500 ~ 700 nm)的影像,还能感应到红外光(350 ~ 110 nm)的影像,所以可日夜两用。在可见光情况下提升 4 dB 感度,在不可见光情况下提升 12 dB 感度。

对摄像机而言,若被摄图像同时包涵明亮区域和较暗区域时,拍摄效果往往不理想,背景光对监视对象的干扰成为需要解决的难题。为此,该公司推出了超级动态技术,采用 2 倍速 CCD 芯片加图像处理大规模集成电路的方案,实现了第一代 40 倍(1/50 ~ 1/2 000 s)动态范围和第二代 80 倍(1/50 ~ 1/4 000 s)动态范围。这样,在最恶劣的光照条件下仍能进行高精度的全面监视,图像质量有大幅度提高。

未来,除 CCD 摄像机外,还会有较低价位的 CMOS 摄像机推出。由于 CMOS 摄像机体积小,因此,有可能被直接嵌入到计算机中,从而有可能得到广泛的应用。

9. 摄像机的选择

通常,CCTV 系统根据下面几个要求选择摄像机。

(1)环境工作条件

CCTV 系统的工作环境条件随着不同的用户要求而异。对摄像机而言,主要是防高温、防低温、防雨、防尘,特殊场合还要求能有防辐射、防爆、防水、防强振等的功能。一般都是通过采用防护外罩的办法达到上述的功能要求的。在室外使用时(即温差大、露天工作),防护罩内应加有自动调温控制系统和控制雨刷等。

①环境照度条件

从使用照度条件看,有超低照度、低照度、一般照度、高照度之分。一般环境的典型照度范围如表 4.1 所示。

例如,对于黑白电空孔摄像机,在一般照度环境(50 lx 以上)下可使用 VIDICON 摄像管的摄像机;在低照度环境(低于 3 lx 以下)下可使用 NEWVICON 摄像管的摄像机;对于照度变化范围较大的环境条件,如果最低照度不低于 30 ~ 50 lx,宜采用 VIDICON 摄像管的摄像机,因为它具有自动靶压控制的功能,一般不需要采用自动光圈控制的镜头。CCD 摄像机具有长寿命、质量轻、不受磁场干扰、抗震性好和无残像、不怕靶面灼伤等优点,近来获得越来越广泛的应用。总之,在选择摄像机时,一般要求监视目标的环境最低照度应高于摄像机要求的 10 倍。目前,有些摄像机要求的照度很低,如日本松下公司的 WV - 1850 摄像机要求最低照度仅为 0.1 lx,日本 TOA 株式社会的 CC - 1800 摄像机要求最低照度 0.3 lx。因此,设计时应根据各个摄像机安装场所的环境特点选择不同灵敏度的摄像机。

②被监视目标的要求

CCTV 系统的最终目的之一是要被监视的目标图像在监视器上显示出来。如何使目标在监视器上既能充分显示出目标所包括的全部信息,又能达到最合理、最经济的要求是系统的设计要求之一。设计内容主要包括镜头选择和主要设备的选型。一般来说,对于具有一定范围的空间,兼有宏观和微观监测要求,需要经常反复监测但没有同时监测要求的场合,宜采用变焦镜头和遥控云台,否则尽可能采用定焦距镜头。有关镜头及其选用将在下文详述。

摄像机的选型主要是根据工作环境条件要求确定。首先,要确定用彩色摄像机还是黑白摄像机。在价格方面,彩色摄像机要比黑白摄像机贵,日常维修费也高;在图像分辨力方面,彩色摄像机在 300 线左右而黑白摄像机可达 600 线以上。如果被观察目标本身没有显示的色彩标志和差异,也就是说接近黑白反差对比的图像,同时又希望能比较清晰地反映被观察物的细节情况,那么采用黑白摄像机。若进行宏观监视,被监视场景色彩又比较丰富,那么可采用彩色摄像机以获得层次对比更为生动且富于立体感的图像。摄像机一经选定,就可选择监视器与之配合。当然,彩色摄像机应当配用彩色监视器,黑白摄像机则配用黑白监视器。

三、镜头及其选择

摄像机光学镜头的作用是把被观察目标的光像聚焦于摄像管的靶面或 CCD 传感器件上,在传感器件上产生的图像将是物体的倒像,尽管用一个简单的凸透镜就可实现上述目的,但这时的图像质量不高,不能在中心和边缘都获得清晰地图像。因此,往往附加若干透镜元件,组成一组复合透镜。如图 4.11 所示为镜头外观图。

1. 镜头的种类

摄像机镜头按照其功能和操作方法可分为常用镜头和特殊镜头两大类。

(1)常用镜头

图 4.11　镜头外观图

常用镜头又分为定焦距镜头和变焦距镜头两种。定焦距镜头采用手动聚焦操作,光圈调节有手动和自动两种。变焦距镜头既可以电动聚焦操作,也可以手动聚焦操作,电动聚焦操作的镜头光圈分电控和自动两种。

(2)特殊镜头

特殊镜头是根据特殊的工作环境或特殊的用途专门设计的镜头。特殊镜头又可分为以下几种。

①广角镜头

广角镜头又称大视角镜头,安装这种镜头的摄像机可以摄取广阔的视野。

②针孔镜头

针孔镜头有细长的圆管镜筒,镜头的端都是直径只有几毫米的小孔,多用在炼钢炉内监视或隐蔽监视的环境。

③其他特殊镜头

除上述两种镜头外,还有棱形镜头、预置变焦镜头等,但这些镜头在 CCTV 中不多采用。

2. 镜头特性参数

镜头的特性参数很多,主要有焦距、光圈、视场角、镜头安装接口、景深等。

所有的镜头都是按照焦距和光圈确定的,这两项参数不仅决定了镜头的聚光能力和放大倍数,而且决定了它的外形尺寸。

焦距一般用 mm(毫米)表示,它是从镜头中心到主焦点的距离。光圈(即光圈指数)F 被定义为镜头的焦距 f 和镜头有效直径 D 的比值,也即光圈 F 是相对孔径 $D/5$ 的倒数,在使用时可以通过调整光圈口径的大小改变相对孔径。光圈 F 的分档是以倍数排列的,即 F 值为 1,1.4,2,2.8,4,5.6,8,11,16,22,…

光圈决定了镜头的聚光质量,镜头的光通量与光圈的平方成反比。具有自动可变光圈的镜头可依据景物的亮度来自动调节光圈。光圈 F 值越大,相对孔径越小。不过,在选择镜头时要结合工程的实际需要,一般不应该用相对孔径过大的镜头,因为相对孔径越大,由边缘光量造成的像差就大,如果去校正像差,就得加大镜头的质量和体积,成本也相应增加。

视场是指被摄物体的大小。视场的大小应根据镜头至被摄物体的距离、镜头焦距及所要求的成像大小来确定,其关系为

焦距：
$$f = \frac{aL}{H}$$

视场：
$$H = \frac{aL}{f},\quad W = \frac{bL}{f}$$

式中　H——视场高度,m;

W——视场宽度,m;

L——镜头至被摄物体的距离(视距),m;

f——焦距,mm;

a——像场高度,mm;

b——像场宽度,mm。

电视摄像机镜头的安装接口要求严格按国际标准或国家标准设计和制造。镜头与摄像机大部分采用"C""CS"型安装座连接,这是 1 - 32UN 的英制螺纹连接,"C"型接口的装座距离(安装靠面至像面的空气光程)为 17.52 mm,"CS"型接口的装座距离为 12.52 mm。"D"型座连接方式规定连接螺纹为 5/8 - 32UN 的英制螺纹,装座距离为 12.3 mm。"C""CS""D"型的螺纹连接标准对螺纹的旋合长度、制造精度、靠面尺寸以及装座距离公差都有详细规定对于 CCTV 常用的"C"型接口,它是直径为 1 in,带有每英寸为 32 牙的英制螺纹。C 型座镜头通过接圈可以安装在 CS 型座的摄像机上,反之则不行。

为 1 in 摄像机设计的镜头可被用于 1/2 in 和 2/3 in 摄像机,只是缩小了视场角,但反之则不然,因为 1/2 in 和 2/3 in 摄像机的镜头无法产生需采用 1 in 镜筒才能获得的大图像。

景深是指焦距范围内的景物的最近和最远点之间的距离。改变景深有三种方法:

①使用长焦距镜头;

②增大摄像机和被摄物体的实际距离;

③改变镜头的焦距(此方法为最常用的改变景深的方法)。

3. 镜头的选择

合适镜头的选择由下列因素决定:

①再现景物的图像尺寸;

②处于焦距内的摄像机与被摄体之间的距离;

③景物的亮度。

因素①和②决定了所用镜头的规格,而③对于摄像机的选择有一定的影响。在一定意义上,②和③具有相互依赖的关系,景深在很大程度上取决于镜头最大的光圈值,它也决定于光通量得获得。

在选择摄像机镜头时应考虑图像尺寸、视场、变焦方式和遥控内容等方面的要求。下面着重谈两个问题。

(1)成像尺寸($a \times b$)的选择

摄像机最终拍摄的图像尺寸不仅取决于镜头的成像尺寸,同时还取决于摄像管扫描光栅的尺寸,所以镜头的成像尺寸必须与摄像管靶面的最佳尺寸一致。摄像管靶面越大,即摄像机所摄取的光图像越大,则被摄体最终摄取光图的像素增加,其各项指标如清晰度、图

像特性等指标也将大大提高，但摄像机的体积也将相应增大。1 in 的摄像机多数用于专用的演播室摄像机，CCTV 采用的摄像机一般都是 1 in 以下（如 2/3 in，1/2 in）的摄像机。

在实际使用中，大镜头可以替换小镜头。例如，1 in 的镜头有效光束直径为 16 mm，而 2/3 in的镜头有效光束直径为 11 mm，可以用 1 in 的镜头安装在 2/3 in 的摄像管摄像机上，虽然有些大材小用，但不影响摄像质量；如果把 2/3 in 的镜头安装在 1 in 的摄像管摄像机中，则被摄体的一部分光束由于成像尺寸不足而被遮挡，影响成像的全貌，所以实际上不能用。因此，在选择镜头时要注意。

（2）镜头焦距的选择

成像尺寸确定之后，对于固定焦距的镜头则相对具有一个固定的视野。视野的大小常用视场角表征，在视场角内的物体可以全部落在成像尺寸以内，而在视场角之外的物体则因超越成像尺寸而不能被摄像机镜头摄取。

对于相同的成像尺寸，不同焦距的镜头的视场角也不同。焦距越大，视场角越大，所以短焦距镜头又称广角镜头。根据视场角的大小，可以划分为以下 5 种焦距的镜头：长角镜头，视场角小于 45°；标准镜头，视场角为 45° ~ 50°；广角镜头，视场角在 50°以上；超广角镜头，视场角可接近 180°；鱼眼镜头，视场角大于 180°。在 CCTV 系统中常用的是广角镜头、标准镜头和长角镜头。标准镜头的各项性能是广角镜头与长角镜头的折中效果。

因此，选用焦距为 9. 6 mm 的镜头，便可在摄像机上摄取最佳的、范围一定的景物图像。

由以上指定焦距镜头的选择方法可知，长焦距镜头可以得到较大的目标图像，适合展现近景和特点画面，而短焦距镜头适合展现全景和远景画面。在 CCTV 系统中，有时需要先找寻被摄目标，此时需要短焦距镜头，而当找寻到被摄目标后又需要看清目标的一部分细节。例如防盗监视系统，首先要监视防盗现场，此时要把视野放大而用短焦距镜头；一旦发现窃贼则需要把行窃人的某一部分如脸部进行放大，此时则要用长焦距镜头。变焦镜头的特点是在成像清楚的情况下通过镜头焦距的变化改变图像的大小和视场角的大小。因此，上述防盗监视系统适合选择变焦距镜头。不过，变焦距镜头的价格远高于定焦距镜头。对广播电视系统，因被摄体一般都是移动的，故一般不采用定焦距镜头。对 CCTV 系统，由于被摄体的移动速度和最大移动距离远小于广播电视拍摄电视节目时被摄体的移动速度和最大移动距离，又由于变焦距镜头价格高，所以在选择镜头时首先要考虑被摄体的位置是否变化。如果被摄体相对于摄像机一直处于相对静止的位置，或是沿该被摄体成像的水平方向具有轻微的水平移动，应该以选择定焦距镜头为主。而在景深和视场角范围较大且被摄体属于移动性的情况下，则应选择变焦距镜头。

但是应该注意的是，有时一个被监视目标既要求有一定空间范围又要求局部目标能清晰检测，则应考虑采用变焦距镜头和遥控旋转云台。但事实上，从实际使用观点看并非最佳方案。即使对于不要求同时性监测的系统来说，值班监测人员的精力也应当集中在被监视目标上而尽量少用在操作调整方面，否则有时会因此而遗漏掉重要的监测环节。所以，有时采用定焦距镜头、固定式或半固定式云台并增加摄像机数量的办法达到上述的时空设计往往效果更好，而且也不会增加太多费用，这在现场使用、操作简便灵活方面和提高整个系统的有效性及可靠性方面都带来了很大的便利和好处。

4. 云台和防护罩的选择

（1）云台

放在防护罩内的摄像机组可以固定安装在支架（托架）上，对空间某一方向的视场内的目标摄取图像。这种固定在支架上的安装方式显然有其局限性，它受到镜头视场的限制。任何短焦距的镜头，水平和垂直视场角都达不到 ±90°。而远摄用长焦距镜头，其视场角则更小。为了扩大观察范围，将摄像机有限的视场空间角的指向改变，可以对空间扫描，是最便于实现的解决办法。这种将摄像机（护罩）安装在它的平台上，而平台带着摄像机可以做水平 360°旋转，垂直（俯视）做小于 ±90°运动的装置，就是电视监控系统中所说的云台。下面对云台的基本构成和云台的产品分类作简单介绍。

①云台的原理和构成

根据云台的基本功能，很明显可以看出它是一种机械电气产品。云台靠电动机驱动，而它在水平方位与垂直俯仰两个轴向的转动需要有传动和减速机构，一般采用齿轮和/或涡轮减速结构。由于摄像机（含镜头、防护罩）的尺寸、质量、安装位置有所不同，所以云台的机械结构设计要在承重、转动性能（包括启动、停止、运动噪声）、外观造型上力求完善。

云台的驱动电动机是关键部件，一般用低速大转矩的交流电动机。由于要向两个方向转动，通常有正反两个转动方向的绕组，一个绕组加电做正向旋转，另一绕组加电时则做反向旋转。云台转向的改变由继电器触点的接通/断开控制，继电器绕组的加电与否，又可由人直接操作或由定位销、行程开关控制（当云台被控制工作处于自动扫描状态时就是这种方式）。具有预置功能的云台，可以对云台的某几个转角位置预先设定，并可预先设定停留的时间，这种带有“记忆”功能的云台的驱动，要选用伺服电动机。

为了保证云台的转动性能，云台的传动机构要采用高分子聚合材料或高硬度优质钢制作，输出转轴上则用重载滚动轴承，在无润滑剂的情况下要能连续工作，转动灵活，启动与停止惯性小，机械噪声小。在俯仰为 0°，即镜头处于水平指向时，垂直（俯仰）转轴的静态力矩最大，全方位云台要能支撑所安装的摄像机（含镜头、防护罩）整体质量，使其稳定在水平状态。

云台的结构件要求强度高、变形小，在保证承载能力、整体稳定的条件下尽可能减轻自重。因此，优质钢、合金铝、工程塑料是首选的材料。在室内小型或轻型云台中用工程塑料较多，在室外用的重型云台则大部采用优质钢结构。

室外全方位云台要具有全天候功能，如图 4.12 所示。为了保证电动机及其他电气零件不受雨水或潮湿的侵蚀，结构上要求密封防水。某些容易因电火花等导致爆炸的场所，应使用防爆云台。这种云台要求密封绝缘性能好，特别是云台的线缆连接部分，须采用防爆密封绝缘套筒以保证安全。

②云台的主要技术参数

云台的主要技术参数有如下几个。

a. 输入电压

输入电压大多为交流 24 V，在欧美有交流 115 V 的，在我国则有交流 220 V 的云台可供选用。准确识别输入电压至关重要，它关系到云台控制器或解码器的选择。当云台输入电压要求交流 24 V 时，必须使用 24 V 输出电压，如误用 220 V 电压，会将云台电动机烧毁。反之，云台输入电压要求交流 220 V 时，用 24 V 交流电源也不能正常工作。

b. 输入功率（电流）

输入功率（电流）涉及电源的供电能力。交流 220 V 电源供电一般不成问题，交流 24 V 电源供电则一定要确认可以输出供电所要求的功率（电流）。

c. 负重能力

必须使加到云台上的摄像机整体（含镜头、防护罩等）的质量不超过规定值，否则水平旋转可能达不到额定速度，而垂直方向可能根本就无法扫描或是不能保持镜头处于水平而处于下垂状态。

d. 转角限制

因结构限制，有的云台不能全方位360°转动。在俯仰转动时，由于防护罩的长度限制，也远小于±90°。在选择云台及架设的位置时，了解所用云台的水平和俯仰转角的可能范围是很必要的。

e. 水平转速

在电视监控系统中，跟踪快速运动目标时，必须考虑云台的水平转速，特别是在近距离范围内摄取做横向快速运动的目标时，云台必须以高速转动才能保持对目标的连续跟踪。在这种情况下，就需要选择所谓“高速云台”。这种云台的水平预置转速可以达到250(°)/s左右，而一般云台是0~60(°)/s。

f. 限位、定位功能

云台的限位切换、限位方式、位置预置等功能，关系到云台的扫描和控制方式以及与云台控制器或解码器的接口关系。

g. 外形及安装尺寸、质量

略。

h. 环境适应性能

略。

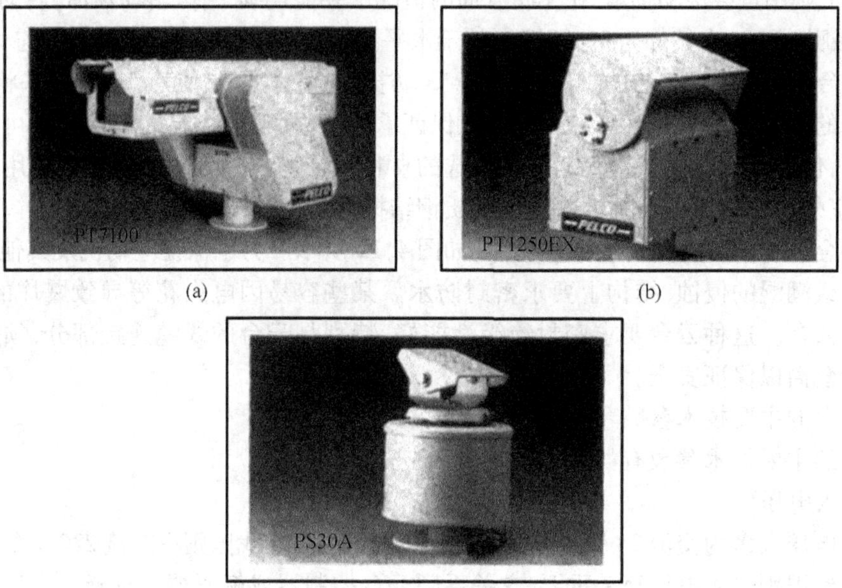

(a) (b) (c)

图4.12 室外全方位云台

(a)PT7100全天候云台系统(带防护罩、解码器、加热器、抽风机)；
(b)PT1250EX全天候防爆云台；(c)PS30A-24中型全天候转台

(2) 防护罩

摄像机和镜头是精密的电子，光学产品。作为电视监控系统的前端设备，它的安装位置可能在室内或是室外，可能在一般的环境条件下或是在特殊的环境条件下。无论在何种情况下，将摄像机及镜头用防护罩保护起来是必要的。如图 4.13 所示为几种防护罩的外观。

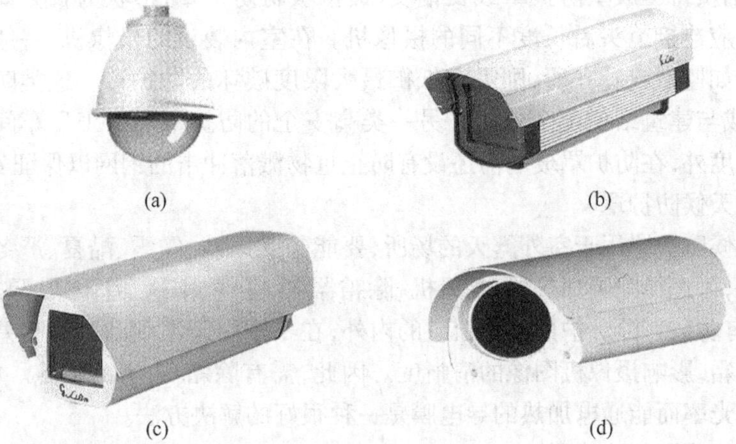

图 4.13　几种防护罩的外观

(a)球型防护罩;(b)枪式室内防护罩;(c)枪式室外防护罩;(d)防爆型防护罩

防护罩在构造原理上并无特殊之处,特别是一般安防系统中摄像机有用防护罩,只是在构成上随使用场所的环境条件而有所不同。许多知名的闭路电视监控设备厂商,均生产提供适应各种使用要求的摄像机防护罩。

防护罩品种繁多,按照其适用场所、密封性能、结构强度、复合功能等方面的要求,可组合形成各种类型的产品。现以如图 4.14 所示的分类序号对几类防护罩作出如下简介。

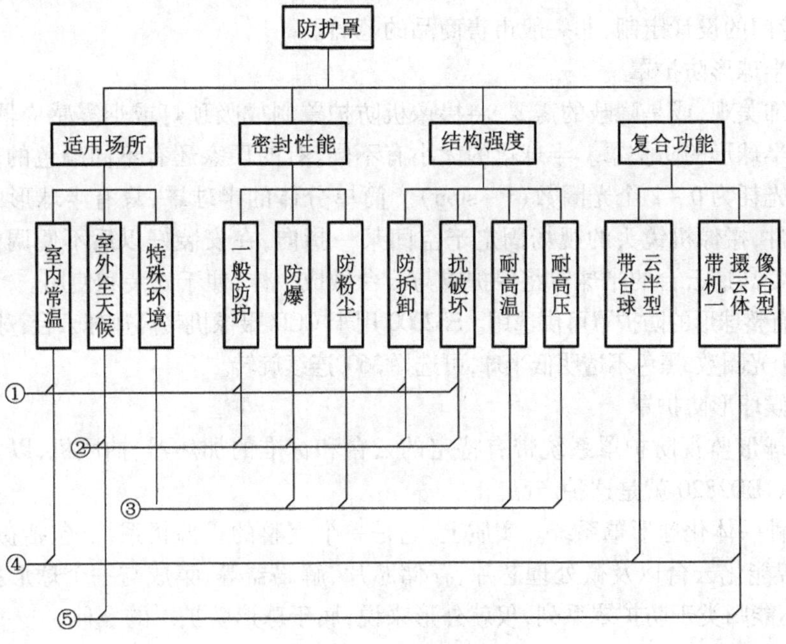

图 4.14　防护罩的功能

①一般室内防护罩

按其安装形式有:悬挂或安装于天花板上的,上部为铝合金结构,符合一般防火条例,下部则用白色 ABS 塑料,外形为斜楔形或多面椎体,以与天花板协调;安装于支架或云台上的,则多采用铝质挤压成型防护罩或黄铜质、镀铜板材防护罩,形状为长方体,有不同的大小和长度以适应连接镜头后长度不同的摄像机。在室内装设的摄像机,一般不易被破坏,但在某些场所如监狱或看守所,则需有抵御最大限度破坏的防护罩。这类防护罩,常采用厚钢板结构,或与建筑结构配合使用。另一类高安全的防护罩用于工厂车间或施工场地,除外壳有高强度外,在防护罩玻璃前还设有防止重物溅落冲击的钢网以保证安全。

②室外全天候防护罩

室外全天候防护罩用于室外露天的场所,要能经受风沙、霜雪、酷夏、严冬,根据使用地域的气候条件,可选择配置加热器/抽风机、除霜器/去雾气、雨刷、遮阳罩、隔热体。由于放在室外,需要有防破坏栓。护照玻璃窗口的内外,在冬季由于温度和湿度相差大,玻璃表面易生雾气和结霜,影响摄像机图像的清晰度。因此,需有除霜/去雾的措施。在玻璃表面镀上很少降低透光率而能通电加热的导电膜是一种很好的解决方法。

③特殊环境使用的防护罩

这一类特殊的防护罩,主要在某些有腐蚀性气体、易燃易爆气体,有大量粉尘的环境等情况下采用。在设计上着重考虑其密封性能,多用全铝结构或不锈钢结构,呈圆筒形。还有内部充气(充干氮)的防护罩,使外部空气压力小于防护罩内气体压力,进一步隔绝环境的影响。

在钢铁炼熔炉或是燃烧锅炉钱安装的监视摄像机,必须置于能耐高温的防护罩内,这类防护罩往往采取水冷却降温方式及其他隔热设计,其视窗使用了特种玻璃。用硼硅玻璃的中温水冷却防护罩,视窗可经受 164. 5 ℃的温度,用石英玻璃的高温水冷却防护罩,则可抵御 1 371. 1 ℃的高温。

还有用于海底探查的摄像机,它的防护罩的密封防水及耐深水高压方面,更有特别的要求,需由专门的设计定制,非一般市售商品的范畴。

④室内半球形防护罩

为了装饰美观,或是隐蔽的需要,将摄像机防护罩制成吸顶灯或烟雾感应器式的外形,这就是各种半球形的防护罩。半球罩的大小有不同,有的厂家还有不同颜色的玻璃罩。一般监视槽的光耗为 0 ~2 个光圈数(f – stop)。简单分体的半球罩,只有半球形的外罩和固定安装的零件,摄像机镜头的视场固定于空间某一指向,在安装好以后不便调整。后来进一步发展了带高速云台的半球罩将保护罩与云台做成一体,便于安装和使用。

室内也有整球形的防护罩可供选用。SS2000 用于 CCD 摄像机带高速球云台,球径 14 in,视槽光耗为 1 个光圈数,黑色不透明低半球,可选择 360°连续旋转。

⑤全天候球形防护罩

全天候球形监视防护罩系统带有特定的云台和标准的加热器、抽风机,以及可供选择的其他附件。ED2820 就是这种产品。

另有一种一体化球形罩系统。实质上,它是一个完整的摄像机系统,包括摄像机、电动变焦镜头、智能化云台以及微处理芯片、存储芯片、解码器等,集成与一个球形护罩内。严格说来,它不能归类于防护罩系列,仅就外形来说,属于球形防护罩的一种。

6. 前端设备的安装

(1)室内摄像机的安装方法

室内摄像机安装高度为 2. 5 ~5 m,摄像机的安装可以根据摄像机的质量选用膨胀螺栓或塑料胀管和螺钉。安装方式可以分为吊装和壁装,如图 4. 15 所示。

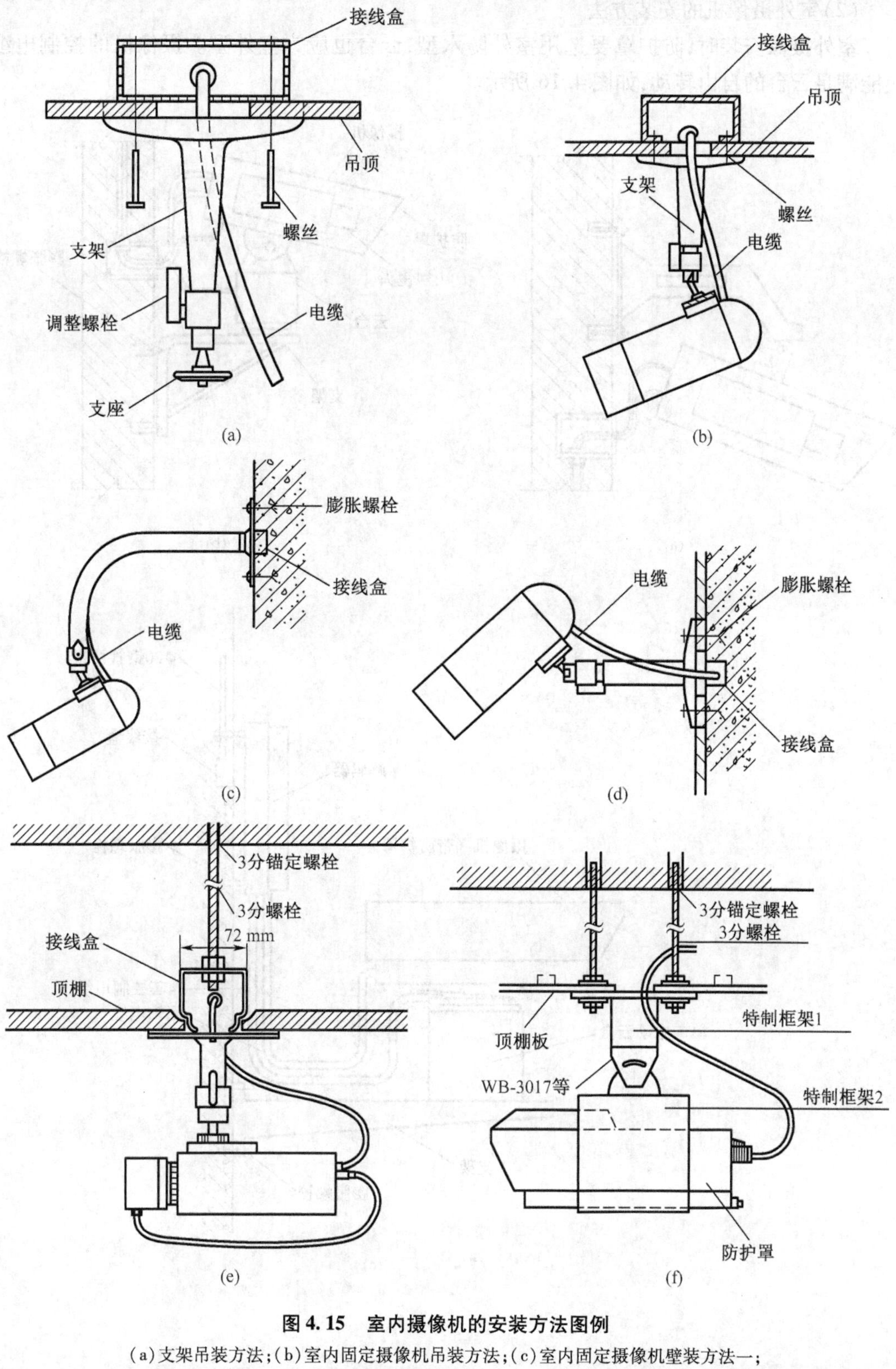

图 4.15　室内摄像机的安装方法图例

(a)支架吊装方法;(b)室内固定摄像机吊装方法;(c)室内固定摄像机壁装方法一;
(d)室内固定摄像机壁装方法二;(e)室内固定摄像机带吊顶吊装方法一;(f)室内固定摄像机带吊顶吊装方法二

(2)室外摄像机的安装方法

室外摄像安装时,防护罩要选用室外防水型,云台也应为室外型。摄像机的控制电缆应能满足云台的自由转动,如图4.16所示。

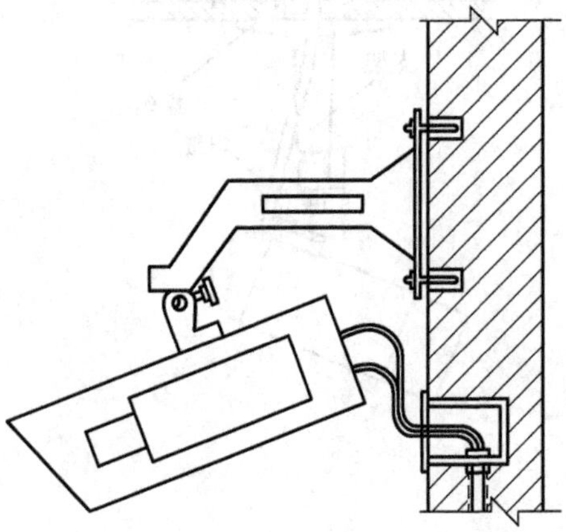

(a)

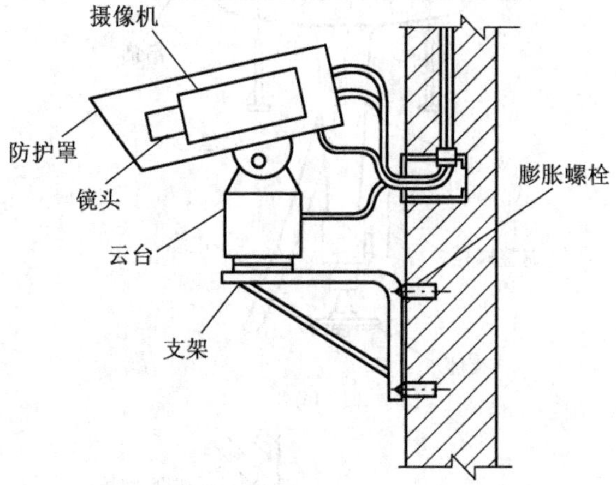

(b)

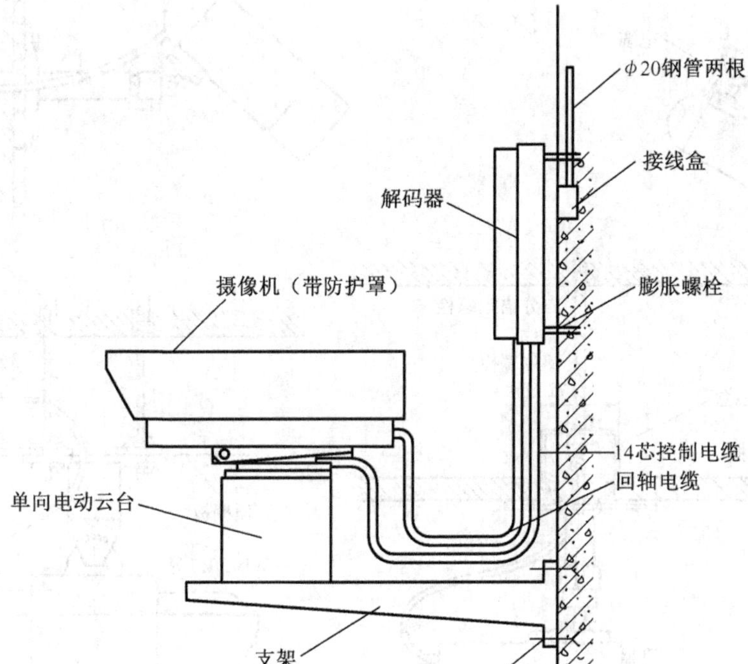

(c)

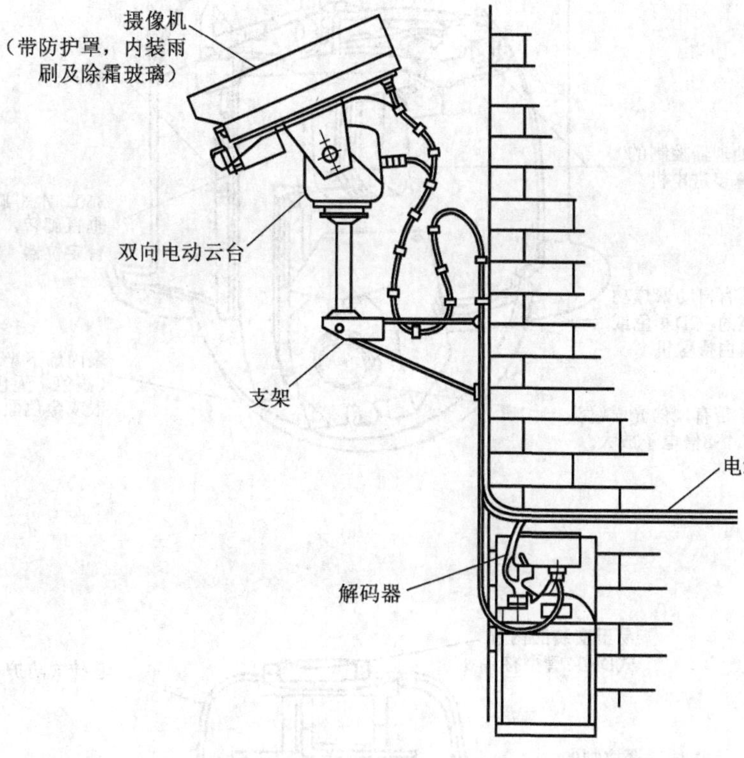

图 4.16　室外摄像机的安装方法图例

(a)室外固定摄像机壁装方法;(b)室外带云台摄像机壁装方法;
(c)室外动点带云台摄像机壁装方法一;(d)室外动点带云台摄像机壁装方法二

(3)球型摄像机的安装方法

球型摄像机分为定点和动点摄像机两种,定点摄像机一般均为半球型,动点摄像机分为半球型、全球型和快球一体化型三种,如图 4.17 所示。

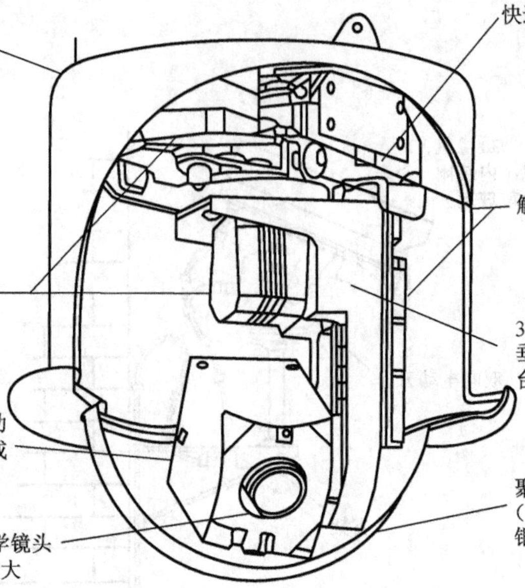

(a)

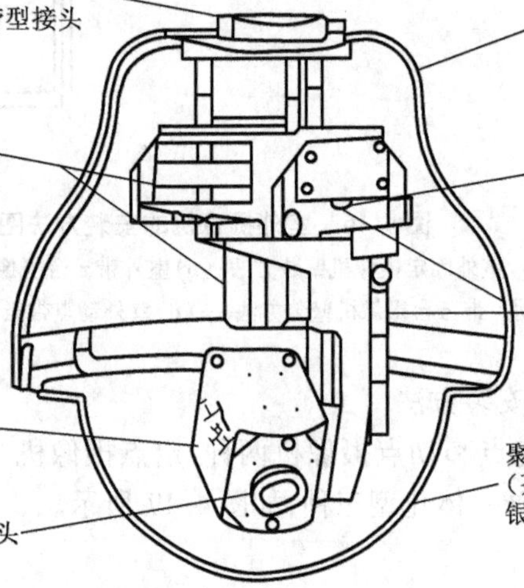

(b)

图 4.17　球型摄像机的安装方法图例

(a)半球型摄像机结构图;(b)全球型摄像机结构图

任务三　闭路电视监控系统视频信号传输方式

一、视频传输系统概述

图像信号的基本特点一是频带宽,电信号的频带宽达 4～6 MHz,相当于 960 路电话的信道传送;二是信息量大,传送数码率要求高。

视频图像的传输涉及方面较多,有图像的传递方式、传输容量、传输媒体、传输速率、传输终端显示效果等多种因素。

1. 信号传输分类

①视频图像传输有以同轴电缆、光缆等线缆传输的有线传输方式和依靠电磁波在空间传播的无线传输方式两大类。按基带信号的形式不同,可分为在时间特性上状态连续变化的模拟信号通信和在时间特性上状态变化是离散的数字信号通信。

②数字信号的传输又有基带传输和频带传输两类。数字信号的形式一般是二进制或多进制序列,例如脉冲编码调制(PCM)\增量调制(DM)信号等,这些信号叫作基带信号,通常使用电缆、同轴电缆和架空明线而不用调制和解调装置直接传送基带信号的方式称为数字基带传输,要求信道具有低通特性。而经过射频调制,将基带信号的频谱搬移到某一载波上形成的信号称为频带信号,如相移键控(PSK)、频移键控(FSK)、幅移键控(ASK)等,频带信号的传输信道具有带通特性,称为频带传输,数字微波通信和数字卫星通信均属于此类,它是广泛采用的传输方式。

因此,除近距离图像传输采用模拟传输方式外,一般都采用数字传输方式。首先,要对图像进行数字化,即图像数字编码。由于图像信号具有大量的冗余度,因此,有可能对传输数码率进行压缩编码,以最小的的比特数传送一幅图像,压缩编码在图像数字传输、存储、交换中有着广泛的应用。

③从传输装置类别区分,视频图像信号的传输又可分为专用传输设备方式和计算机联机网络传输两大类。前者包括了连接专用线路或公共通信线路上的视频传输设备,有同轴电缆、电话线或光纤、专用视频图像发射机与接收机、微波与卫星通信设备等,后者则是通过计算机网络和多媒体技术来传输视频图像,此项技术正在快速的发展中。

2. 传输内容

现场摄像机与控制中心之间需要有信号传输:一方面摄像机的图像要传到控制中心,要求图像信号经过传输后不产生明显的噪声、失真,保证图像清晰度和色彩,具有良好的幅频和相频特性;另一方面控制中心要把摄像前端的控制信号和电源传送到现场,所以传输系统主要包括视频信号、控制信号及电源的传输。

二、视频图像的主要传输方法

1. 同轴电缆传输

同轴电缆传输方式一般多用于中短距离的小型电视监控系统,目前通用的电视监控系统均采用同轴电缆来传送视频信号,这是一种最基本最通用的传输方式。

同轴电缆的主要特性如下。

(1)结构特点

同轴电缆是一种内外导体处于同心圆位置的同轴管型传输线,如图4.18所示。

同轴电缆可将电磁波几乎全部集中在内外导体之间的空间,而且由于外导体对外界的电场和磁场有较好的屏蔽作用,所以可以大大减少串扰。

同轴电缆工作时,外层总是处于接地状态。因此,同轴电缆是“不平衡”电缆。

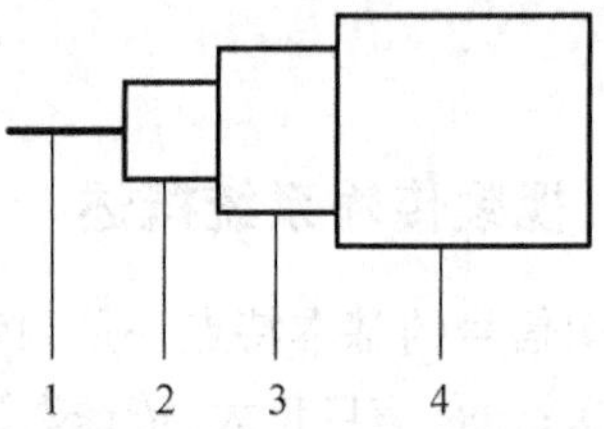

图4.18　同轴电缆示意图

1—单根或绞合铜线;2—聚乙烯绝缘层;3—编制铜线网;4—聚乙烯绝缘护套

(2)特性阻抗

特性阻抗表示在同轴线终端匹配的情况下,电磁波沿同轴线传播现有的同轴电缆系列特性阻抗有75 Ω和50 Ω两种。传输音频信号一般采用特性阻抗为50 Ω的同轴电缆;用于电视监控系统中传送图像信号时,为了能与其他各种电视设备实现阻抗匹配,均用特性阻抗为75 Ω的同轴电缆。

(3)衰减常数β

同轴电缆由于有外导体的屏蔽作用,由辐射引起的能量损耗一极可以忽略,其损耗主要是由导线的电阻和介质的损耗产生的。当传输线较长时,这种损耗必须予以考虑。同轴电缆的衰减量常用衰减常数β表示,单位为dB/km,表示电磁能在每公里长度衰减的程度。衰减常数与同轴电缆的性能和传输的频率有关。同轴电缆对信号的衰减量一般是随着信号频率的升高而加大的,近似与频率的平方根成正比。

同轴电缆的选择及敷设如下。

视频电缆一般采用同轴电缆,常用型号为SYV-75-9,SYV-75-5,SYV-75-3等实心聚乙烯型。控制电缆一般采用RVV型电缆。

若保持视频信号优质传输水平,SYV-75-3电缆不宜长于50 m,SYV-75-5电缆不宜长于100 m,SYV-75-7电缆不宜长于400 m,SYV-75-9电缆不宜长于600 m;若保持视频信号良好传输水平,上述各传输距离可加长一倍。如传输的黑白电视基带信号,在5 MHz点的不平坦度大于3 dB时,宜加电缆均衡器;当大于6 dB时,应加电缆均衡放大器。如传输的彩色电视基带信号,在5.5 MHz的不平坦度大于3 dB时,宜加电缆均衡器;当大于6 dB时,应加电缆均衡放大器。

线路一般采用穿钢管暗敷设(扩建、改建工程除外)。当采用SYV-75-9型电缆时,管径应大于等于25 mm;当采用SYV-75-5型电缆时,管径应大于等于20 mm;采用工业电视电缆时,管径应大于38 mm。一根钢管一般只穿一根电缆,如果管径较大可同时穿入两根或多根电缆。

电缆与电力线平行或交叉敷设时,其间距不得小于0.3 m;与通讯线平行或交叉敷设时,其间距不得小于0.1 m。电缆的弯曲半径应大于电缆外径的15倍。

传输距离较远、监视点分布范围广或需进电缆电视网时,宜采用同轴电缆传输射频调制信号的射频传输方式。长距离传输或需避免强电磁场干扰的传输,宜采用无金属的光缆。光缆抗干扰能力强,可传输十几千米不用补偿。

尽量避免电缆的接续,必须接续时应采用焊接方式或采用专用接插件。电源电缆与信号电缆应分开敷设,敷设电缆时应尽量避开恶劣环境,如高温热源、化学腐蚀区和煤气管线等。远离高压线或大电流电缆,不易避开时应各自穿配金属管,以防干扰。电缆穿管前应将管内积水、杂物清除干净,穿线时涂抹黄油或滑石粉,进入管口的电缆应保持平直,管内电缆不能有接头和扭结。穿好后应做防潮、防腐处理。管线两固定点之间的距离不得超过1.5 m,应设置固定点如下:

①管线接头处;

②距接线盒 0.2 m 处;

③管线拐角处。

电缆应从所接设备下部穿出,并留出一定余量。在地沟或天花板内敷设的电缆,必须穿管(视具体情况选用金属管或塑料)。电缆端作好标志和编号,明装管线的颜色、走向和安装位置应与室内布局协调。在垂直布线与水平布线的交叉处要加装分线盒,以保证接线的牢固和外观整洁。

2. 视频图像双绞线传送(平衡传输)

非屏蔽双绞线 UTP(Unshielded Twisted Pair)随着网络的发展,可能成为视频图像传输的主流。

(1)UTP 的无源适配器传输

用无源适配器传输时,随着频率增高插入损耗会增大。这样,在视频图像信号传输距离稍远时,图像质量将会受到严重的影响,在实际使用中将受到较大的限制。

(2)UTP 通过有源适配器传输

通过有源适配器,采用非平行抗干扰技术,可以通过一根 5 类 UTP 线无损失的传输全动态图像、音频、报警、控制信号,也可直接传送非数字化压缩的视频信号,一般还内置有瞬间保护和浪涌保护。

采用有源信号适配器(也称为有源视频接收器),还有如下优点。

①可以充分利用 5 类双绞线的 4 对线缆,将电源、视频、控制这三种电缆或者电源、视频、音频这三种电缆合成一根 5 类双绞线传输,从而减少线缆的种类和数量。

②视频图像和音频信号的增益与补偿可以随距离远近方便地调整。同时,由于视音频信号采用对地平衡的差分信号传输,不受地电位、相电位的干扰,因此,可以使得摄像机可以就近取电而不用采用集中供电方式。此外,由于它的共模抑制比大于65 dB(10 MHz),不易受外界信号干扰,因此,可使信号传输变得更加灵活、方便。

③由于安全防范闭路电视监控系统采用 UTP 线传输,与计算机网络和电话系统所用线缆相同,因此,可以统一到综合布线系统之中。

非屏蔽双绞线的铜质导线外有绝缘层包围,并且每2 根绞合成线对,线对与线对之间也进行了相应绞合,在所有绞合在一起的线对外,再包上有机材料制成的外皮。常用线为4 对线对,但 UTP 线缆传输长度一般不应超过 100 m。

3. 光纤传送视频图像

同轴电缆传送视频图像衰减较大,传送距离一般为 427 ~ 610 m,即每千米需要增加 1 ~ 2 个放大器,但最多也只能串接约 20 个放大器,这无疑增加了系统的复杂性和降低系统的可靠性。而单模光纤在 1 310 nm 和 1 550 nm 时光速的低损耗窗口,每千米衰减可以做到0.2 ~ 0.4 dB 以下,是同轴电缆每千米损耗的 1%,因此,可以实现图像 20 km 无中断传输,适用于长距离的远程传输,光纤 + 光端机是图像远程传输的主要方式之一。

光缆有直埋、架空、墙装混合等安装方式,距离较长且条件许可时以直埋型多芯层绞单模光缆为宜。

①模拟光纤传输调制技术分为 AM 和 FM 两大类。AM 调制技术较 FM 技术成熟,且结构简单,但 FM 调制技术抗干扰能力强,保真度高,会逐渐成为市场的主流。随着光纤价格的下降,应尽量采用 16 路、32 路等大容量的光纤传输设备,而采用 4 路、8 路等小容量光纤传输设备可以保证系统整体的安全性。但总体而言,模拟光端机将会逐渐被安防市场淘汰。

②光纤传输的另一类是数字光纤传输,有非压缩数字化光纤传输和压缩数字化光纤传输两种。它们的应用都是点对点传输,与模拟光纤传输应用的方式相同。数字光纤传输过程中,源图像在前端经过 A/D 转换,已经存在图像损耗,如果采用压缩图像方式传输,其损耗则会更大。但数字化代替模拟化是光纤通信技术的必然发展趋势,具有以太网接口等带有网络功能的模块化光端机将会引领市场。

任务四　显示与记录设备的选型与应用

显示与记录设备安装在控制室内,主要有监视器和录像机。

一、监视器

监视器是电视监控系统中心控制室中的重要设备之一,系统前端中所有摄像机的图像信号以及记录后的回放图像信号都将通过监视器显示出来。电视监控系统的整体质量和技术指标,与监视器本身的质量和技术指标关系极大。也就是说,即使整个系统的前端、传输系统以及中心控制室的设备都很好,但如果监视器质量较差,那么整个系统的综合质量也不高。所以,选择质量好、技术指标能与整个系统设备的技术指标相匹配的监视器是非常重要的。

1. 监视器的分类与技术指标要求

监视器总的分类有黑白监视器与彩色监视器两类。这两类又有各种尺寸与型号之分,而其技术指标的要求应根据整个系统的指标要求以及国家有关规范和标准加以选择与确定。如图 4. 19 所示为一种监视器的外观及尺寸。

(1)监视器的分类

①从使用功能上分

从使用功能上分,有黑白监视器与彩色监视器,有带音频与不带音频的监视器,有专用监视器与收/监两用监视器(接收机),有显像管式监视器与投影式监视器等。

②从屏幕尺寸上分

从屏幕尺寸上分,有 9 in,14 in,17 in,18 in,20 in,21 in,25 in,29 in,34 in 等显像管式监视器,还有 34 in,72 in 等投影式监视器。此外,还有便携式微型监视器及超大屏幕投影式、电视墙式组合监视器等。

③从性能及质量级别上分

从性能及质量级别上分,有广播级监视器、专业级监视器、普通级监视器。其中,以广播级监视器的性能质量为最高。

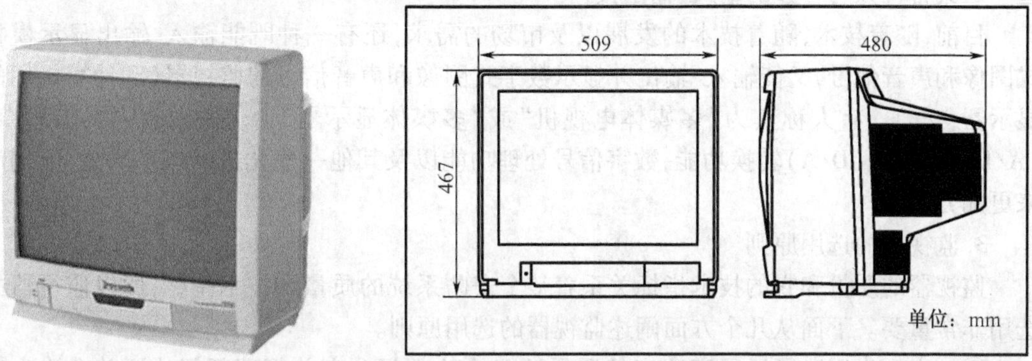

图 4.19　一种监视器的外观及尺寸

(2)监视器的主要技术指标

①清晰度(分辨率)

清晰度(分辨率)是衡量监视器性能质量的一个非常重要的技术指标。通常给出的指标常以"中心水平清晰(或分辨率)"为多见。按我国及国际上规定的标准及目前电视制式的标准,最高清晰度以 800 线为上限。在电视监控系统中,根据《民用闭路监视电视系统工程技术规范》(GB 50198—94)的标准,对清晰度(分辨率)的最低要求是:黑白监视器水平清晰度应≥400 线,彩色监视器应≥270 线。

②灰度等级

灰度等级是衡量监视器能分辨亮暗层次的一个技术指标,最高为 9 级,一般要求≥8 级。

③通频带(通带宽度)

通频带(通带宽度)是衡量监视器信号通道频率特性的技术指标。因为视频信号的频带范围是 6 MHz,所以要求监视器的通频带应≥6 MHz。

除上诉三个主要的技术指标之外,还有亮度、对比度、信噪比、色调及饱和度、微分相位、微分增益、直流分量恢复、γ 校正、几何失真、高频辐射等方面的技术指标与要求。这里不一一详述。此外须提到的几点如下。

①监视器的清晰度(分辨率)不同于计算机显示器的分辨率。计算机显示器的分辨率通常以像素的指标给出(如 1024×768 像素等),这是因为两者的工作方式及分辨率(清晰度)的计算方法不同,二者不能混淆。

②数字式高清晰度电视机或监视器,其技术指标要远比上述监视器的指标高得多。

③目前的 100 Hz 逐行扫描的电视机或监视器的指标也比上述普通监视器的技术指标高得多。

2. 监视器的基本组成

一般的彩色监视器通常由监视器及显像管电路、垂直与水平扫描电路、视频图像处理与放大电路(主要包括预视放、同步分离、亮色分离、彩色解码电路、图像处理电路、末视放或 R 放大电路、G 放大电路、B 放大电路等)、电源电路、音频电路(前置放大与功效)组成。

黑白监视器由于只用于黑白图像信号的监视,所以没有色度信号的处理电路。

收/监两用监视器(接收机),其原理构成与一般的电视接收机(电视机)相似,但这种机型一定具备视频与音频的输入/输出接口。

目前,随着技术,随着技术的发展以及市场的需求,还有一种既能输入/输出显示模拟式图像和声音信号,又能输入/输出并显示数字式图像和声音信号的监视器(和计算机用的显示器一样)。有人称其为"多媒体电视机"或"多媒体显示器"。这种监视器具有模/数(A/D)与数/模(D/A)转换功能,数字信号处理功能以及其他一些先进的技术功能,应用起来更加方便。

3.监视器的选用原则

监视器的质量和它的技术指标关系着整个安防系统的质量和技术指标,所以监视器的选用非常重要。下面从几个方面阐述监视器的选用原则。

①一定要先用已通过国家法定的质量监督检验部门及有关管理部门认证并允许生产和销售的产品(即有准产、准销证的产品),其产品质量与技术指标应符合国家有关规范和标准的要求。

②要有良好的售后服务内容和售后服务体系。

③监视器的实际技术指标应与其产品说明书给出的相一致,说明书上给出的技术指标应较为详细和具体。例如,至少应该有清晰度、灰度等级、通频带等项指标。

④用于显示黑白摄像机图像的监视器,一般应选用黑白监视器,用于彩色摄像机的监视器,应选用彩色监视器,使摄像机与监视器相对应。

⑤所选监视器的技术指标,通常应高于整个系统的技术指标。例如,假设整个系统的清晰度指标要求为≥300线,则监视器的该项指标应该在320~350线之间。

⑥监视器的某些技术指标(例如清晰度),可略低于同一系统中所用摄像机的同一项技术指标。比如某一系统所用摄像机的清晰度为420线,在该系统中所选用的监视器的清晰度为400线即可(但要高于整个系统对该项指标的要求)。应注意的是,监视器的有些技术指标不能完全按上述方式确定。例如,通频带、信噪比等指标,必须符合国家有关标准的要求。

⑦对于监视器屏幕尺寸的要求,选择的原则一般情况是,只用于监视一个画面(包括一个画面的轮流切换显示)的监视器,其屏幕尺寸可以小些(例如14 in监视器);而用于同时显示多个画面(如16个画面)的监视器,其屏幕尺寸则应选择大一些的(例如29 in监视器)。

⑧最好选用金属外壳(主要是薄钢板类外壳)的监视器。这样的监视器具有较好的屏蔽性能(特别是在其外壳接地之后),不宜遭受空间电磁场干扰,其内部某些可能辐射电磁场的电路或部件(例如行输出变压器等),也不会对系统中其他设备造成干扰。

⑨通常,标准监视器的电源电路应设有隔离变压器。该变压器的初级端(市电电源输入端)接市电的交流供电电源(通常为AC 220 V),其次级端输出的各种电源电压供给监视器使用(包括供给一般的整流电路或共给其他类型的交、直流变换电路变为直流后供监视器各电路使用)。具有这种隔离变压器的监视器具有很多好处:一是安全性好,这是因为在具有隔离变压器的电源电路中,监视器中各种电路的共用工共端规定为零电位,即电压为0 V,并且允许接安全地(大地);二是由于有隔离变压器的存在,市电电路与监视器内电路之间,不会构成闭合的电路回路,所以有助于克服诸如"地环路"等引入的50 Hz交流的干扰,还有些监视器虽然没有隔离变压器,但采用其他技术和部件达到同等效果也是可以的。这里值得一提的是,如果采用具有音视频输入/输出接口端子的普通电视作为监视器的话,就难以具有标准监视器的上述功能和特点。

⑩无论采用何种监视器，其安全性是至关重要的。国家有关标准对监视器(包括电视机)各种安全性的要求，必须保证。

4. 记录设备及其选择

录像机是监控系统的记录和重放装置，虽然普通的家用录像机可以用在监视系统，但一些情况下电视监控系统对录像机还有一些特殊的要求。如图 4.20 所示为两种不同的录像机。

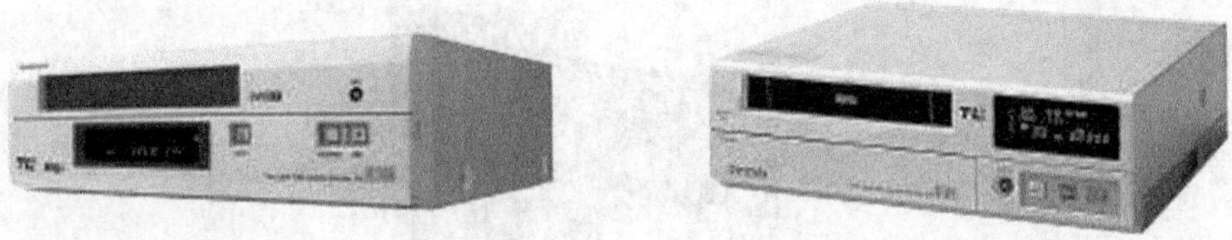

(a)

(b)

图 4.20　两种不同的数字录像机

(a)盒带式长延时录像机；(b)硬盘录像机

(1)记录时间

家用录像机的录像时间一般为 3 h，有 LP 功能的录像机可以录 6 h。但监视系统中，需要更长时间。目前，监视系统专用录像机用普通 180 min 的录像带可以录 24 h。此外，还有 48 h，72 h，96 h，120 h，240 h，480 h，720 h，960 h 等不同机型，即所谓长时间录像机或时滞录像机，其中，以 24 h 录像机用的最为普遍。

(2)重放功能

长时间记录的画面，可以以快速的静止画面方式进行重放。

(3)遥控功能

当需对录像机进行远距离操作以及要求在闭路电视系统中用控制信号录像机自动操作录像机时，就需要遥控功能，这是家用录像机不具备的。

二、录像机

目前，录像机可分为磁带录像机和数字硬盘录像机两种，以下分别介绍这两种录像机的原理和工作特性。

两种不同的数字录像机如图 4.21 所示。

(a)

(b)

图 4.21　两种不同的数字录像机

(a)盒带式长延时录像机;(b)硬盘录像机

1. 磁带录像机

(1)磁带录像机的工作过程

录像机在记录时,控制系统接到人工“记录”指令后,向视频信号系统、音频信号系统、机械系统、伺服系统和电源系统下达“记录”指令信号执行控制,电源系统按指令向有关系统提供所需电压;视频信号系统、音频信号系统进行开关切换,处于纪录状态;机械系统按程序完成一系列机械运动;伺服系统对机械系统完成伺服,同时向视频信号系统输出磁头切换脉冲。录像机进入记录工作状态后,控制系统的传感检测电路不断地检测录像机的运动状态。视频信号和伴音信号分别通过输入信号选择开关到视频信号处理电路和音频信号处理电路,经处理变换后传至相应的磁头,通过磁头磁带的相对运动,将信号记录在磁带上。如果所记录的信号是视频信号和音频信号,则可直接经输入信号选择开关,传到视频,音频电路中。

录像机只能完成电—磁—电信号的转换预处理任务,要将电信号变成人眼能看到的图像和人耳能听到的声音,则必须依赖电视机或监视器。因此,录像机的输出主要是与电视机或监视器相连接。重放记录的内容是控制系统首先接到“重放”指令,然后控制各系统进入重放状态。重放电路的作用是将磁带中所记录的信号经相应的磁头拾取后,变成相关的电信号,或将重放的视频信号和音频信号经录像机的视频输出口(VIDEO OUT)和音频输出口(AVDIO OUT)直接输出,使之变换成普通电视机能够接收的电视信号。

(2)模拟式长时间录像机

长时间录像机是记录监控图像的有效途径,有模拟式记录和数字式记录两大类。利用它可以减少不断更换与贮存录像带的麻烦。模拟式又分为时滞带(Time Lapse)和实时型

(Real Time Video Cassette Recorder)。

模拟式长时间录像机最基本的特征是由伺服电动机(Servo motor 或 Stepping motor)直接驱动磁头,使其逐格转动,每记录一幅图像磁头就转动一格。长时间录像机的类别如下。

①24 h 实时型录像机

24 h 实时型录像机回放时画面动作连续可观,技术上采用四磁头结构来抑制出现噪声,其分辨率已能达到黑白 350 线左右,彩色 250 ~ 300 线。使用一盘 E - 240 录像带,它可以每秒 16.7 帧的速度作 24 h 连续图像,也可以每秒 50 帧图像 8h 的连续录像。该录像机在与之相连的外部报警传感器被触发时,会从每秒 16.7 帧方式自动转换成每秒 50 帧记录方式,以完整地捕捉该报警事件。为了适应某些部门每周 5 天工作,每天工作 8 h 的需要,40 h 连续录像机应运而生。

②24 h 时滞式录像机

24 h 时滞式录像机有 0.02 ~ 0.2 s 的时间间隔,即从每秒 50 帧到每秒 5 帧。因此,在回放每秒 5 帧的录像带时,影像会有不连续感,将给人以动画的效果。典型产品有 3 h,6 h,12 h 和 24 h 四种时间记录方式,其水平分辨率在 3 h 记录方式时黑白图像为 320 线、彩色图像为 240 线或 300 线,信噪比为 46 dB,有一道声音信号。

而可作 24 h 高密度录像的机型,其带速为 3.9 mm/s,每秒钟可记录 8.33 帧画面,提高了录像密度,该类长时间录像机均有报警功能。

③最长时间 960 h 的时滞式长时间录像机

时滞式长时间录像机工作时的时间间隔是可以由用户选择的,用户可从每盒 E180 录像带 3 h 连续记录到间隔长达数秒钟记录一幅图像的范围选择。长时间录像机中录像时间最长的时间是一盘录像带能记录 960 h,其录像模式有 3 h,12 h,24 h,36 h,48 h,72 h,84 h,120 h,168 h,240 h,480 h,720 h,960 h,并带有警报功能;其他长时间录像机还有 168 h,720 h 等几种,一般选择时间间隔以 5 s 以内为好。彩色分辨率以 240 线为标准,但不少产品的分辨率已达到彩色 300 线,若要达到 500 线左右的水平分辨率,则需要采用 S - VHS 系统的长时间录像机。

2. 数字硬盘录像机

硬盘录像机是将视频图像以及记录保存在计算机的硬磁盘中,所以也称为数字视频录像机 DVR(Digital Video Recorder,DVR)或数码录像机。现在 DVR 产品的结构主要有两大类:一类是采用工业奔腾 PC 计算机和 Windows 操作系统做平台,在计算机中插入图像采集压缩处理卡,再配上专门开发的操作控制软件,以此构成基本的硬盘录像系统,此即基于 PC 机的 DVR 系统(PC - Based DVR),其市场份额占绝大多数;另一类是非 PC 类的嵌入式数码录像机(Stand alone DVR),随着今后对系统可靠性要求的增高,此类机型将会蚕食 PC 类 DVR 的市场,而占有更多市场份额。

DVR 除了能记录视频图像外,还能在一个屏幕上以多画面方式实现显示多个视频图像,集图像的记录、分割、VAG 显示功能于一身。在记录视频图像的同时,还能对已记录的图像做回放显示或者作备份,成为一机多工系统。

硬磁盘录像机由于是以数字方式记录视频图像,因此,对图像需要采用 Motion JPEG,MPEG4 等各种有效的压缩方式进行数字化,而在回放时则需解压缩。这种数字化图像既是实现数字化监控系统的一大进步,又因能通过网络进行图像的远程传输而带来众多的优越性,非常符合未来信息网络化的发展方向。

引领 DVR 迅速发展和普及的原因：一是全球性的数字化大潮；二是 IT 技术的快速发展，硬磁盘的容量极大提高，先单体硬盘容量已达到 160 GB，而以价格却大幅度地降低，这造就了 DVR 的生存空间。同时，DVR 系统规模的大小可以进行裁剪，既能以标准配置 40 GB 硬盘作常规数量图像记录，也能连接超大容量的磁盘阵列，满足记录更多数量视频图像、延长录像时间的特殊需求。DVR 系统的技术主要表现先在图像采集速率、图像压缩方式、硬磁盘信息的存取调度、解压缩方案、系统功能等诸多方面。DVR 的应用面非常广泛，包括银行柜员机和 ATM 机监控、证券部门、重要办公场所、机场候机大厅 、购物广场、商业等诸多场合，也包括居住小区、婴幼儿监护等场所，能有效地改善或替代现有的模拟监控系统。

(1)硬盘录像机的基本处理流程及技术指标

硬盘录像机的基本处理流程除计算机、硬盘和 VGA 显示器外，最重要的是实现图像压缩及解压缩的方法、芯片或软件。所有的硬盘录像机因为硬件或软件压缩、先进的操作系统、硬磁盘类型与容量、系统应用软件等要素而呈现出不同的特性。

(2)硬盘录像机的主要技术指标

①可同时输入摄像机的路数，一般多为 1 路、4 路、8 路、16 路，但也有 32 路及更多路数的产品问世；

②所采用的图像压缩格式及标志图像质量的图像分辨率；

③硬盘容量的大小及所采用的压缩/解压缩方法直接影响到能够储存图像的个数，或记录图像时间的长短，对 DVR 系统而言，目前每帧图像的容量多在 1. 5 ~ 12 kB 之间，标准硬盘容量为 40 GB，80 GB，120 GB，160 GB，200 GB 等；

④记录图像回放时的显示速度，直接影响到 DVR 可否被广泛应用，倘若回放显示速度过慢，则可能没有捕获到需要的监控图像，失去了录像的意义，因此，系统设计时极可能采用 32 位 PCI 总线的压缩/解压缩卡，以保证有较高的录像速率，而尽量不使用 16 位 ISA 总线的视频处理设备；

⑤图像在回放时可能的显示方式、回放方式应该灵活可选，既可以在同一个屏幕上做多画面回放，但为了做大画面以便观察，要求也能对指定的某一画面做单道回放。

数码监控录像及内置的双工多画面处理功能是指可独立地记录和监视多达 16 路摄像机输入，无须外接多画面处理器或切换器，监视模式灵活可选，从而可在一台监视器上监看多种图像显示方式。

(3) DVR 的其他性能指标

①输入图像多画面分割显示的速度，不少产品亦可达到 16 路视频输入图像以每秒 25 帧的实时显示速度。

②多画面分割线显示的方式，也就是同时显示摄像机输入图像的选择方式。例如，16 路摄像机的输入图像，可任意选一路在屏幕上做单一画面动态显示，也可在一个屏幕上同时显示 4 台(2 ×2)、9 台(3 ×3)或 16 台(4 ×4)摄像机的图像。显示格式还可有其他各种变化。

③有无对系统的中的总资源进行动态分配的功能。记在系统总资源数额定不变的情况下，根据应用的需要赋予每路图像不同的采集与录像速率，以保证重点所需。每台摄像机图像的清晰度可有 360 ×280，720 ×280，720 ×560 等不同挡次，可对其进行选择。有的系统还可对每台摄像机的图像压缩比率做选择，有低质量图像(1:40)、中等质量图像(1:30)、

中高质量图像(1:20)、高质量图像(1:10)之分。

④图像的检索和查找智能化程度。以硬磁盘记录的图像可方便地按日期、时间、图像号码、摄像机号、报警时间顺序进行快速索引,也能通过屏幕菜单操作进行索引以及对输入摄像机的图像、可定义图像的视频移动探测报警区域,即当监视图像发生变化时产生报警。

⑤有多少路常规的报警输入。在所接传感器发生报警时,有的系统可自动记录发生报警前几秒至报警后十几秒总共约 30 s 的视频图像,从而能捕获并完整地记录下每一个报警时间。有的系统在发生报警时,不仅可显示对应报警发生出摄像机的图像,还能使该摄像机的云台运动到指定的预置位处。

⑥对录制的报警时间。能否在回放时根据事件、时间或摄像机快速检索到指定文件。有的系统还允许图像回放时做 2 倍的放大观察和有平滑等图像处理功能,并且可以调整图像的色彩、对比度、亮度、饱和度,从而有助于识别人物、车牌等细节。

⑦可否对选定的一路云台进行控制。包括云台的上下左右移动、云台的旋转变焦镜头的伸缩、云台和变焦镜头的预置位等。有时还要考虑可否远程空云台和镜头。

⑧系统回放图像可否通过 PSTN,ISDN,DDN 线路或者局域网 LAN 做远距离传送。

⑨进入系统时是否需要输入用户标识名 ID 和密码完成注册对系统提供保护。

⑩除硬盘外,还有何种大容量储存装置可用作图像的转存或备份,如数据磁带、DVD - RAM、CF(Compact Flash)卡等。

3. 硬盘录像机的核心技术——图像的压缩/解压缩方法

压缩技术是 DVR 的核心,选择何种压缩方法最为关键。这里,既要考虑到图像的画质,又要顾及图像的存储量和传输速度。压缩技术大体可分为 Intraframe 帧间压缩和 Intraframe 帧内压缩两大类。Intraframe 帧间压缩是把一幅动画分解成若干个固定的画面一幅一幅地传输,Wavelet 和 M_JPEG 是此种方式的代表;Intraframe 帧内压缩了区分每帧影像的差异并且只传送影像不同的部分,这种格式的代表是 MPEG 和 H. 263。特别是 MPEG4 因使用层(Layer)方式而能够智能化选择影响的不同之处,从而使图像存储量大幅度下降,加速图像的传输速率,为 DVR 厂商采用,但画质不如 Wavelet 和 M_JPEG。

硬盘录像机采用的图像压缩技术(IMAGE DATA COMPRESSION)主要如下。

(1)MOTION JPEG

MOTION JPEG 是一种基于静态图像压缩技术 JPEG 发展起来的动态图像压缩技,可生成序列化的运动图像,其主要特点是基本不考虑视频流中不同帧之间的变化,只单独对某一帧进行压缩。M_JPEG 压缩技术可以获取清晰度很高的视频图像,并且可以灵活设置每路的视频清晰度和压缩帧数。因为压缩后的格式可读单一画面,所以可以任意裁接。M_JPEG 的缺点:一是压缩效率低,M_JPEG 算法是根据每一帧图像的内容进行压缩,而不是根据相邻帧图像之间的差异来进行压缩,因此,造成了大量剩余信息被反复存储,存储占用的空间大到每帧 8 ~ 20 kB,最好的也只能做到每帧 3 kB;二是它的实时性差,在保证每路都必须是高清晰度的前提下,很难完成实时压缩,而且丢帧现象严重,如果采用高压缩,则视频质量会严重下降。

JPEG 的新进展是多层次 JPEG(ML_JPEG)压缩技术。它先传递清晰度的画面,所以成像技术快很多,然后再补送细节的压缩资料,使画面品质改善,再补送更细节的压缩资料,使画面品质更加改善。这样,JPEG 的画面呈现是由低清晰度到高清晰度、由模糊到清楚的。

(2)MPEG1 视音频压缩标准

由于 CD_ROM 上存储同步和彩色运动视频信号,旨在达到 VCR 质量,其视频压缩率为 26:1。MPEG1 可使图像在空间轴上最多压缩 1/38,在时间轴相对变化较小的数据最多压缩 1/5。MPEG1 压缩后的数据传输率为 1.5 Mb/s,压缩后的源输入格式 SIF(Source Input Format)分辨率为 352 像素 ×288 行(PAL 制),亮度信号的分辨率为 360 ×240,色度信号的分辨率为 180 ×120,每秒 30 帧。MPEG1 对色差分量采用 4:1:1:1 的二次采样率。

与 M_JPEG 技术相比较,MPEG1 在实时压缩、每帧数据量、处理速度上均有显著提高。PAL 制时,MPEG1 可以满足多达 16 路以上每秒 25 帧的压缩速度,在 500 kb/s 的压缩码流和 352 像素 ×288 行的清晰度下,每帧大小仅为 2 kB。此外,在实现方式上,MPEG1 可以借助现有的解码芯片完成,而不像 M_JPEG 那样过多依赖于主机的 CPU。与软件压缩相比,硬件压缩可以节省计算机资源,降低系统成本。

MPEG1 虽然是目前实时视频压缩的主流,但也存在着诸多不足:一是压缩比还不够大,在多路监控情况下,录像要求的磁盘空间过大;二是图像清晰度还不够高,最大清晰度仅为 352 ×288;三是对传输图像的宽带有一定的要求,在普通电话线窄带网络上无法实现远程多路视频传送;四是 MPEG1 的录像帧数固定为每秒 25 帧,不能丢帧录像,使用灵活性较差。

(3)MPEG2 视音频压缩标准

对每秒 30 帧的 720 ×576 分辨率的视频信号进行压缩,适用与计算机显示质量的图像,压缩后的数据率为 6 MB/s。它是将视频节目中的视频、音频数据内容等组成部分复合成单一的比特流,以便在网上传送或者在存储设备中存放、压缩。在选择压缩设备时,应考虑是否支持 4:2:2 编码器格式。

(4)MPEG4 视音频压缩标准

MPEG4 是利用电话线作为传输介质的超低码率的视音频压缩标准,用在 10 帧/s 的速率和 64 kb/s 地宽带的中分辨率视频会议。新的目标确定为支持多种多媒体应用(主要侧重于对多媒体内容的访问),并可根据应用的不同要求现场配置解码器。它预计与专用硬件的压缩编码方法不同之处是编码系统是开放的,可以随时加入新的有效的算法模块。

MPEG4 是基于帧重建算法压缩和传输数据,动态地检测图像各个区域的变化,根据对象的时间和空间特征来调整压缩方法,从而获得比 MPEG1 更大的压缩比、更低的压缩码流和更加的图像质量的。MPEG4 的应用目标是针对窄带传输、高品质压缩、交互式操作,将自然物体与人造物体相融合的表达方式。同时,还特别强调了广泛的适应性和可扩展性。

近期已出现了支持 MPEG4/H.261/H.263d 的单芯片视频解码器(Video Streaming Engine),该芯片是基于 MPEG4,ITU – H.324(POTS),ITU – H.323(LAN 和 Internet)/ITU – H.320(ISDN)等标准的。还有具有 MPEG – 4/H.263 甚低比特率视频解码标准,传输率为 64 kb/s。H.263 也具有较高的压缩比,但图像质量高于 MPEG4。

DVR 对图像的压缩大多采用硬件压缩方式,但也有采用软件压缩方式。由于系统多以工业 PC 机为平台,因此,解压缩采用软件解压方案的居多。但为了提升产品的功能,日本产品大都通过采用 IC 压缩芯片来获得高清晰度画质,并特别重视录像的实时性。在 DVR 操作方式上,日本产品多采用控制面板和矩阵等硬件,而韩国产品则以鼠标操作为主。

4. 硬件录像机产品

国内市场上的 DVR 产品琳琅满目,但从水平和性能划分,大致有以下三个类型。

(1)单路音视频硬盘录像机

目前的主要常用于替代银行储蓄所柜员监控原先采用的单道 VHS 录像机,作一一对应型替代。此类产品多属自主开发,未来可能转向家用。

单路音视频硬盘录像机中值得一提的是可用作流动视频监控的带活动硬盘系统。该硬盘可随时卸下,通过接口接入计算机后即可读出记录的图像并进行处理。

(2)中档多路视频输入硬盘录像机

有些硬盘录像机带有 1 路或最多 8 路的音频功能,多为 OEM 产品(特别是采用韩国生产的板卡)。目前,市场上较知名的欧美代表性产品有美国 Sen-sormatic 公司的 Intellex3 功型数码录像管理系统、英国 Dedicated Micros 公司的 Digital Sprite Lite 数字信号存储主机等。产品特点是稳定性好,但图像采集速率并不高,有的 16 路输入系统的总资源仅有 25 帧,一般最高的也仅为 100 帧左右,价格偏高。

日本的 SN - DVR160 号称为 5 功型数字硬盘监控系统,即现场监控、硬盘录像、智能回放、远程登录访问、资料备份这 5 种功能可同时同步进行,有每秒 50 场的独特录像方式,有 16 路视音频输入、5 路监视器输入、1 路音频输入,在一定方位内可替代视频矩阵切换控制器,是 DVR 中具有代表性的产品。

韩国公司的产品在 DVR 方面有一定的优势,不断有新产品推出,特别是在图像的采集速度和影像回放速度上,均有上乘表现。

(3)高档高性能超大输入路数的硬盘录像机

典型产品如 CDVR - 2000CLS(1.0 版),该产品能接受 100 路以上的摄像机视频输入,每路存储空间 360 kb/h ~ 450 Mb/h。

5. 非 PC 类嵌入式硬盘录像机

采用 Windows 操作系统的 DVR,因为是开放式的操作系统,所以具有良好的图形用户接口 GUI 等优点,但它也有如 Windows 固有的不稳定性及支持 CPU 受到限制等缺点。硬盘录像机的发展趋势之一是从以 PC 机为平台中脱身,这样能克服因 Windows 操作系统原因引起的死机及存储图像混乱。目前,已有许多专业化硬盘录像机产品问世,其具有嵌入式结构的非 Windows 操作系统,由硬件做压缩与解压缩,可达到实时录像和实时回放图像的理想境界。

(1)韩国浦项数据公司的产品 POS - Watch

该公司采用嵌入 ROM/快闪存储器中的实时操作系统的 RTOS,其最大的优点是能够支持 TI 公司的 DSP。

(2)Sony 公司的数码监控录像机 HSR - IP

该数码监控录像机以硬盘作为最初的记录媒体,提供迅速、高质量和连续的逐场记录。之后,这些记录内容会按要求转移到第二记录媒体——DV 磁带。DV 磁带能提供高密度和高质量的长时间记录,使用一盘(270 min)DV 磁带,可提供超过 60 GB 的存储量。而且刷新率很高,在 24 h 记录模式时,16 台摄像机输入情况如下,每台摄像机的记录间隔仅为 0.3 s,性价比非常高。

(3)美国 GYYR 公司的数字视频管理系统 DVMS

GYYR 公司的 DVMS 数字硬盘录像系统不基于 PC 机,其采用的操作系统 QNX 是来源于 UNIX 并成功应用于核反应堆控制的实时操作系统,杜绝丢帧现象或系统性能的降低,采用 Wavelet 压缩格式,图像质量和压缩要优于 M - JPEG,具有音频记录和远程接入功能,与传统的 CCTV 设备能很好地兼容。

6. 未来硬盘录像机的走向

(1)MPEG4 可能成为 DVR 压缩技术的新宠

MPEG4 基于场景描述和面向带宽设计的特点,使得它也非常适合用于视频监控领域,主要体现在以下几个方面。

①存储空间得到节省

MPEG4 的压缩比远高于 MPEG1,更是 M_JPEG 不能比拟的。

采用 MPEG4 的音视频全同步录像所需的硬盘空间约为相同图像质量的 MPEG1 或 M_JPEG所需空间的 1/10。此外,MPEG4 因能根据场景变化自动调整压缩方法,所以对静止图像、一般运动图像、剧烈活动场景均能保证图像质量不会劣化。

②图像质量高

MPEG4 的最高图像分辨率为 720×576,接近 DVD 画面效果。MPEG4 基于 AV 对象压缩的模式决定了它对运动物体可以保证良好的清晰度。

③对网络传输带宽要求不高

由于 MPEG4 的压缩比是同质量 MPEG1 和 M_JPEG 的 10 倍多,所以网络传输是占用的带宽仅是同质量 MPEG1 和 M_JPEG 的 1/10 左右。例如,在 64 kHz 的带宽上,MPEG1 和 M_JPEG 平均只能传 1/2 帧,而 MPEG4 可以传 5~7 帧。

当前可用与远程监控的传输网络主要有公共电话网 PSTN(频率带宽 <64 kHz)、综合数据网 ISDN(频率带宽 64~128 kHz)、非对称数字业务网 ADSL(上传频率带宽为 128 kHz,下传频率带宽为 1 MHZ)、DDN 专线(频率带宽 64 kHz~2 MHz)、局域网 LAN(频率带宽为 10~100 MHz)等。如果采用 MPEG1 或 M_JPEG 作多路远程监控,则必须采用价高的 DDN 专线或局域网 LAN,无法采用 PSTN 或 ISDN 等窄带网络进行传输,而采用 MPEG4 压缩技术后,就可以使用带宽更低的网络,大大节省了网络费用。

④有可变带宽

MPEG4 有码流可调,网络传输速率可以设定为 384 kB/s,清晰度也可在一定范围内相应的变化。这样,用户就可以根据需要对录像时间、传输路数及图像清晰度做不同的设置,增加了系统使用的灵活性。

⑤网络传输错误恢复功能强

当网络进行传输有误码或丢包现象时,MPEG4 收到的影响很少,并且能够很快恢复。例如,误码达到 1% 时,MPEG1 已无法播放,而 MPEG4 只会有轻微的边缘模糊。又如,当网络传输出现瞬间丢包现象时,MPEG1 恢复需要 10 s 以上,而 MPEG4 只需 1~3 s。

⑥能对图像进行甄别

MPEG4 是面向对象的压缩方式,它不是简单地将图像分为一些像块,而是根据图像内容将其中的图像(如物体、任务、背景等)分离出来分别进行压缩。这不仅大大提高了压缩比,也使图像探测功能和准确性更充分地体现出来。此外,MPEG4 引入了"AV 对象"的概念,使得更多的交互操作成为可能。MPEG4 采用这一概念表示听觉、视觉或者视听组合内容。MPEG4 允许组合已有的 AV 对象生成复合的 AV 场景。它还可以对 AV 对象的数据灵活地进行多路合成与同步,以便选择合适的网络传输这些对象数据,还允许接收端的用户在 AV 场景中对 AV 进行交互操作。MPEG4 的这些特点为利用图像测控和图像处理实施安全检查和安全防范提供了新的技术途径。

(2)DVR 的操作系统将呈现多样化

除了便于联网的 Windows 操作系统外,也出现了以 Linux 开发的系统和非基于 PC 的单极性系统等不同类型的装置。但 Linux 在 Internet 连接方面不如 Windows,单机型 DVR 虽然有高稳定性、与现有的安防设备兼容性好的特点,特别是图像的清晰度高,但同样面临联网的难题。而可联网的特性能通过 LAN/WAN 和 Internet 等网络进行远程监控,一定是未来应用的主流。

(3)已经出现嵌入式网络型硬盘录像机

嵌入式网络型硬盘录像机即整机采用嵌入式结构,内置小型网络操作系统,预留扩展闪存系统,具有网络地址、网管、子网掩码等,后端使用卡类扩充式结构,根据内部信息情况,支持不同的压缩卡和压缩结构方式,根据使用要求可插入不同路卡,对卡的要求上实现总线、宽带等方面的完善。同时,具有本地及远程网络监控和录像能力,可以实现音视频的同步传输和录制,最终实现完全的网络硬盘录像机,但也可独立于网络。而作为一个独立的节点出现,有网络上的控制系统决定数据的传入与输出,也可作本地控制。

加拿大 MULITI VISION 公司除推出硬盘录像机 NETSERVER 外,还推出了基于 PC 机的远程监控中心管理系统 UCW,通过局域网、ISDN、广域网等传输方式,在同一屏幕下可对 36 个网点的 NETSERVER 硬盘录像机进行集中管理,实现视频监控、云台镜头控制、回放录像资料等遥控操作。

(4)追求近 800 ×600 像素的高品质画面,同时能够对每路的清晰度做动态分配

目前,已有的录像/回放分辨率达到 704 ×576 像素质量的产品问世,并能够在回放中作任意局部无极电子放大,搜索帧和记录帧可看清细节部分。此外,记录图像回放的显示速率为不少用户关注,特别是国内存在着过分强调"实时性"的误区,不管应用场合的追求每秒 25 帧,尤以银行界为最。

(5)除记录图像外,还有同步录音功能

录音功能已被越来越多的应用所要求,音频压缩采用 G711 或 G728 等标准。目前,声音的存储效果已经达到每路每小时仅需 15 MB,图像的存储效率达到每路每小时只需 120 MB,未来发展的重点之一将会是音频同步压缩技术的研发。当前,在 DVR 图像压缩与声音压缩还存在不完全同步的情况下(约有 1 ~1.5 失步),有的公司改为使用 DVR 机板卡,采用 MPEG1 压缩方式实现图像与声音的同步,也不失为另一种途径。更可取的是视频与音频在同一片 DSP 芯片内实现的真正同步。此外,还要做到录像与回放同步,保持系统的稳定性。

(6)硬盘容量与图像资料的转存备份应作统一的考虑

单体硬盘容量较大的为 80 GB,一台 DVD 机可挂 4 个,从而达到 320 GB,虽然价格较高,但受到银行类用户的青睐。不过对于一般应用来说,还是以一台 40 GB 硬盘加上一代 DV 格式磁带机 DAT 或已刻录机 CD_R/W,DVD 等作为转存为题这种位置更为合理。对于需要超大容量存储的应用,则可采用挂接磁盘列阵方式。现在,松下公司的 WJ – HD500 硬盘录像机最大容量是 4 040 GB (26 ×40 GB),而美国 DM 公司的产品更达到 2 100 GB。

(7) DVR 有可能逐步提升为数字式监控主机的雏形

DVR 虽然是硬盘录像机,应主要应用于图像的记录装置,但因其采用的是数字化技术,符合未来发展方向,因此,在其基础上有可能逐步提升为数字式监控主机的雏形。一方面需增大单机可同时处理图像的路数,现国内外都同步推出了 100 路以上的超大规模硬盘录

像机,将大型专业服务器引入数字录像监控系统,国内如中芯数字技术公司采用复合MPEG4 的框架的超小波压缩算法,采用 Linux 操作系统,稳定性高,每路视音频同步。Honey - well 公司推出了采用 PC - based Video Server 的全数字化 CCTV 系统 DVM,这种用于安放电视监控的全数字化以太系统,已经在澳大利亚悉尼机场使用。美国 Discover 公司新推出的 Web - DVMS 网络监控系统,每台 Web - DVMS 机可接 108 台摄像机,系统可对 5 台 Web - DVMS 机作集成管理,从而最多可连接 108 ×5 =540 台摄像机。另一方面是采用 MPEG4 等更有效的压缩技术,实现高密度大容量的数字录像,利用并行图像处理和调用技术实现更多画面和功能更全的灵活显示。还可在图像编码算法基础上,配合视频信号预处理机制,在空间域和时间域上对图像做滤波处理,消除由于分块量化和运动补偿引发的图像块斑现象,改进视频表现和活动图像处理效果。采用嵌入式单芯片系统(Sysetem on a Chip,SOC)体系结构,赋予其更多的切换与控制功能。同时,具有更强大和速度更快的图像远程传输能力。现在,DM 公司 Digital Sprite Lite 已号称是视频网络数字全功能主机,既能传送视频网络图像,也能经由网络控制摄像前端的动作。

任务五　闭路电视监控系统控制设备的安装

视频监控系统的终端设备置于电视监控系统指挥中心,它通过集中控制的方式,将前端设备传送来的各种信息进行处理和显示,并向前端设备或其他有关的设备发出各种控制指令。因此,中心控制室的终端设备是整个电视监控系统的中枢。

对于一个综合性的电视监控系统而言,中心控制室的主要设备应包括视频信号处理、显示、记录设备、控制切换设备等,主要有视频矩阵、监视器、录像机和一些视频处理设备等。

一、录像设备

录像设备是闭路电视监视系统中的记录和重放装置,它要求可以记录的时间非常长。此外,录像机还必须有遥控功能,从而能够方便地对录像机进行远距离操作,或在闭路电视系统中用控制信号自动操作录像机。

闭路电视监控系统中专用录像设备目前有两种:一种是盒带式长延时录像机,一种是硬盘录像机。目前,基本选用硬盘录像机,因为硬盘录像机同盒带式长延时录像机相比,具有录像回放全实时、录像时间长、存储介质小、使用方便等特点。其中,硬盘录像机又分为 PC 式和嵌入式两种,可以根据工程实际特点进行选用。

二、视频切换器

在闭路电视监视系统中,摄像机数量与监视器数量的比例在 2:1 到 4:1 之间,为了用少量的监视器看多个摄像机,就需要用视频切换器按一定的时序把摄像机的视频信号分配给特定的监视器,这就是通常所说的视频矩阵。切换的方式可以按设定的时间间隔对一组摄像机信号逐个循环切换到某一台监视器的输入端上,也可以在接到某点报警信号后,长时间监视该区域的情况,即只显示一台摄像机信号。切换的控制一般要求和云台、镜头的控制同步,即切换到哪一路图像、就控制哪一路的设备。如图 4.22 所示为切换器的外观图。

三、多画面分割器

在大型楼宇的闭路电视监视系统中摄像机的数量多达数百个，但监视器的数量受机房面积的限制要远远小于摄像机的数量。而且监视器数量太多也不利于值班人员全面巡视。为了实现全景监视，即让所有的摄像机信号都能显示在监视器屏幕上，就需要用多画面分割器。这种设备能够把多路视频信号合成为一路输出，输入一台监视器，这样就可在屏幕上同时显示多个画面。分割方式常有4画面、9画面及16画面。使用多画面分割器可在一台监视器上同时观看多路摄像机信号，而且它还可以用一台录像机同时录制多路视频信号。有些较好的多画面分割器还具有单路回放功能，即能选择同时录下的多路信号视频信号的任意一路在监视器上满屏播放。多画面分割器一般与盒带式长延时录像机配套使用，如果采用硬盘录像机，硬盘录像机本身具有多画面分割器的全部功能，如图4.23所示。

图4.22　切换器的外观图

图4.23　多画面分割器的外观图

四、视配分配器

可将一路视频信号转变成多路信号，输送到多个显示与控制设备，如图4.24所示。

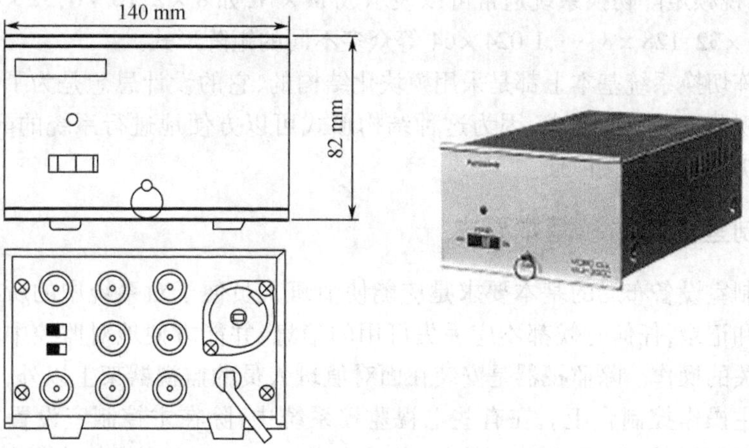

图4.24　视频分配器的外观图

五、视频矩阵切换器

视频矩阵切换系统是目前电视监控系统控制中心中最广泛使用的一种视频切换设备，它最主要的优点就是切换与显示的灵活性，可以说是达到了随心所欲的程度。所谓视频矩阵，就是可以选择任意一台摄像机的图像在任意指定的监视器上输出显示。矩阵主机是由视频输入模块、视频输出模块、电源模块、通信接口模块、前端设备控制接口模块、报警信号处理模块、信息存储模块等组成的。其中，视频输出模块应有字符叠加功能，视频输入模块应有视频丢失检测功能，通信接口模块应有报警输入以及报警输出通信、网络通信等功能，因为利用它可以将系统中的任何一路摄像机的图像切换至任何一台监视器上进行监看。除此之外，视频矩阵切换系统往往也是综合型、多功能的控制系统，它起到了整个电视监控系统控制主机的作用，而且功能强大、先进，操作快速方便。因此，通常又称其为视频矩阵切换/控制主机。在以后的叙述中我们仍称其为视频矩阵切换系统，如图 4. 25 所示。

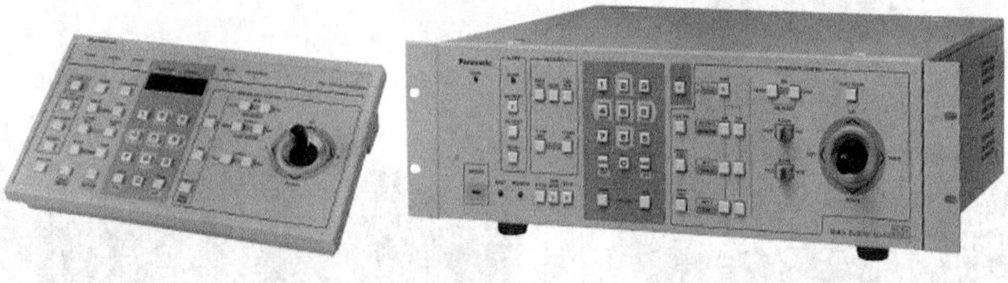

图 4. 25　矩阵切换器的外观图

视频矩阵切换系统对多个视频信号切换输出再进行显示的原理与矩阵的结构很相似。如某一电视监控系统中有 64 路视频输入，要求有 16 路视频输出，并在 16 台监视器上进行显示，同时，这 64 路视频输入中的任何一路摄像机图像都可以在 16 台监视器中任何一台指定的监视器上输出，就可以表示成 64 × 16 视频矩阵切换系统。由于电视监控系统的规模大小不一，所以视频矩阵切换系统通常可以表示成 M × N，如 8 × 2，16 × 6，32 × 4，48 × 8，64 × 6，80 × 24，96 × 32，128 × 8，…，1 024 × 64 等众多不同的矩阵形式。

视频矩阵切换系统基本上都是采用模块化结构的，它的设计思想是为了能较好地满足任何一种电视监控系统的要求，因为这种结构形式可以方便地进行系统的配置，同时也使系统日后的扩展更为直接简便。

六、控制室的布局和基本要求

中心控制室设备布局的基本要求是应能使值班人员便于对系统中的所有摄像机的图像进行观察和记录，任何时候都不应丢失可用的信息，并能方便地对监控中心的所有设备进行各种有关的操作。除监视器是安装在面对值班人员的监视器架上以外，其他大部分设备都安放在主操作控制台上。在有些电视监控系统中，除在主控制室设置主操作控制台外，还在某些需要的场所（可称为副控制室）分别设置一至几个副操作控制台。副操作控制台一般与主操作控制台分室放置，分人操作管理。这种布局方式可认为是对主系统的一种扩展方式，即在主系统之外又增加了若干个分系统。

控制室内的主要设备及其功能如下。

如图 4. 26 和图 4. 27 所示,主控制室是由一定数量的监视器组成的电视墙和主操作控制台两大部分设备组成的。根据系统功能的要求,主操作控制台又是由若干个不同的设备组成的。

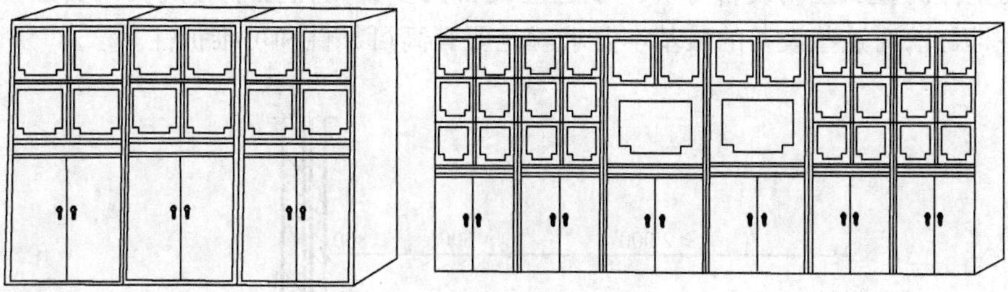

图 4. 26　电视墙的外观图

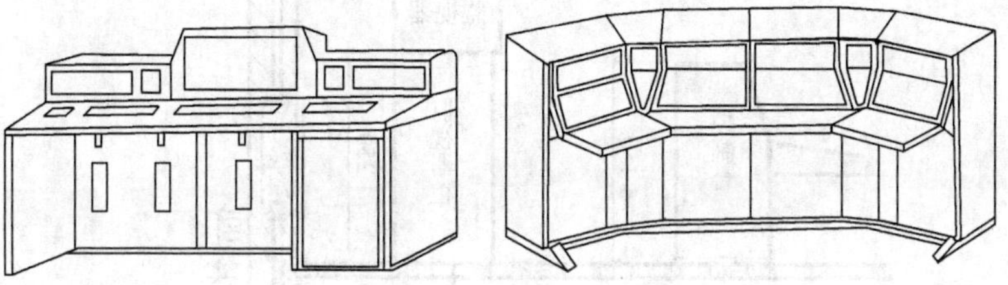

图 4. 27　控制台的外观图

电视墙和控制台的布局摆放有相应的规定参见表 4. 2 及图 4. 28。

表 4. 2　监视器与观看距离对应表

监视器规格(对角线)		屏幕标称尺寸		可供观看的最佳距离	
/cm	/m	宽/cm	高/cm	最小观看距离/m	最大观看距离/m
23	9	18. 4	13. 8	0. 92	1. 6
31	12	24. 8	18. 6	122	2. 2
35	14	28. 0	21. 0	1. 42	2. 5
43	17	M. 4	25. 8	1. 72	3. 0

主操作控制台是监控中心的值班人员最主要的工作位置,因为值班人员正是通过主操作控制台上的设备完成所有值班操作任务的。由前端设备经传输系统传输到监控中心的各种信号如图像信号、监听信号和报警信号等全都被送到中心控制室的主操作控制台上,经过适当的处理,完成显示、监听、报警、录音和录像等工作。同时,还可向副操作控制台或上一级监控中心传输信号。此外,对系统内所有设备的操作控制指令如对前端摄像机镜头和云台进行遥控的指令,也都是从这里发出的。因此,主操作控制台的设备是电视监控系统中的关键核心的设备。另外,建立电视监控系统的目的就是要求对现场所发生的各种事

态能迅速作出判断,及时下达指挥命令,采取必要的行动。由此看来,主控制室的设备主要应包括监视器、录像机、视频分配放大器、视频切换器、控制前端设备的控制器、时间日期发生器、操作控制键盘、电源、通信等设备,功能完善一些的系统还装有同步信号发生器、视频多画面分割器、视频打印机、中英文字符发生器等,多媒体电视监控系统中还具有以多媒体计算机为主体的显示控制设备等。由于这些设备大多都是监控中心值班人员最常频繁操作的设备,因此,对这些设备的最基本要求就是要有高可靠性和可维护性。

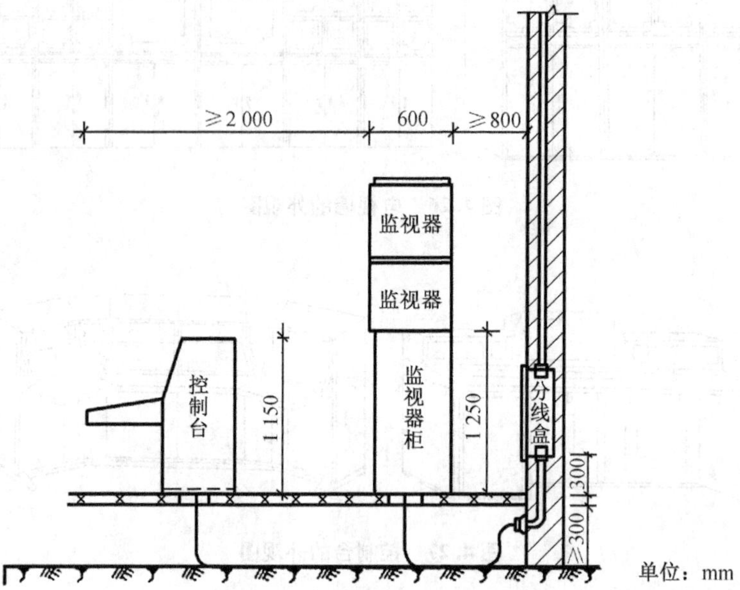

图 4.28　控制台与电视墙安装位置示意图

当对一个电视监控系统中的设备需要分级、分地、分时地进行操作时,显然只设一个主控制室就不能满足要求了。这时,在距离主控制室一定距离处可分别设置几个副控制室或称分控制室将系统扩展。副控制室的设备比较简单,大多只放置一台监视器和一个副操作控制键盘。利用此操作控制键盘可以完成主操作控制键盘的一切功能,即相当于遥控完成了主操作控制键盘的一切动作(也有的经编程后只能完成主操作控制键盘的部分功能),如对摄像机的图像进行监看、对摄像机的动作进行遥控等。因此,在副控制室的监视器上同样可以监视到系统中所有摄像机的图像。

主操作控制键盘与副操作控制键盘一般是采用总线连接方式,所以可以具有相同的功能。同时,各副控制台与主控制台之间,根据需要和可能还可设定优先控制权。例如,某一副控制室是供上级领导使用的,那么它应具有第一优先控制权。当该副控制台执行对系统的操作控制时,主控制台和其他的几个副控制台将暂时失去了对系统的操作和控制能力。图 4.29 是一个比较典型的闭路电视监控系统配置图。

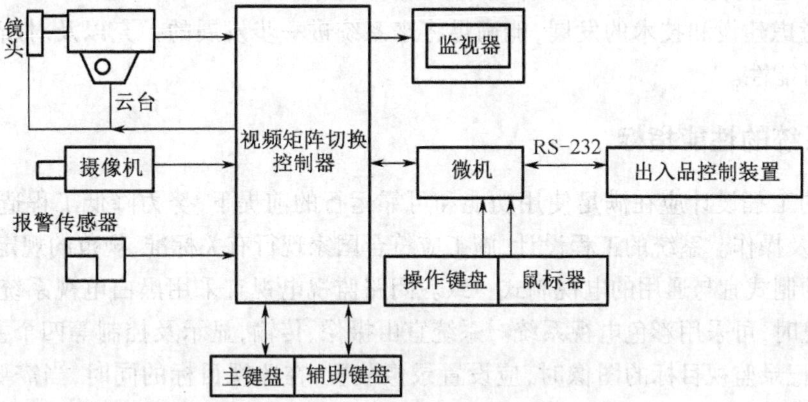

图 4.29　比较典型的闭路电视监控系统配置图

任务六　闭路电视监控系统的设计与施工

一、设计要求与步骤

CCTV 系统的工程设计应根据使用要求、现场情况、工程规模、系统造价以及用户的特殊需要等综合考虑，然后由设计者提出实施设想和措施，进行工程设计。

为了使设计合理，必须做好设计前的调查等准备工作。它包括工程概貌调查、被监视对象的环境调查等。工程概貌调查包括了解系统的功能和要求、系统的规模和技术指标、施工的内容和完成时间、建设目的以投入资金等情况。根据部门使用的实际情况，在必要的场合安装相应的系统，并考虑经济的合理性和技术的先进性。监测对象和环境的调查包括被摄物体的大小、是否活动、室内还是室外以及照明情况和可选用的安装设置方法等。此外，还要了解用户的要求，如监视和记录的内容、时间，摄像机的镜头、角度和机罩的控制等。

闭路电视监控系统的工程设计一般分为初步设计（方案设计）和正式设计（施工图设计）。系统方案设计应根据下列因素确定。

①根据系统的技术和功能要求，确定系统组成及设备配置。

②根据建筑平面或实地勘察，确定摄像机和其他设备的设置地点。

③根据监视目标或环境的条件，确定摄像机类型及防护措施。在监视区域内，光照度应与摄像机要求相适应。

④根据摄像及分布及环境条件，确定传输电缆的线路路由。

⑤显示设备宜采用黑白电视系统，在对监视目标有彩色要求时可采用彩色电视机。对于功能较强的大中型监控电视系统，宜选用计算机控制的矩阵切换系统。

⑥选用系统设备时，各配套设备的性能及技术要求应协调一致，所用器材应有符合国家标准或行业标准的质量证明。

⑦系统设计应满足安全防范的安全管理功能的宏观动态监控、微观取证的基本要求，

并符合在现场条件下运行可靠、操作简单、维修方便等要求。

⑧应考虑建设和技术的发展,能满足将来系统进一步发展的扩充以及对新技术、新产品采用的可能性。

二、系统的性能指标

系统的工程设计应在满足使用功能和可靠运行的前提下,努力降低工程造价,并便于施工、维护及操作。系统的工程设计、施工应符合国家现行有关标准、规范的规定。

系统的制式宜与通用的电视制式一致。闭路监视电视宜采用黑白电视系统,当需要观察色彩信息时,可采用彩色电视系统。系统宜由摄像、传输,显示及控制等四个主要部分组成,当需要记录监视目标的图像时,应设置录像装置,在监视目标的同时,当需要监听声音时,可配置声音传输、监听和记录系统。

系统设施的工作环境温度应符合下列要求:

①寒冷地区室外工作的设施为 -40 ℃ ~ +35 ℃;

②其他地区室外工作的设施为 -10 ℃ ~ +55 ℃;

③室内工作的设施为 -5 ℃ ~ +40 ℃。

系统的设备、部件、材料的选择应符合:应采用符合现行的国家和行业有关标准的定型产品;系统采用设备和部件的视频输入和输出阻抗以及电缆的特性阻抗均应为75 Ω;系统选用的各种配套设备的性能及技术要求应协调一致。

1. 摄像部分

应根据监视目标的照度选择不同灵敏度的摄像机。监视目标的最低环境照度应高于摄像机最低照度的10倍。镜头的焦距应根据视场大小和镜头与监视目标的距离确定,并按前面介绍过的公式计算。摄取固定监视目标时,可选用定焦距镜头;当视距较小而视角较大时,可选用广角镜头;当视距较大时,可选用望远镜头;当需要改变监视目标的观察视角或视角范围较大时,宜选用变焦距镜头;当监视目标照度有变化时,应采用光圈可调镜头;当需要遥控时,可选用具有光对焦、光圈开度、变焦距的遥控镜头装置。

摄像机可选用体积小、质量轻、便于现场安装与检修的电荷耦合器件(CCD)型摄像机。根据工作环境,应选配相应的摄像机防护套,防护套可根据需要设置调温控制系统和遥控雨刷等。

固定摄像机在特定部位上的支承装置,可采用摄像机托架或云台。当一台摄像机需要监视多个不同方向的场景时,应配置自动调焦装置和遥控电动云台。摄像机需要隐蔽时,可设置在天花板或墙壁内,镜头可采用针孔或棱镜镜头。对防盗用的系统,可装设附加的外部传感器与系统组合,进行联动报警。

监视水下目标的系统设备,应采用高灵敏度摄像管和密闭耐压、防水防护套以及渗水报警装置。

摄像机的设置位置、摄像方向及照明条件应符合:摄像机宜安装在监视目标附近不易受外界损伤的地方,安装位置不应影响现场设备运行和人员正常活动,安装的高度在室内宜距地面2.5 ~5 m,室外宜距地面3.5 ~10 m;摄像机镜头应避免强光直射,保证摄像管靶面不受损伤;镜头视场内不得有遮挡监视目标的物体。

摄像机镜头应从光源方向对准监视目标,并应避免逆光安装。当需要逆光安装时,应降低监视区域的对比度。

2. 传输部分

系统的图像信号传输方式，宜符合下列规定。

①传输距离较近，可采用同轴电缆传输视频基带信号的视频传输方式。当传输黑白电视基带信号，在5 MHz点的不平坦度大于3 dB时，宜加电缆均衡器；当大于6 dB时，应加电缆均衡放大器。当传输彩色电视基带信号，在5.5 MHz点的不平坦度大于3 dB时，宜加电缆均衡器；当大于6 dB时，应加电缆均衡放大器。

②传输距离较远，监视点分布范围广，或需进入电缆电视网时，宜采用同轴电缆传输射频调制信号的射频传输方式。长距离传输或需避免强电磁场干扰的传输，宜采用传输光调制信号的光缆传输方式。当有防雷要求时，应采用无金属光缆。系统的控制信号可采用多芯线直接传输或将遥控信号进行数字编码用电（光）缆进行传输。

传输电、光缆的选择应满足：同轴电缆在满足衰减、屏蔽、弯曲、防潮性能的要求下，宜选用线径较细的同轴电缆；光缆的选择应满足衰减、带宽、温度特性、物理特性、防潮等要求；解码箱、光部件在室外使用时，应具有良好的密闭防水结构，并应采取防水、防潮、防腐蚀措施。

传输线路路由设计，应满足：路由应短捷、安全可靠、施工维护方便；应避开恶劣环境条件或易使管线损伤的地段；与其他管线等障碍物不宜交叉跨越；电缆与电力线平行或交叉敷设时，其间距不得小于0.3 m；与通讯线平行或交叉敷设时，其间距不得小于0.1 m；同轴电缆宜采取穿管暗敷或线槽的敷设方式；当线路附近有强电磁场干扰时，电缆应在金属管内穿过，并埋入地下；当必须采取架空敷设时，应采取防干扰措施。线路敷设应符合现行国家标准《工业企业通信设计规范》的规定。

3. 控制室部分

根据系统大小，宜设置监控点或监控室。监控室的设计应符合：监控室宜设置在环境噪声较小的场所；监控室的使用面积应根据设备容量确定，宜为12～50 m^2；监控室的地面应光滑、平整、不起尘；门的宽度不应小于0.9 m，高度不应小于2.1 m；监控室内的温度宜为16 ℃～30 ℃，相对湿度宜为30%～－75%；监控室内的电缆、控制线的敷设宜设置地槽；当属改建工程或监控室不宜设置地槽时，也可敷设在电缆架槽、电缆走道、墙上槽板内，或采用活动地板；根据机柜、控制台等设备的相应位置，设置电缆槽和进线孔，槽的高度和宽度应满足敷设电缆的容量和电缆弯曲半径的要求。

监控室内设备的排列，应便于维护与操作，并应满足安全、消防的规定要求。对几台摄像机的信号进行频繁切换并需录像的系统宜采用主从同步方式或外同步方式稳定信号。

用于保安的闭路监视电视系统应留有接口和安全报警联动装置，当需要时可选用图像探测装置报警。监控室距监视场所较近时，对各控制点宜采用直接控制方式；当距控制点较远或控制点较多时，可采用间接控制或脉冲确码的微机控制方式。

系统的运行控制和功能操作宜在控制台上进行，其操作部分应方便、灵活、可靠。控制台装机容量应根据工程需要留有扩展余地。放置显示、测试、记录等设备的机架尺寸，应符合现行国家标准《面板、架和柜的基本尺寸系列》的规定。控制台布局、尺寸和台面及座椅的高度应符合现行国家标准《电子设备控制台的布局、型式和基本尺寸》的规定。控制台正面与墙的净距不应小于1.2 m；侧面与墙或其他设备的净距，在主要走道不应小于1.5 m，次要走道不应小于 0.8 m；机架背面和侧面距离墙的净距不应小于 0.8 m。

4. 供电、接地与安全防护

系统的供电电源应采用 220 V 50 Hz 的单相交流电源，并应配置专门的配电箱内当电压波动超出 +5% ~ -10% 范围时，应设稳压电源装置。稳压装置的标称功率不得小于系统使用功率的 1.5 倍。摄像机宜由监控室引专线经隔离变压器统一供电。远端摄像机可就近供电，但设备应设置电源开关、熔断器和稳压等保护装置。

系统的接地宜采用一点接地方式。接地母线应采用铜质线，接地线不得形成封闭回路，不得与强电的电网零线短接或混接。系统采用专用接地装置时，其接地电阻不得大于 4 Ω；采用综合接地网时，其接地电阻不得大于 1 Ω。

架空电缆吊线的两端和架空电缆线路中的金属管道应接地。进入监控室的架空电缆入室端和摄像机装于旷野、塔顶或高于附近建筑物的电缆端，应设置避雷保护装置。防雷接地装置宜与电气设备接地装置和埋地金属管道相连，当不相连时，两者间的距离不宜小于 20 m。不得直接在两建筑屋顶之间敷设电缆，应将电缆沿墙敷设置于防雷保护区以内，并且不得妨碍车辆的运行。系统的防雷接地与安全防护设计应符合现行国家标准《工业企业通信接地设计规范》《建筑物防雷设计规范》的规定。

三、设备的选用

CCTV 系统的设备选择以在前面阐述过，这里着重从系统设计时必须注意的问题进行说明。

1. 摄像机、镜头、云台的选择

应根据目标的照度选择不同灵敏度的摄像机，监视目标的最低环境照度至少应高于摄像机最低照度的 10 倍以上。

在室外或半室外光强变化悬殊的情况下进行昼夜监测时，最低照度应小于 1 lx。

①在一般的监视系统中，大多数采用黑白摄像机，因为它比彩色摄像机容易达到照度和清晰度等的较高要求，彩色摄像机主要用于对色彩有一定要求的场合。

目前，监控电视系统宜采用固体摄像机（CCD 摄像机）。选用固体黑白摄像机时，其水平清晰度应≥380 线；选用固体彩色摄像机时，其水平清晰度应≥330 线。它们的信噪比均应≥42 dB，电源变化适应范围应在 ±10%，温度、温度范围（必要时加防护调和）应符合现场气候条件的变化。

②监视目标逆光摄像时，宜选用有逆光补偿的摄像机。户内、户外安装的摄像机均应加装防护套，防护套可根据需要设置遥控雨刷和调温控制系统。

③镜头像面尺寸应与摄像机靶面尺寸相适应。摄取固定目标的摄像机，可选用定焦镜头；在有视角变化的摄像场合，可选用变焦距镜头，镜头焦距的选择可根据视场的大小和镜头至监控目标的距离确定；监视目标亮度变化范围高低相差达到 100 倍以上或昼夜使用的摄像机，应选用定焦距镜头；当需要遥控时，可选用具有光对焦、光圈开度、变焦的遥控镜头；需要隐藏安装的摄像机，宜采用针孔镜头或棱镜镜头；电梯轿厢内的摄像机的摄像机镜头，应根据轿厢体积的大小，选用水平视场角≥70°广角镜头；对景深较大、视角范围广的监控区域，应采用全景云台的摄像机，并根据监控区域的大小选用 6 倍以上的带遥控变焦距镜头，或采用 2 个以上定焦距镜头的摄像机分区覆盖。

④需要监视变化场景时，摄像机应配置遥控云台，其负荷能力应大于实际负荷重量的1.2倍。安装时，所载的物体重量的重心一致，云台的温度、湿度范围应符合现场环境的条件变化。

2. 显示、记录、切换控制器

①安全防范电视监视系统至少应有两台监视器：一台切换固定监视用，另一台作时序监视用。监视器宜采用23～51 cm屏幕的监视器。

②黑白监视器的水平清晰度应大于600线，彩色监视器的水平清晰度大于300线。根据用户需要，可采用电视接收机作监视器，有特殊要求时，可采用大屏幕监视器或投影电视

在同一系统中，录像机的制式和磁带规格宜一致，录像机的输入、输出信号应与整个系统的技术指标相适应。

③视频切换控制器应能手动或自动编程，对摄像机的各种运用进行程控，并能将所有视频信号在指定的监视器上进行固定或时序显示。视频图像上宜叠加摄像机号、地址、时间等字符。

④电视监控系统中应有与报警控制器联网接口的视频切换控制器，报警发生时切换出相应部位的摄像机图像，并能记录和重放。具有储存功能的视频切换控制器，当市电中断或关机时，对所有编程设置、摄像机号、时间、地址等均可保留。

⑤视频信号应作多路分配使用，一般分为三路：一路分组监视，一路录像、监视，一路备份输出。实行分组监视时，应考虑下列因素进行合理编组：

a. 区别轻重缓急，保证重点部位；

b. 忙闲适当搭配；

c. 照顾图像的同类型的连续性；

d. 同一组内监视目标的照度不宜相差过大，实行分组监视时，摄像机与监视器之间应有适当的比例，主要出入口、电梯等需要重点观察的部位不大于2∶1，其他部位不大于4∶1；

e. 大型综合安全消防系统需多点或多级控制时，宜采用多媒体技术，做到文字信息、图表、图像、系统操作在一台PC机上完成。

3. 传输线路的考虑

①若传输的黑白电视基带信号，在6 MHz点的不平坦度大于3 dB时，宜加电缆均衡器，当大于6时，应加电缆均衡放大器；若传输的彩色电视基带信号，在5.5 MHz点的不平坦度大于3 dB时，宜加电缆均衡器，当大于6 dB时，应加电缆均衡放大器。

②若保持视频信号优质传输水平，SYV－75－3电缆不宜长于50 m，SYV－75－5电缆不宜长于100 m，SYV－75－7电缆不宜长于400 m，SYV－75－9电缆不宜长于600 m；若保持视频信号良好传输水平，上述各传输距离可加长一倍。

③传出距离较远、监视点分布范围广需进电缆电视网时，宜采用同轴电缆传输射频调制信号的射频传输方式。长距离传输须避免强电磁场干扰的传输，其抗干扰能力强，可传输十几公里而不用补偿。

四、摄像点的布置

摄像点的合理布置是影响设计方案是否合理的一个方面，要求对监视区域范围内的景物尽可能都进入摄像画面，减少摄像区的死角。要做到这点，摄像机的数量当然是越多越

好,但这显然是不合理的。为了在不增加较多的摄像机的情况下能达到上述要求,就需要对拟定的数量的摄像机进行合理的布局设计。

摄像点的合理布局应根据监视区域或景物的不同,首先明确主摄体和副摄体是什么,将宏观监视与局部重点监视相结合。

下面,我们以超市、宾馆、大厅、公共前室等常见的监视位置的摄像机布置图为例,了解常见的几种摄像机布置,如图 4.30 所示。

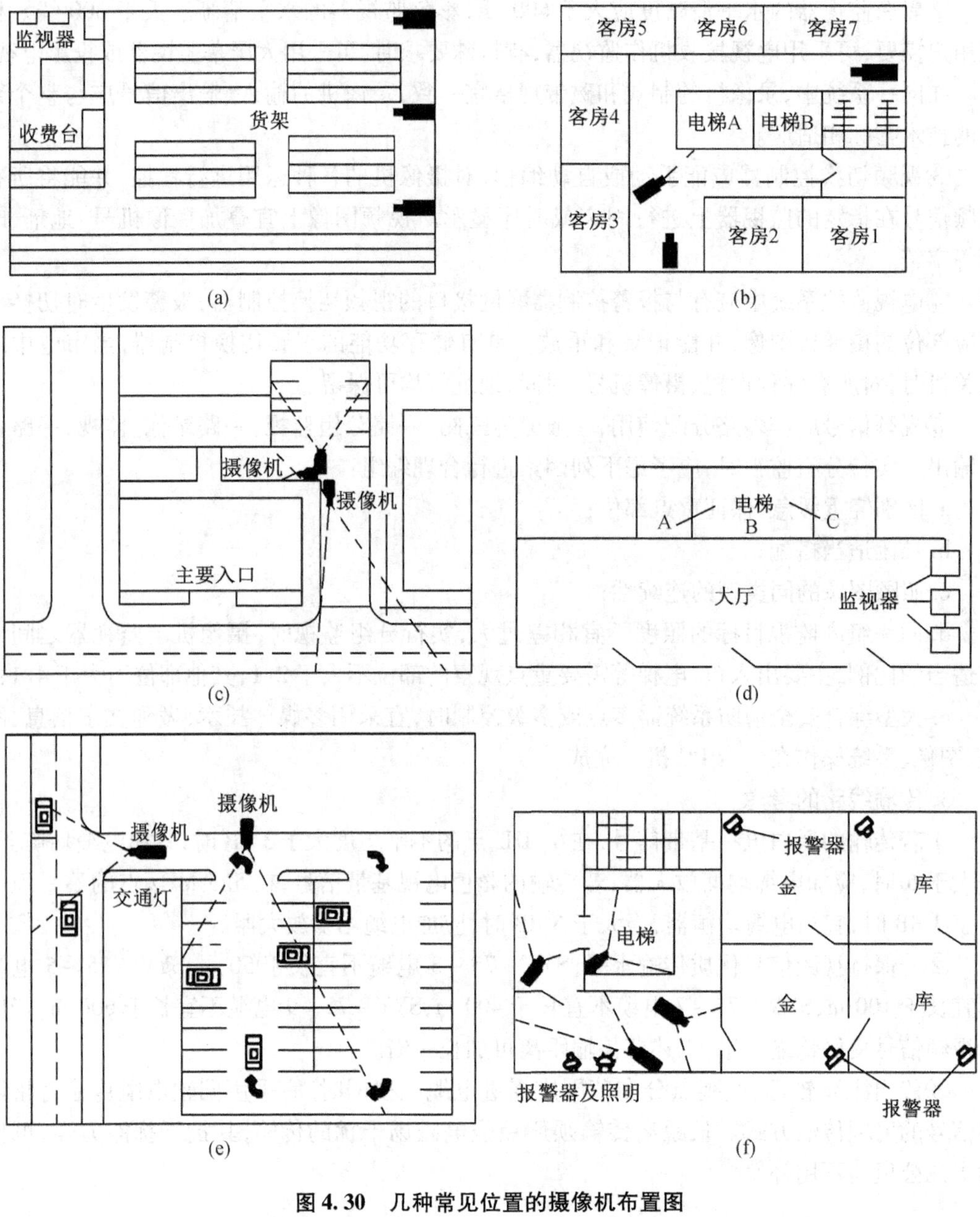

图 4.30　几种常见位置的摄像机布置图

(a)超市摄像机布置;(b)宾馆摄像机的布置;(c)楼梯口摄像机布置;
(d)公共电梯大厅监视器布置;(e)停车场摄像机的布置;(f)金库摄像机的布置

当一个摄像机需要监视多个不同的地方时,如前所述应配置遥控电动云台的变焦镜头。但如果多设一两个固定式摄像机能监视整个场所时,建议不设带云台的摄像机,而设几个固定式的摄像机,因为云台的造价很高,而且还需为此增设一些附属设备。如图 4.31(a)所示,当带云台的摄像机监视门厅 A 方向时,B 方向就成了一个死角,而云台的水平速度一般在 50 Hz 时约为 3°~6°,从 A 方向转到 B 方向约为 20~40 s,当摄像机来回转动时就有部分时间不能监视目标。如果按图 4.31(b)设置两个固定式摄像机,就能 24 h 不间断地监视整个场所了,而且系统造价也较低。

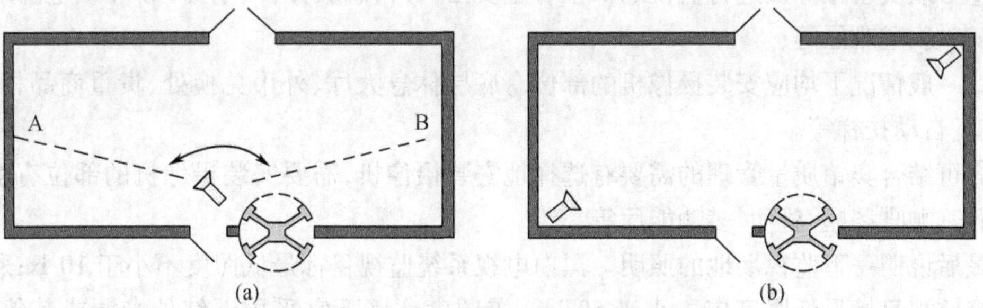

图 4.31　带云台的摄像机和固定式摄像机

(a)带云台的摄像机;(b)固定式摄像机

摄像机镜头应顺光源方向对准监视目标,避免逆光安装。如图 4.32 所示,被摄物旁是窗(或照明灯),摄像机若安装在图中 A 位置。由于摄像机内的亮度自动控制(自动靶压调整,自动光圈调整)的作用,使得被摄体部分很暗,清晰度也降低,影响观看效果。这时,应改变取景位置,或用遮挡物将强光线遮住。如果必须在逆光地方安装,则可采用可调焦距、光圈、光聚焦的三可变自动光圈镜头,并尽量调整画面对比度使之呈现出清晰的图像。

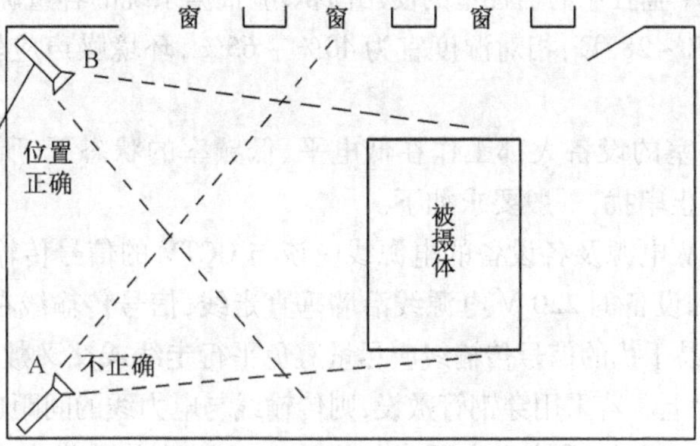

图 4.32　摄像机的安装位置

根据《安全防范工程技术规范》的推荐,对于摄像机的安装高度,室内以 2.5~10 m 为宜,室外以 3.5~10 m 为宜,不得低于 3.5 m。电梯轿厢内的摄像机安装在其顶部,摄像机的光轴与电梯两壁及天花板均成 45°。

摄像机宜设置在监视目标附近不易受外界损伤的地方,应尽量注意远离大功率电源在监视范围内的高频设备,以防干扰。从摄像机引出的电缆应留有余量(约 1 m),以不影响摄像机的驱动。不要利用电缆插头承受电缆的自重。

由于电视再现图像,其对比度所能显示的范围仅为(30 ~ 40):1,当摄像机的视野内明暗反差较大时,就会出现应看到的暗部看不见的现象。此时,对摄像机的设置位置、摄像方面和照明条件应进行充分的考虑和调整。

对于宾馆、酒店的 CCTV 系统,摄像点的布置,即对各监控目标配置摄像机时应符合下列要求:

①必须安装摄像机进行监视的部位有主要出入口、总服务台、电梯(轿厢或电梯厅)、车库、停车场、避难层等;

②一般情况下均应安装摄像机的部位有底层休息大厅、外币兑换处、贵重商品柜台、主要通道、自动扶梯等。

③可结合宾馆质量管理的需要有选择地安装摄像机,需要安装摄像机的部位有客房通道、酒吧、咖啡茶座、餐厅、多功能厅等。

最后说明一下监视场地的照明。黑白电视系统监视目标最低照度不小于 10 lx;彩色电视系统监视目标最低照度应不小于 50 lx。零照度环境下宜采用近红外光源或其他光源。监视目标处于雾气环境时黑白电视系统宜采用高压水银灯或钠灯;彩色电视系统宜采用碘钨灯。具有电动云台的电视系统,照明灯具宜设置在摄像机防护罩或设置在与云台同方向转动的其他装置上。

五、监控中心

监控中心室的地点应选择在比较安静的地方,避开电梯等冲击性负荷的干扰,并应考虑防潮,防雷级防暑降温的有关措施。最好室内铺设地板或橡皮地垫,以便经常拖洗,防止室内积尘过多。在高温潮湿的地区最好在机房有风扇或空调。

宾馆、酒店 CCTV 监控中心监控室的使用面积,应根据系统的容量确定,一般为 12 ~ 50 m^2。室内温度宜为 16 ℃ ~ 28 ℃,相对湿度宜为 40% ~ 65%,环境噪声应较小,并有必要的安全和消防措施。

由于监控中心室的设备大都工作在低电平、低频率的状态下,所以监控室内的供电和布线要注意相互防止串扰,一般要求如下。

①照明线 220 V 电源及各设备的电源线应该与 CCTV 的信号传输线尽量分开敷设和安装。例如,照明线和设备的 220 V 电源线沿墙垂直走线,信号传输线在地板下面暗线敷设。

②电源线与容易干扰的信号传输线应尽量避免平行走线或交叉敷设,若无法避免要平行时,最好相隔 1 m 以上。若采用穿钢管敷设,则传输线与电力线的间距也不得小于 0.3 m。

③宾馆、酒店的 CCTV 系统应由可靠的交流电源回路单独供电,配电设备应设有明显标志。

④宾馆、酒店的 CCTV 系统供电电源应采用 220 V,50 Hz ± 1 Hz 的单项交流电源。电压偏移允许 ± 10%,超过此范围时,应设电源稳压装置。交流稳压的标称功率一般不小于系统使用的功率的 1.5 倍。

⑤室内的明装线一律用线卡固定,同轴电缆的屏蔽层必须与机壳接触良好。电缆的弯曲半径应大于外径的 15 倍。

⑥整个系统接地宜采用一点接地方式,接地母线应宜采用铜芯导线,接地电阻不得大于4 Ω,当系统采用共同接地网时,其接地电阻不得大于1 Ω。

⑦摄像机应由监控室引专线集中供电。对离监控室较远的摄像机统一供电确实有困难时,也可就近解决,但必须与监控室为相同的可靠电源,并由监控室操作通断。

⑧在视频传输系统中,为防止电磁干扰,视频电缆宜穿金属管或金属桥架敷设。室内线路的敷设原则与CATV系统基本相同。通常,对摄像机、监控点不多的小系统,宜采用暗管或线槽敷设方式;摄像机、监控点较多的小系统,宜采用电缆桥架敷设方式,并应按出线顺序排列线位,绘制电缆排列断面图。监控室内布线,宜采用地槽敷设,也可采用电缆桥架,特大系统宜采用活动地板。

作为宾馆、酒店的CCTV控制室,应具有如下功能:统一供给摄像机、监视器及其他设备所需的电源,并由监控室操作通段;输出各种遥控信号,对摄像机的各种运行遥控,包括遥控镜头的焦距、聚焦、光圈,云台作水平、垂直方向操作,摄像机的电源以及摄像机防护罩的除霜、雨刷等;接受各种报警信号;配有视频分配放大器,能同时输出多路视频信号;对视频信号进行时序或手动切换;具有时间、编号字符显示装置;监事和录像;内外通信联络等。

宾馆CCTV系统的运行控制和功能操作宜在控制台上进行,操作部分应简单方便、灵活可靠。对摄像机的图像信号宜采用字符显示予以编号,以资区分。至少对内容类同(如客梯轿厢、电梯厅、客房层等)的图像信号应予以编号。电梯轿厢内安装摄像机附近同时配置楼层指示器,显示电梯运行状态。

六、闭路电视监控系统工程施工

1. 摄像机的安装

摄像机安装前应按下列要求进行检查:将摄像机逐个通电进行检测和粗调,在摄像机处于正常工作状态后,方可安装;检查云台的水平、垂直转动角度,并根据设计要求定准云台转动起点方向;检查摄像机防护罩的雨刷动作;检查摄像机在防护罩内紧固情况;检查摄像机座与支架或云台的安装尺寸。在搬动、架设摄像机过程中,不得打开镜头盖。在高压带电设备附近架设摄像机时,应根据带电设备的要求,确定安全距离。摄像装置的安装应牢靠、稳固。

从摄像机引出的电缆应留有1 m的余量,不得影响摄像机的转动。摄像机的电缆和电源线均应固定,不得用插头承受电缆的自重。先对摄像机进行初步安装,通电后试看、细调、检查各项功能观察监视区域的覆盖范围和图像质量,符合要求后方可固定。

2. 线路的敷设

电缆的弯曲半径应大于电缆直径的15倍;电源线宜与信号线、控制线分开敷设;室外设备连接电缆时,宜从设备的下部进线;电缆长度应逐盘核对,并根据设计图上各段线路的长度选配电缆。宜避免电缆的接续,当电缆接续时,应采用专用接插件。架设架空电缆时,宜将电缆吊线固定在电杆上,再用电缆挂钩把电缆卡挂在吊线上,挂钩的间距宜为0.5～0.6 m。根据气候条件,每一杆挡应留出余量。墙壁电缆的敷设,沿室外墙面宜采用吊挂方式,室内墙面宜采用卡子方式。墙壁电缆沿墙角转弯时,应在墙角处设转角墙担。电缆卡子的间距在水平路径上宜为0.6 m,在垂直路径上宜为1 m。

直埋电缆的埋深不得小于0.8 m,并应埋在冻土层以下。紧靠电缆处应用沙或细土覆盖，其厚度应大于0.1 m，且上压一层砖石保护。通过交通要道时，应穿钢管保护，电缆应采用具有铠装的直埋电缆，不得用非直埋式电缆作直接埋地敷设。转弯地段的电缆，地面上应有电缆标志。敷设管道电缆，敷设管道线之前应先清刷管孔，管孔内预设一根镀锌铁线，穿放电缆时宜涂抹黄油或滑石粉，管口与电缆间应衬垫铅皮，铅皮应包在管口上。进入管孔的电缆应保持平直，并应采取防潮、防腐蚀、防鼠等处理措施。管道电缆或直埋电缆在引出地面时，均应采用钢管保护。钢管伸出地面不宜小于2.5 m，埋入地下宜为0.3 ~0.5 m。

3. 监控室部分

监控室内机架安装应符合下列规定：机架安装位置应符合设计要求，当有困难时可根据电缆地槽和接线盒位置作适当调整；机架的底座应与地面固定；机架安装应竖直平稳，垂直偏差不得超过1%；几个机架并排在一起，面板应在同一平面上并与基准线平行，前后偏差不得大于3 m，两个机架中间缝隙不得大于3 m。对于相互有一定间隔而排成一列的设备，其面板前后偏差不得大于5 mm；机架内的设备、部件的安装，应在机架定位完毕并加固后进行，安装在机架内的设备应牢固、端正；机架上的固定螺丝、垫片和弹簧垫圈均应按要求紧固，不得遗漏；控制台应安放竖直，台面水平；附件完整、无损伤、螺丝紧固，台面整洁无划痕；台内接插件和设备接触应可靠，安装应牢固；内部接线应符合设计要求，无扭曲脱落现象。

监视器的安装应符合下列要求：监视器可装设在固定的机架和柜上，也可装设在控制台操作柜上，当装在柜内时，应采取通风散热措施；监视器的安装位置应使屏幕不受外来光直射，当有不可避免的光时，应加遮光罩遮挡；监视器的外部可调节部分，应暴露在便于操作的位置，可加保护盖。

4. 供电与接地

摄像机宜采用集中供电，当供电线与控制线合用多芯线时，多芯线与电缆可一起敷设；所有接地极的接地电阻应进行测量，经测量达不到设计要求时，应在接地极回填土中加入无腐蚀性长效降阻剂，当仍达不到要求时，应经过设计单位的同意，采取更换接地装置的措施；监控室内接地母线的路由、规格应符合设计要求。施工时应符合下列规定：接地母线的表面应完整，无明显损伤和残余焊剂渣，铜带母线光滑无毛刺，绝缘线的绝缘层不得有老化龟裂现象；接地母线应铺放在地槽或电缆走道中央，并固定在架槽的外侧，母线应平整，不得有歪斜、弯曲；母线与机架或机顶的连接应牢固端正；电缆走道上的铜带母线可采用螺丝固定；电缆走道上的铜绞线母线，应绑扎在横档上；系统的工程防雷接地安装应严格按设计要求施工；接地安装应配合土建施工同时进行。

七、对工程图纸中图例的认识

下面列出了闭路电视监控系统工程图纸中常用的一些图例，如图4.33所示。详情请见相关规范。

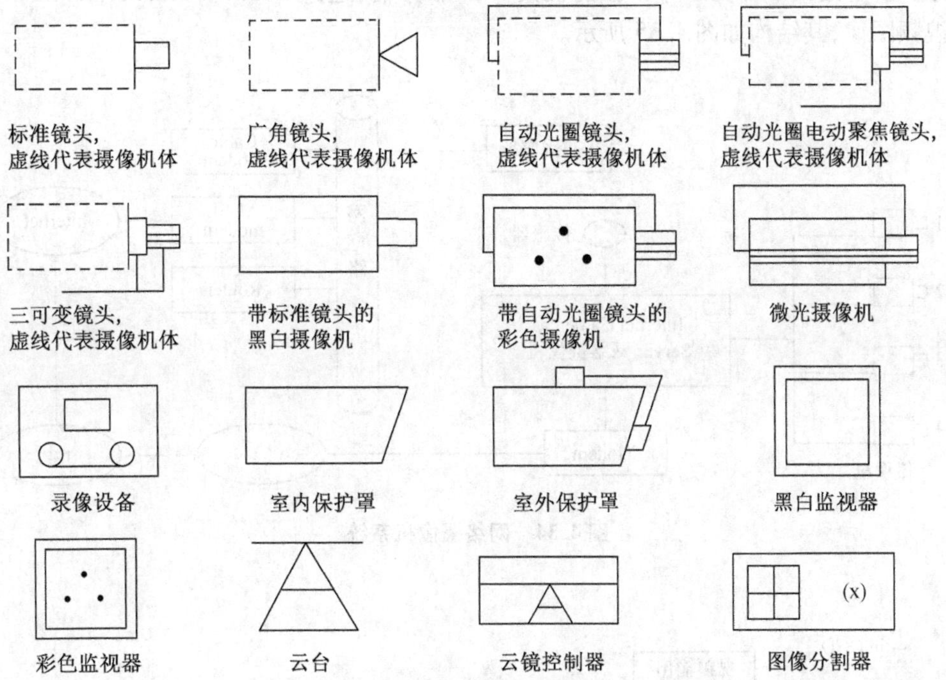

图 4.33　工程图例

任务七　网络数字化电视监控系统的认知

未来的网络型安防系统，主干技术将会完全以基于 IP 网络架构和光纤技术为主导。资源共享、快速反应、及时应对、有效处理已经成为安防行业的新需求。监控可以运用网络、本地、远程、无人、不定时等多种手段监控，布线则有总线、星形、树形、综合型等多种类型。实现数据授权互动共享、行动协调配合，将是未来安防产业的发展趋势。

一、可直接入网 LAN 摄像机

网络摄像机是指可直接接入网络的数字化摄像机（Network Camera 或 LAN Camera），它包含 CPU，并由编解码芯片完成对图像及声音的压缩和动态录像的回放。此类摄像机拍摄的图像既可传送给个人电脑，也可以加到 Web 站点的主页上，或者附在电子邮件中发送，所以也被称为 Web 摄像机，它将是未来应用的主流。例如，AXIS 2120 内置 Web server，可在任何 TCP/IP 网络环境中即插即用，通过 Internet 或 LAN 网作实时传送影像，实现远端监控，如图 4.34 所示为其工作方式。

二、网络摄像机结构

智能网络摄像机可以将一个标准的 PC 结构组合在小巧的摄像机机身内，它本身带有 8 mm 手动光圈镜头，能够完成图像的捕获和视频的压缩，图像采样帧数可调，也能通过以太网、公共交换电话网 PSTN 和 ISDN 实时发送和传输彩色视频图像，视频图像也可进行密码保护。它还可以作为一个单独的视频 Web 服务器,通过 Internet,Intranet,Extranet 传输彩色视频图像,其结构如图 4.35 所示。

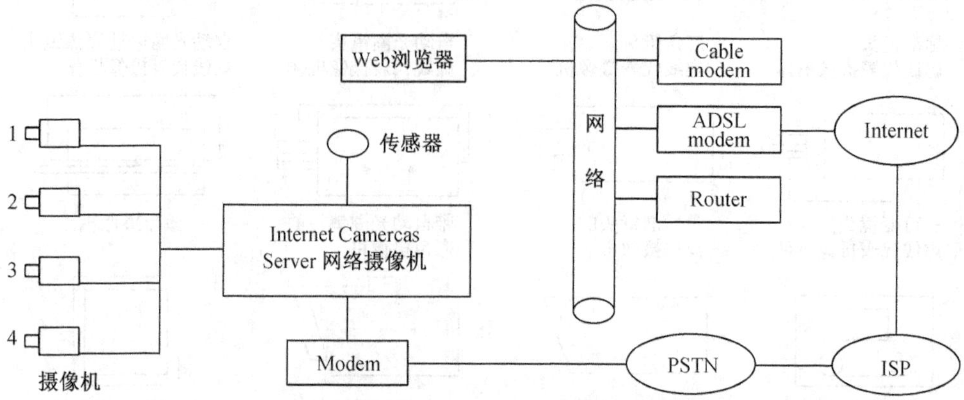

图 4.34　网络摄像机系统

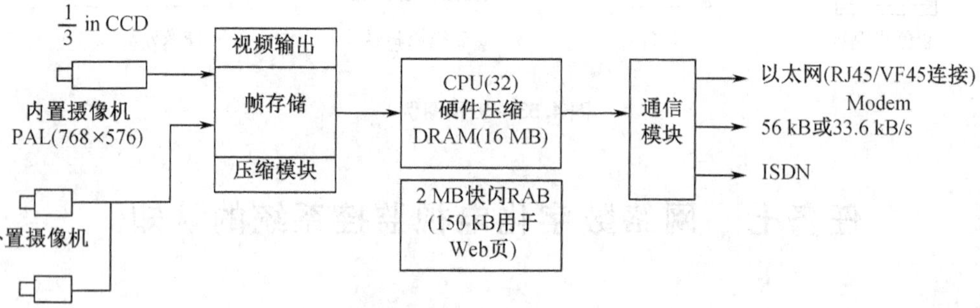

图 4.35　网络摄像传输方式

国外公司还推出具有 V - mail 功能的并行端口 PC 摄像机。V - mail 即视频邮件,通过与摄像机捆绑的 V - mail,用户可以剪切文件,并将在 PC 上创造的图像、画片、声音等组合起来,在数秒内用户便可将编辑结果以电子邮件的形式发送给任何地方的任何人,其最大的优点是接收者在接收图像和声音时无须任何特殊硬件和软件设备。传送的文件包为自动执行文件,V - mail 自动解包并可以在任何带有电子邮件的 PC 上启动,用户只需点击鼠标即可。该摄像机支持 CIF,QCIF 等格式,帧速度最高可达每秒 24 帧。

三、Web 摄像机服务器

以 Web 摄像机服务器 Webthru 为例,它是具有高性能的多合一系统,内嵌高性能的 CPU(32 b RISC)、Linux 操作系统、一个联网装置和一个 CCD 模块,大小与 CCTV 摄像机类似,可同时连接 1 ~4 个外部视频输入或更多个用户,也能接外部传感器输入。这样,它可以将 1 ~4 路视频图像信号直接上传给局域网、广阔网、Internet,其间无须任何视频转换设备。同时,它支持 IP 访问,通过浏览器可以远程控制云台和镜头以及视频图像的转换。

Webthru 采用小波压缩技术,其压缩效率比 JPEG 高 30% ~300%。因此,它在 Internet

上传输运动图像具有较高的速度,在每帧 3 kB 时可达每秒 123 帧。与 PC 摄像机和其他类型 Web 摄像机相比,它每秒能传送图像 1 ~ 3 帧。Webthru 也能压缩图像(最高每秒 30 帧和传送图像每秒 15 帧),并达到 720 × 576 的最高分辨率(PAL),它支持各种网络协议,如 TCP/IP,FTP,HTTP,RARP,CMP,还可以远程升级。

为了能访问 Webthru,首先要将其与 PC 相连,同时要指定一个 IP 地址,用该地址即可通过 Web 浏览器访问 Webthru。为了与 PC 机相连,可用 Crossover 电缆(专门设计的通过以太网口将 PC 机与 Webthru 直接连接起来的 UTP 电缆),也可直接用 UTP 电缆,但需要使用一个 HUB 将 Webthru 和 PC 机连到指定的 IP 地址。在指定 Webthru 一个 IP 地址后,便可通过任何的 Web 浏览器在本地或远程网络将该 Webthru 配置到用户自已的 Web 页中,如图 4.36 所示。

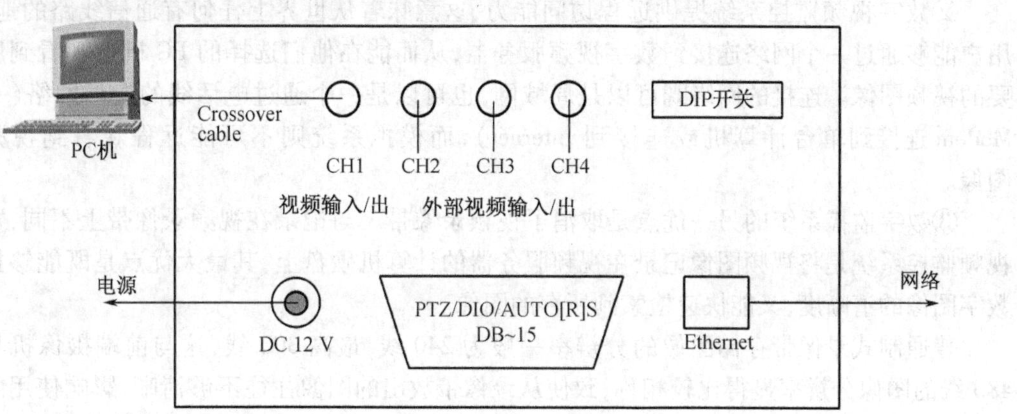

图 4.36　PC 背部插孔

四、网络视频服务器

网络视频服务器(Video Server)是通过网络实时传输动态图像和音频数据的设备。它将模拟的视频和音频信号转换成可传输的数字信号,通过压缩方式在线传输,之后即可在网络上被浏览。

由于网络视频服务器内嵌 Web 服务器和网络设备,因此不需要再增添其他设备和程序,只要将普通摄像机连接到网络服务器,就可以入网。这样,无论时间与地点,都可以通过因特网的 Web 浏览器进行远程动态图像和音频数据的实时监控。

网络视频服务器有独立的网络地址,可以像路由器一样自由编码、组合、设定路由及存储数据到指定的网络地址存储器。

下面以 4 路网络视频服务器 Brans200 为例作一简单介绍。该服务器可通过网络传输 4 路分辨率为 640 × 240 的图像数据和 1 路音频数据(带双向语音功能),视频压缩方式为 MPEG4,一幅 320 × 240 画面的图像存储容量的大小仅为 1.5 ~ 2.0 kB,音频压缩方式为 MPEG4 Speech Codec,传输速度最大为每秒 30 帧,传输协议是 TCP,采用嵌入式 Linux 操作系统，它支持 Xdsl,LAN,WAN 等不同的环境,每个网络视频服务器都有一个 IP 地址,浏览方式为 Explore4.0 或更高版本。此外,它还具有录像功能,用户使用 BRS - 1 软件可将服务器的图像储存在 PC 机的硬盘上,并能对录像记录搜索和回收。

网络视频服务器的未来发展,除提升各项性能指标外,将实现内置硬盘。同时,它具备数字视频录像(Digital Video Recorder)和多画面处理(Multiplexer)的一机多用,它将涵盖摄像机及监视器以外的所有功能,成为数字监控系统的核心。

三、数字网络监控系统的优越性

数字视频监控系统正在和将要取代模拟视频监控系统的原因如下。

①数字视频监控系统将四画面分割、多画面混合、远程访问、视频图像的记录全部集成在一个产品中,这个产品就是装备微型计算机和电子设备的“数字视频服务器”。有了它,视频摄像机只需直接连到数字视频服务器的接口即可,此模拟系统需要安装多个设备和通过电缆互联进行配置到容易得多。

②数字视频监控系统提供远程访问能力,这意味着从世界上任何有通信线路的地方,用户能够通过一个网络连接到数字视频服务器,从而能在他们选择的 PC 机上观看到所需要的视频图像。连接的网络既可以是局域网,也可以是一个通过电话线的拨号网络(一个 Modem 连接到单台计算机或连接到 Internet),而模拟系统则不可能远程观看到视频的图像。

③数字监控系统的另一优点是取消了视频录像带。与记录在视频录像带上不同,数字视频监控系统是将视频图像记录在视频服务器的计算机硬盘上,其最大优点是既能够提高数字图像的清晰度,又能快速检索到所存的图像。

普通制式录像带存储图像的分辨率一般为 240 线,最高 300 线,这与前端摄像机具有 480 线的图像分辨率显得比较相称,致使从录像带放出的图像往往不够清晰,影响使用的效果。相反,记录在硬盘上的图像,分辨率能够达到近 500 线,图像的清晰度高。

为了能看到感兴趣的视频图像,仅需键入需要的时间值和摄像机后,几秒后通过搜索硬盘可将结果显示在计算机显示器屏幕上。根据需要,可以打印、在网上通过 E-mail 发送,也可以将其继续保存在硬盘,或者从硬盘中将其删除。

④可靠性是选择数字视频监控系统而不选择模拟视频监控系统的另一关键因素。采用数字视频监控系统,故障率大大降低,而视频录像带则遭破坏和磨损。此外,数字视频监控系统的运行是完全自动的,不需要人去介入。即使发生电源故障,数字视频监控系统具有的自举功能也能继续使用。

⑤现在,只要是使用过 Internet 的人,都具有安装和配置数字视频监控系统的基本技能,生产商也在安装与使用手册中提供清晰明确的说明。此外,数字式监控主机因为采用了模块式组合方式,所以可对系统的大小做裁剪,在系统升级时可保留原有系统资源,具有通用性及不被厂家规格限制等特点。

⑥数字视频监控系统的潜在效益要比模拟视频监控系统大得多。这是因为数字视频监控系统的远程访问能力为业主和管理者提供了一个商务管理工具,可用于贵重物品的管理和重要额外能源的有效时间管理。一天 24 h 的远程可视能力也改善了监视值班人员的生活质量。这样,数字视频监控系统的潜在市场要比模拟视频监控系统大得多。餐饮、银行业、老年银发族护理、婴幼儿看护业都需要这种远程访问数字视频监控系统。例如有了它,作为白领阶层而又无法在即的父母,只要将其 PC 插入任何电话线,在拨通受口令保护的自己的视频服务器,即可以在外地实时看到家里所发生的一切。

⑦模拟视频监控系统装置发展到今天,技术发展空间受到极大的极限,要满足未来更

高的要求和更多的挑战,必须另辟新经。而数字化设备由于有失真小、精度高、传输性好、抗干扰能力强等特点和抑郁大规模生产的优势,所以成为转型的必由之路。

六、通过局域网实现的数字视频监控系统

1. 系统构成

通过局域网实现的数字视频监控系统是将传统的 CCTV 监控系统融入 LAN 中,甚至 WAN 中。系统将多台摄像机摄取模拟信号转换成数字图像信号,通过计算机网络传输,使网络内的计算机都能成为监控终端,不熟地域环境的限制。通过添加视频服务器、客户工作站和软件配置即可实现系统的扩展。数字网络视频监控示意图如图 4.37 所示,主要部件如下。

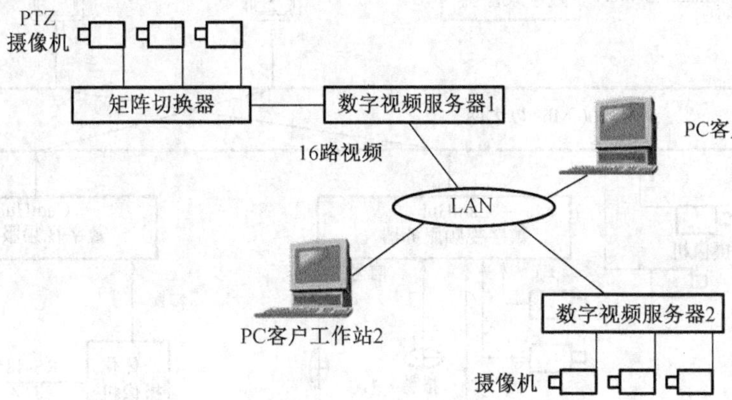

图 4.37　数字网络视频监控示意图

(1)数字视频服务器

每个视频服务器相当于 CCTV 设备到 LAN 的接口,摄像机的视频输出、云台和镜头的控制信号通过模拟视频矩阵切换被转接,成为视频服务器上行通道,网络则是其下连接。为了能在网络上传输图像、声音等信息,需视应用不同采用有效的图像数据压缩标准,并采用具有相应硬件压缩能力的图像采集预处理卡。在终端,数字视频服务器除有对高压缩率的视频 CODEC 进行实时译码的功能外,还有时滞、预置报警记录的功能,有动态和视频对视监测的功能。多个数字视频服务器之间利用 TCP/IP 协议进行通信,并且预分配共用信息。

(2)客户工作站

客户工作站是操作和管理的终端,有友好的用户界面,通过点击鼠标即可完成操作监控。在每个客户工作站上可控制整个系统内部的摄像机,可以执行报警/动态监测/记录控制功能,还可以远程访问网络的管理功能。

(3)网络管路服务器

网络管路服务器是为客户工作站中多重服务器和信息交流设计的,用于中心数据管理。在其控制下,LAN 用户在访问监控服务器前先注册,注册包括摄像机的使用限制、控制限制、优先级、信息路由分配。

2. 系统实例举例

数字视频监控系统是先将前端现场传输过来的摄像机图像在数字视频服务器(CamHub)中进行数字化压缩处理,然后就可以将多每台摄像机图像的视频流VS(Video Streaming ,VS)通过诸如一个400 Mb/s以太网络或千兆以太网络进行网域内的传输,送往指定的监视器(Display)和记录装置(Recorder),从而通过局域网实现数字的视频矩阵切换,如图4.38所示。

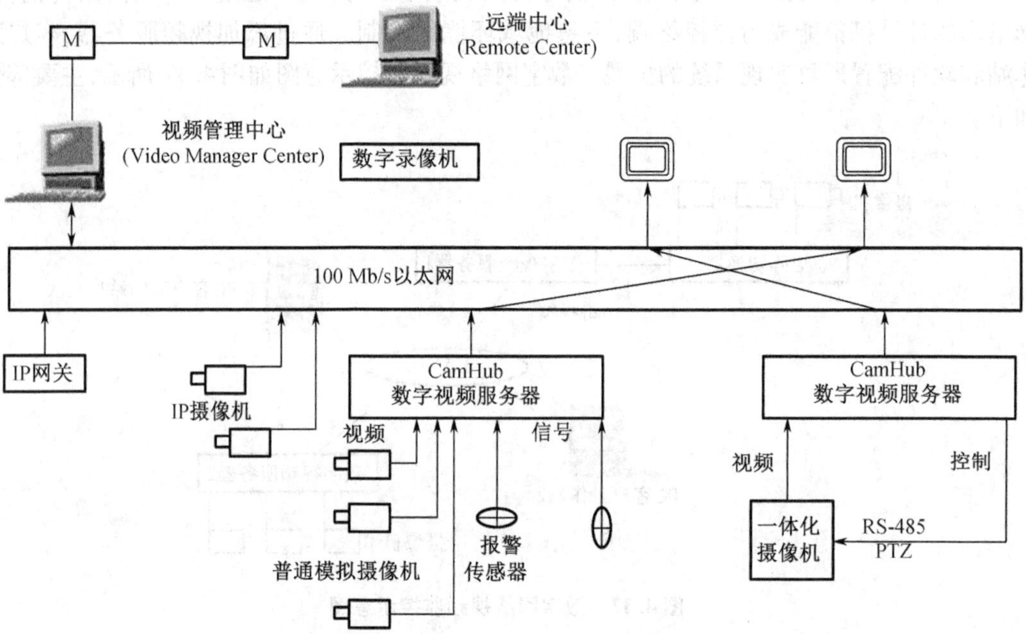

图4.38 局域网实现数字的视频矩阵切换

CamHub是无盘工作站,为嵌入式PC机,可支持1~4台摄像机输入,支持CIF/QCIF压缩格式,有一个RJ-45以太网接口。Display也是无盘工作站,同样是嵌入式PC机,有一个RJ-45以太网接口和一个RCA视频输出接口。数字化图像还可以增加视频移动探测功能,也可配合外界报警传感器进行联动,还可通过网络在远端中心对摄像机的云台和变焦镜头进行控制。

七、通过Internet的网络视频传输方案

1. IP摄像机和IP网关

IP摄像机是内置有IP服务器,可以直接连到网络上的摄像机,也成为网络摄像机(LAN Camera)。视频格式有MJPEG,H. 261,MPEG2,MPEG4等不同的形式,分辨率最高可达720×576。H. 261标准是利用运动图像相邻帧间有很大相关性的特点,使得相邻帧的储存可以保留变动部分的数据,以此提高压缩率。MPEG1标准对于图像的压缩技术与H. 261标准类似,不同的是其数据流除包含视频数据外还包含音频数据。MPEG2标准是对MPEG1标准的一种改进,使之不但可以处理逐行扫描的图像信息,也可以处理隔行扫描的图像信息。MPEG4因采用了小波压缩技术而进一步提高了图像的压缩率,改善了图像的清晰度,更加适合Internet图像环境的应用。

使用IP摄像机可以在现有的以太网上传输视频和音频,在指定IP地址后也可以在网络上的任何一个位置通过浏览器(MS IE4.0或Netscape4.5)在本地或远程网络上调阅图像,多个用户可以同时调阅同一图像,图像传输速度可以达到25帧/s。调阅的图像既可以显示到电脑屏幕上,也可以显示到常规监视器上。

IP摄像机的IP地址及图像的各种参数均可预先设置好。这样,在现场安装时可以做到即插即用。IP摄像机由于能将双向音频以多播方式传输,带有1 V(峰-峰值)双向音频接口,所以可实现对讲功能。摄像机内置的低速数据传输格式支持RS-232,RS-422,RS-485接口,传输速率为115.2~1 200 b/s,可以用来控制云台和镜头。IP摄像机还可直接连接多路报警输入和多路报警输出。

IP摄像机的硬件包括32位RISC嵌入式处理器、2 MB快闪储存器、16MB RAM(可储存多达500帧),内置有web服务器,从而可在任何TCP/IP网络环境下即插即用。安全性方面,有口令保护和IP地址保护,从软件而言,配置和组态可用以太网,快闪存储器允许通过TCP/IP网关升级新版本软件。

通过配置可以将IP网关当作编码器或者解码器使用。当作编码器使用时,可以将最多4路模拟视频信号同时上网,并可以直接在电脑上查看图像。将网关当作解码器使用时,可以将数字视频信号转换成模拟视频信号,在普通的监视器上显示图像。

网关自带的双向数据接口可以供用户在网络上直接控制前端的云台和镜头。网关可以选择TCP/IP(传输控制协议/网间协议)或者UDP(用户数据协议)、HTTP等网络协议。采用H.261方式压缩的图像,传输速率可以达每秒25帧;采用MJPEG方式压缩的图像,传输速率每秒可以大15帧。网络化视频解决方案(IP Solution)如图4.39所示。

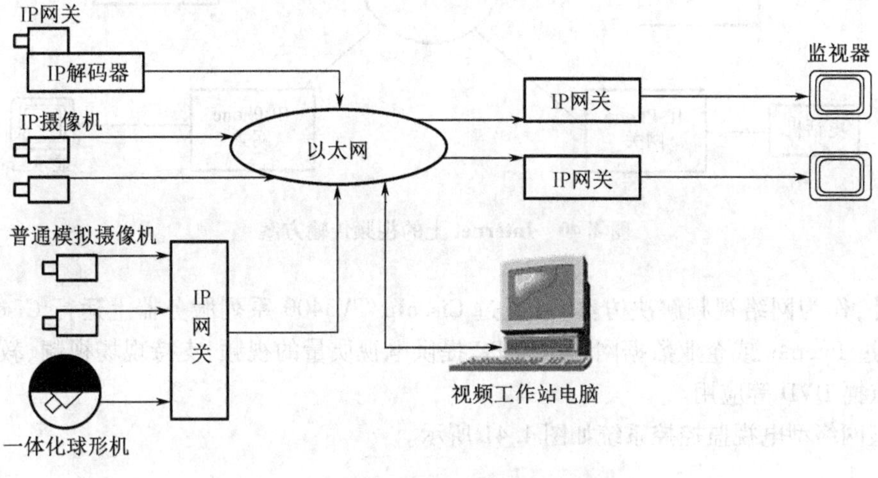

图4.39　网络化视频解决方案

2. 在Internet上通过网络视频服务器的传输方案

视频图像可在Internet上传输。数字式网上切换是采用Internet作为视频传送载体的,与频距压缩标准无关。这样,中继次数将不受限制,可跨越不同传输介质的网络平台,实现大规模的视频联网,迎来数字式视频矩阵的新时代。

Internet是由多个不同的网络通过互联设备连接而成,它采用自由和开放式的网络组织方式。全网不存在一个统一管理用户和控制所有信息流的主机公司,以统一的网络协议

TCP/IP 和通用的地址体系(IP 地址)保证网络互通。

Internet 自下而上分为三层结构:用户驱动网、区域网和骨干网。用户驱动网由分布式计算机于分布式数据库构成;区域网是地区内的网络,包括局域网、城域网和广域网,网间通信速率为 T1/E1;骨干网则是国家级或部级网。

Internet 是一个完全开放式的网络,接入 Internet 的每一个用户均可利用网络上的资源,也可以将自己的资源加入 Internet 供所有用户享用。

Internet 上的视频传输方案之一是利用基于 TCP/IP 协议,符合最新的 H. 323 标准。采用 Motion JPEG 或 MPEG4 等视频压缩技术,以独立模式方式构建而成的网络视频产品 IP - Video,具有集成度高、自适应网络宽带、视频效果好、即插即用、稳定可靠等优点,并可控制摄像机锁定目标,是网络视频监控系统全新的解决方案,有广泛的应用范围。如图 4. 40 所示,但它仅局限于传送时间的要求不严格的场合,如果要在 TCP/IP 体系结构中支持有多种 QoS 要求的业务,一种方法是研究开发新的网络协议,如 IPV6、资源与预留协议 RSVP、实时传送协议 RTP 等,与 H. 323 标准配合,以保证在 Internet 上传送实时音频视频流,另一种方法是通过路由器使网络视频监控系统具备处理 QoS 请求功能。

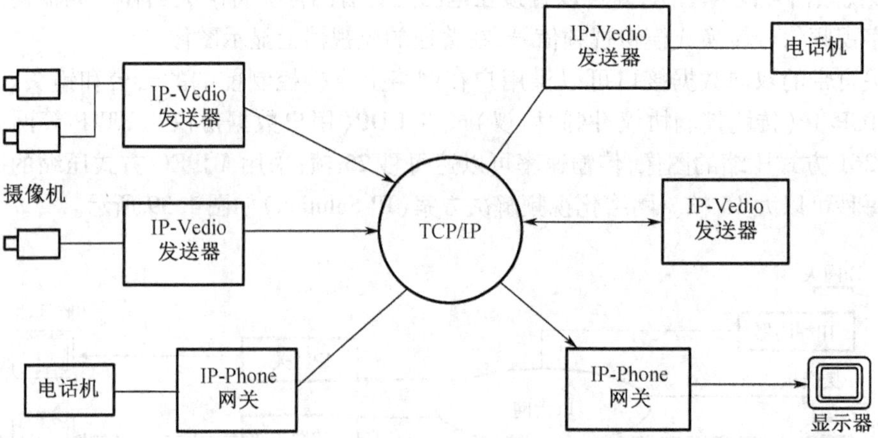

图 4. 40　Internet 上的视频传输方案

此外,作为网络视频解决方案,可通过 CiscoIp/TV3400 系列服务器上运行 CiscoIp/TV 软件,通过 Internet 或企业数据网给左面 PC 提供电视质量的视频,支持现场视频、教学培训和视频点播 DVD 等应用。

典型网络型电视监控控系统如图 4. 41 所示。

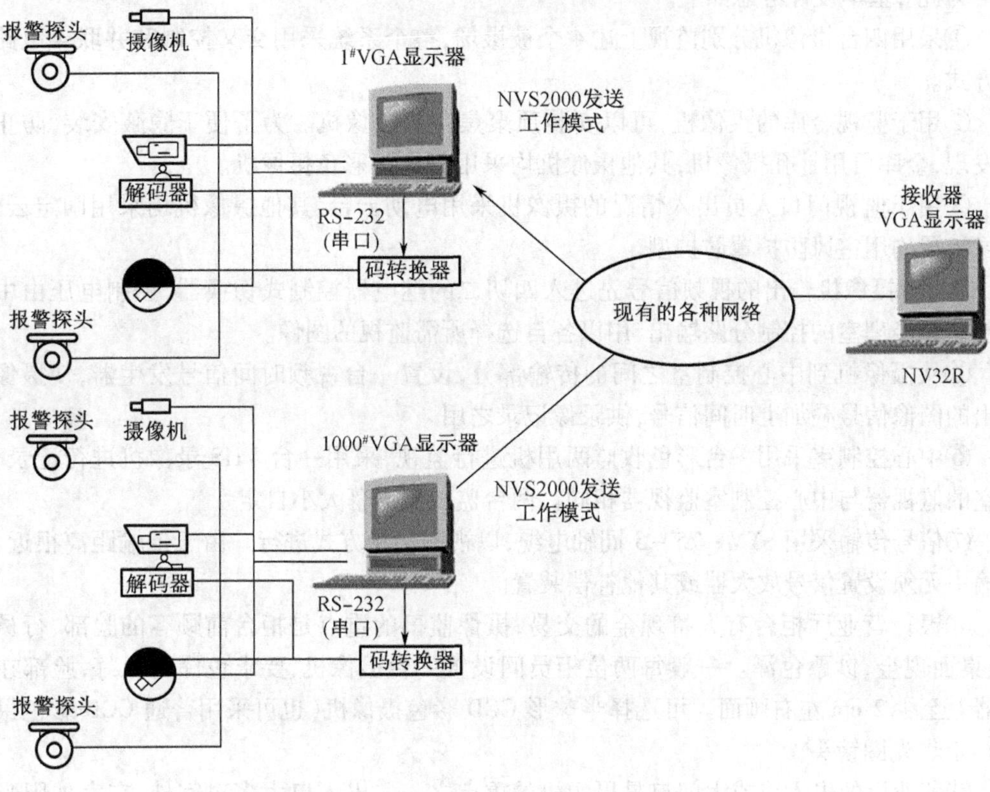

图 4.41　典型网络型电视监控系统

任务八　闭路电视监控系统工程案例

一、小型银行金融部门的监控电视系统

设计要求:能够实现对柜台来客情况、门口人员出入情况、现金出纳台和金库进行监视和记录。除中心控制室进行监视和记录外,在经理室也可以选择所需的监视图像,系统如图 4.42 所示。

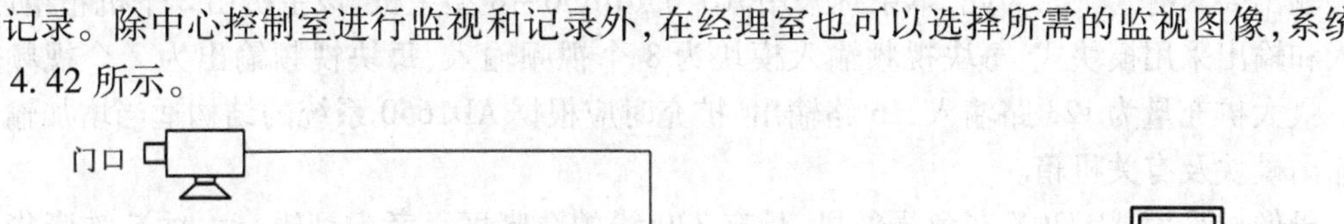

图 4.42　监控系统图一

为此，基本设计考虑如下。

①采用四台摄像机分别监视上述4个被摄场，整个系统采用交叉控制和并联4电路组成方式。

②用于监视金库的摄像机，可以安装顶聚焦广角摄像机。为了便于隐蔽安装，防止盗贼发现，金库可用针孔摄像机，其他摄像机均采用1 in的彩色摄像机。

③用于监视门口人员出入情况的摄像机采用电动云台，其他摄像机均采用固定云台，摄像机罩均用室风防护罩防护型。

④4台摄像机输出的视频信号先进入四切二的继电器控制式切换器，控制电压由中心控制室和经理室的控制分路输出，用以各自选择所需监视的图像。

⑤从摄像机到中心控制室之间的传输部分，设置一台视频时间信号发生器，使摄像机输出的图像信号叠加上时间信号，供录像记录之用。

⑥中心控制室采用一台彩色收监两用机进行监视，采用一台VHS录像机进行记录. 经理室的监视器与中心控制室监视器相同。两台监视器屏幕大小自定。

⑦信号传输采用SYV－75－5同轴电缆，以视频传输方式进行。由于传输距离很近，故传输中无须设置信号放大器或其他补偿装置。

⑧银行营业厅柜台有大量现金的交易，摄像监事的重点是柜台前顾客的脸部、行员本身、桌面现金、钞票色泽。一般每两位柜员间设置一台摄像机，要求色泽还原好，脸部在监视器上至少2 cm左右画面。可选择半球形CCD彩色摄像机(也可采用普通CCD彩色摄像机)，定焦光圈镜头。

⑨营业厅的出入口或大门口是摄像机的重点之一。出入口大多对室外，在室外阳光的照射下，进入室内会产生强烈的逆光，必须考虑室内灯光的补偿，或选择三可变自动光圈镜头，或选择具有逆光补偿等经过特效处理的设备，使摄像机所涉画面清晰。

图4.43和图4.44是某大楼大堂门口和电梯间的摄像机布置实例。用来摄像监视大堂门口的摄像机C，由于直对屋外，需采用具有逆光补偿的摄像机对于电梯轿厢内摄像机的布置，通常设在电梯操作器对轿厢顶部，左右上下互成45°，如图4.43中A处。但这种布置摄取乘客大部分时间为背部，不如布置在B处，能大部分时间摄取乘客正面。摄像机可选用带3 mm自动光圈广角镜头，隐蔽式黑白或彩色摄像机。

这是某大银行的监视电视系统的实例，它要求有52个监视点(即有52个视频输入)，视频输出要求有8个。为此，本系统采用AD1650BR56－8型主机，该主机由2个机箱组成，输入和输出采用模块式，每块视频输入模块为8个视频输入，每块视频输出为2个视频输出。最大扩充量为123路输入，16路输出，扩充时应根据AD1650系统的结构适当增加输入和输出模块及有关机箱。

摄像机采用AD730X彩色摄像机，具有330线的清晰度。考虑到银行大厅装饰豪华美观的特点，在大厅中安装2个一体化快变速球型摄像机，该机集450线高清晰度彩色摄像机、10倍快速变焦镜头、每秒3°～96°高变速云台和可编成16个预置点于一体，并自带解码板。由于该机通过RS－422通信传输控制信号，而AD1650主机没有RS－422通信接口，所以增设1台AD2083/02A球形发生分配器，经主机的AD码通信格式转换成RS－422通信格式。1台AD2083/02A可提供16个独立的转码输出，一个输出端可连接多个球形摄像机。AD2083/02A与主机连接有两种方式：一种是通过AD高速数据线，另一种是通过AD控制码接口。可任意选一种。AD1650系统采用AD2078主控键盘，可提供系统的编程、切换、控制等功能，操作简便。

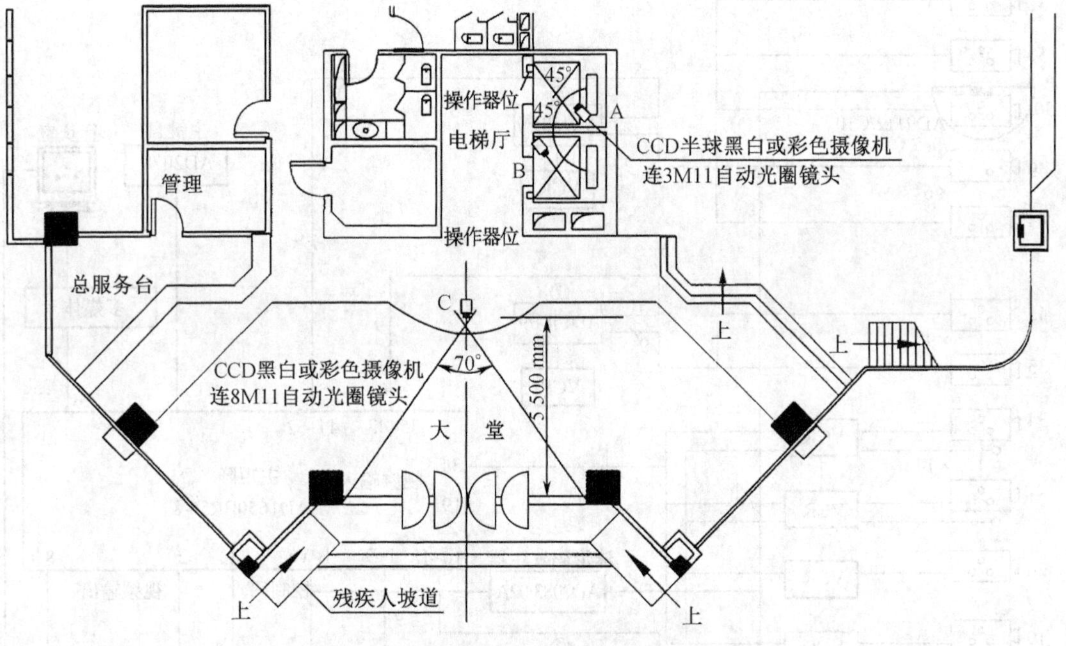

图 4.43　某大楼大堂、门口、电梯摄像机布置

根据银行柜台现场的需要，在 14 个柜台中安装监听器（传声器）。为实现音频与视频同步切器，配置 AD2031 同步切换器。它主要与主机连接，提供 32 个可编程 A 型继电器（有双极、单掷、常开）。这些继电器可分组串接，编程用于 1 台监听器；或者分成二组，每组 16 个，用于 2 台特定监视器。在键盘上用手动方式或自动巡视方式将有关摄像机切换到编程的监视器时，特定的继电器闭合，从而启动音频电路、图形显示或照明控制器等。多台设备可级联，提供 32 路以上的系统构成。

本系统还配置 4 台彩色 9 画面处理器，每台处理器能在 1 台录像机上记录 9 路视频信号。录像机的图像显示方式可为带变焦或画中画全屏图像显示、4 画面显示或 9 画面显示。其中，双工 9 画面处理器可连接 2 台录像机进行同时录像或回放。单工 9 画面可单独进行录像或回放。

二、某大厦的监控电视防盗系统

该大厦是一座按五星级标准建设的集宾馆和办公楼于一体的综合大楼，要求整个系统的视频输入（监视点）为 96 个视频输出为 16 个。为此，采用 AD2052R96－16 主机，该主机由一个机箱构成，输入和输出采用模块式，每块视频输入模块为 6 路视频输入，每块视频输出模块为 4 路视频输出，最大扩容量可达 512 路输入，32 输出。因此，适用于大型系统使用，而且其集成度高，机箱数量较少，价格也比 AD1650 低，功能略有增加。由于该大厦装饰豪华，所以在比较注目的位置安装美观一体化快变速球型摄像机，固定的摄像机也采用半球型护罩或斜坡式护照。系统如图 4.45 所示。

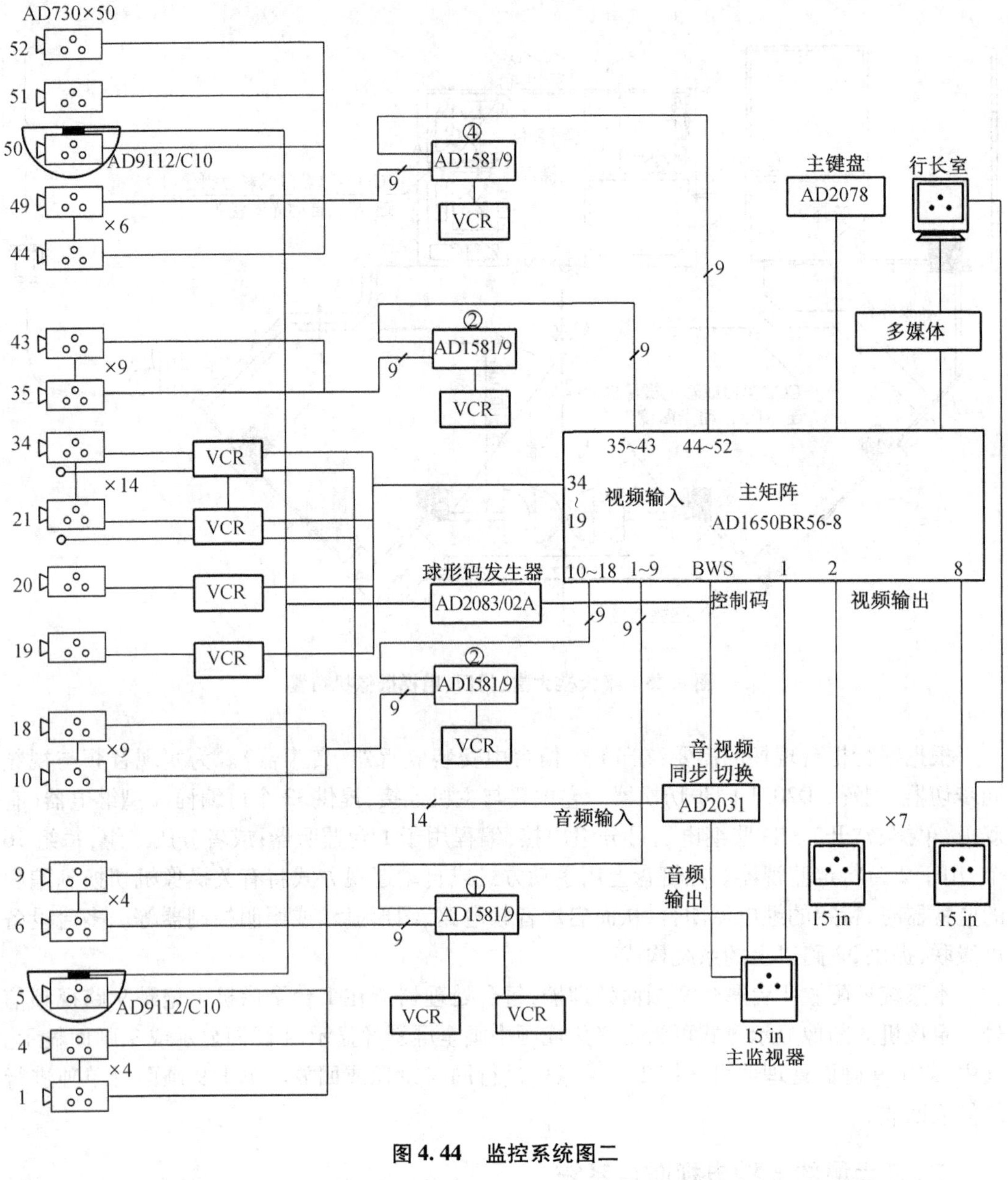

图 4.44　监控系统图二

与 AD1650 系统不同的是，AD2052 主机没有 AD 控制码接口，控制信号必须通过告诉数据线连接 AD2091 控制码发生分配器。它可把主机 CPU 的控制信号变换成 AD 接收器采用的控制码（曼彻斯特码），最多可提供 64 个独立的缓冲控制码输出，分 4 组，每组 16 个，魅族可控制 64 个摄像现场。多台设备级联，最多可控制 1 024 个摄像现场，每个输出通过电缆可传送 1 500 m。

由于系统需要防盗报警联动，所以配置 AD2096 报警输入接口设备和 AD2032 报警输出响应器。AD2096 有 64 个触电回路，能把报警输入转换成报警信号编码，供 AD 矩阵切换控制主机使用，主机经编程后，能自动将报警摄像机切换到指定监视器上。启动预置功能及辅助功能，对报警触点作出反应。该机通过 RS－232 通信接口与主机连接。AD2032 能提供32个可编址A型继电器(双极、单掷、单开触电),分成两组,每组16个,为矩阵系统提供外部设备继电器触电控制回路。每组继电器可编程,对两组分开的监视器作出反应。继电器可启动录像机、报警器或其他报警装置。AD2032与AD2052主机通过高速数据线连接,而AD1650主机则通过AD控制码连接使用。

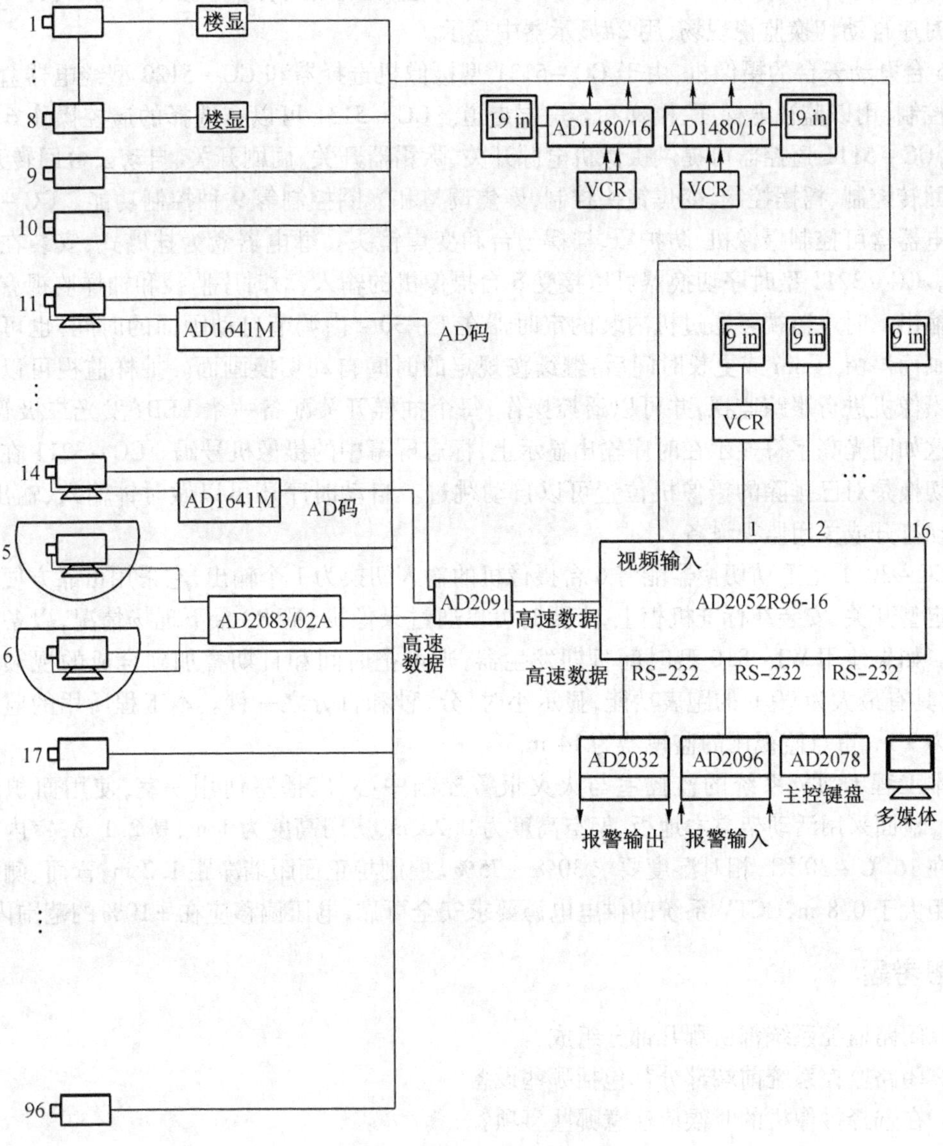

图4.45 监控系统图三

本系统还配置2台黑白双工16画面处理器AD1480/16,该机可在一台录像机16路视频信号,可用两台录像机同时录像或回放,图像显示方式有全屏幕、4画面、9画面和16画面等。

摄像机公用20台CC-1320型1/2 in CCD固体黑白摄像机,其最低工作照度为0.4 lx,水平清晰度为400线,信噪比为50 dB。其电源有摄像机控制器CC-8754提供,适用“CS”型接口镜头。

CC－8754 摄像机控制器可连接 4 台摄像机，通过单根轴电缆可同时向摄像机提供 18.9 V 直流电以及同步信号和采集视频信号。为了对云台的摄像机进行手动控制和时序自动切换监视现场，配置了 CC－3301 型视频分配器。CC－3301 视频分配器可将一个视频输入分配成 6 路输出或将 2 个不同视频输入分配为 3 路输出。本工程适用 2 个不同视频输入，各分配成 2 路视频输出。一个输出供手动控制监视现场用，由 1#显示器显示，另一个输出供时序自动切换监视现场，用 2#显示器中显示。

6 台电动云台的摄像机，由于 CC－5131 型摄像机选择器和 CC－5120 型继电器盒配合进行控制，用以监视电梯厅、楼梯和客房层走道。CC－5131 可以有选择的遥控操作 6 台摄像机，CC－5111 遥控器可提供摄像机电源开关、除霜器开关、雨刷开关、自动云台回转开关、手动回转控制、摇摆控制、变焦镜头控制，聚焦调整和光圈控制等 9 种控制功能。CC－5120 型继电器盒可控制摄像机、防护罩、摇摆云台和变焦镜头。继电器盒为挂墙式，安装在摄像机处。CC－3211 型时序切换器可以接受 6 台摄像机的输入，对时序监控和抽样监视有两个视频输出。时序监视可通过机内装的定时器在 1～30 s 内调节自动画面的时间，也可使用某一画面停留 1 min 或更长时间后，继续按规定的时间自动切换画面。抽样监视可以任选某一摄像机进行跟踪监视，并可以遥控操作，每个抽样开关配备一个 LED(发光二极管)显示。这如同光亮字符显示在时序输出显示上，标志屏幕中的摄像机号码。CC－3211 在自动时序切换是对已排除的摄像机位置可以自动跳过。自动时序还可以做时钟输入、输出，定时自动打开或关闭监视设备。

CC－3011 型手动切换器能将 6 台摄像机的输入切换为 1 个输出，它采用可靠方便的机械锁定型开关，安装在标准机柜上，必要时可以通过录像机(VTR)录下现场情况，以备日后查询。如果使用 WJ－810 型时间日期发生器，则可把时间和日期叠加到合成的视频信号上，它具有最大为 99 h 的跑表功能，显示小时、分、秒和百分之一秒。本工程所用的监视器一般为 9 in，重点监视用的监视器为 14 in。

本工程 CCTV 系统的监控室与火灾报警控制中心、广播室何用一室，使用面积约为 30 m^2，地面采用活动架空木地板，架空高度为 0.25 m，房门高度为 1 m，高 2.1 m，室内温度要求在 16 ℃～30 ℃，相对湿度要求 30%～75%. 控制柜正面距墙净距 1.2 m，背面、侧面距墙净距大于 0.8 m，CCTV 系统的供电电源要求安全可靠，电压偏移应在 ±10% 的范围内。

思考题

1. 闭路监控系统都由哪几部分组成？
2. 闭路监控系统前端部分都包括哪些设备？
3. 在选择摄像机的时候应注意哪些事项？
4. 在安装闭路监控系统时，硬盘录像机应该如何选择？

情境五　出入口控制系统的设计与安装

知识目标：

1. 了解出入口控制系统的构成与原理；
2. 初步掌握卡片式出入口系统控制功能与应用；
3. 初步掌握人体特征识别技术出入口系统控制功能与应用。

能力目标：

1. 学会常用电控锁的安装与使用；
2. 能够初步设计出出入口控制系统。

出入口控制系统是新型现代化安全管理系统，它集微机自动识别技术和现代安全管理措施为一体，该系统集成了电子、机械、光学、计算机、通信、生物等诸多新技术，是解决重要部门出入口实现安全防范管理的有效措施。它适用于银行、宾馆、机房、军械库、机要室、办公间、智能化小区、工厂等。

在数字技术网络技术飞速发展的今天，门禁技术得到了迅猛的发展。门禁系统早已超越了单纯的门道及钥匙管理，它已经逐渐发展成为一套完整的出入管理系统。它在工作环境安全、人事考勤管理等行政管理工作中发挥着巨大的作用。

任务一　出入口控制系统的基本构成与原理

出入口控制系统又称门禁管理系统，它主要实现人员出入自动控制。出入口控制系统主要由识读部分、传输部分、管理/控制部分和执行部分以及相应的系统软件组成。系统有多种构建模式，可根据系统规模、现场情况、安全管理要求等合理选择。

出入口控制系统按其硬件构成模式可分为一体型和分体型。

1. 一体型

一体型出入口控制系统的各个组成部分通过内部连接、组合或集成在一起，实现出入口控制的所有功能，如图 5. 1 所示。

2. 分体型

分体型出入口控制系统的各个组成部分在结构上有分开的部分，也有通过不同方式组合的部分。分开部分与组合部分之间通过电子、机电等手段连成为一个系统，实现出入口控制的所有功能，如图 5. 2 所示。

总而言之,出入口控制系统的基本结构一般由三个层次的设备构成,如图5.3所示。底层是直接与人打交道的设备,包括读卡器、人体自动识别系统、电子门锁、出口按钮、报警传感器和报警喇叭等,底层设备将有关人员的身份信息送进控制器,控制器识别判断后开锁、闭锁或发出报警信号。中层控制器用来接收底层设备发送来的有关人员的信息,同自己存储的信息相比较,判断后发出处理信息,对于一般的小系统(管理一个或几个门)只用一个控制器就可以构成一个简单的门禁系统;当系统较大时应将多个控制器构筑的小系统通过通信总线与中央控制计算机相连,组成一个大的门禁系统。上层计算机内装有门禁系统的管理软件,管理系统中所有的控制器,向它们发送控制指令,进行设置,接收控制器发来的指令进行分析和处理。

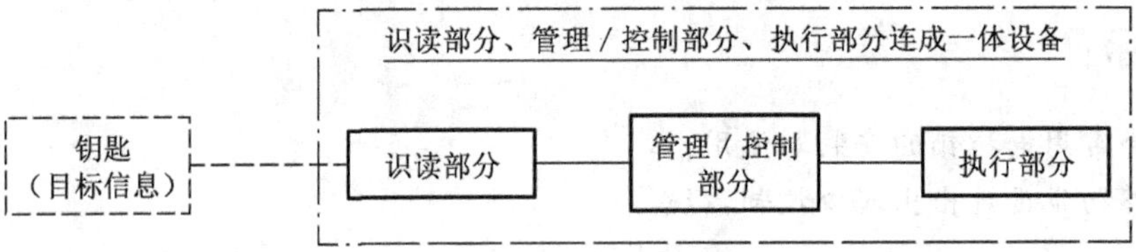

图5.1　一体型结构组成

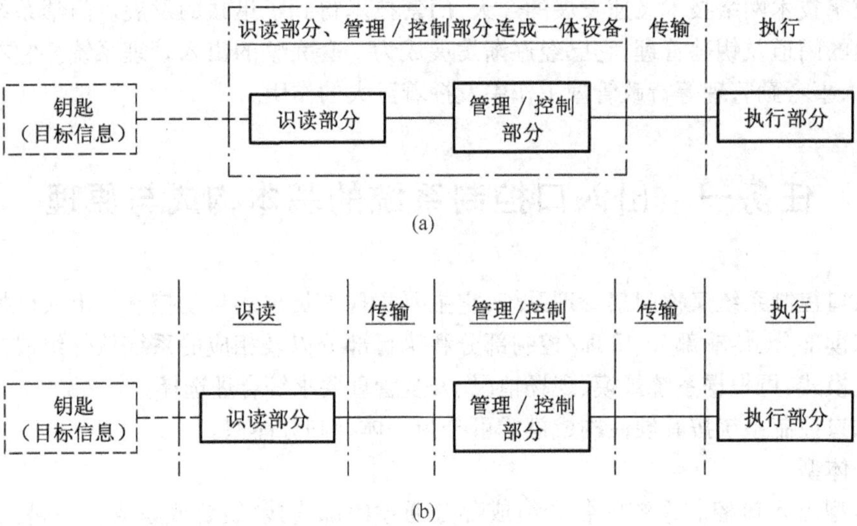

图5.2　分体型结构组成

(a)分体型结构组成一;(b)分体型结构组成二

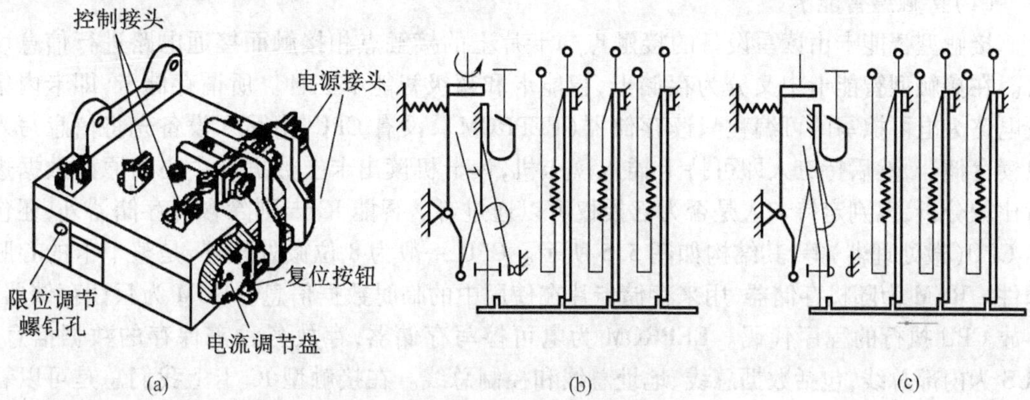

图 5.3　出入口控制系统基本结构

任务二　卡片式出入口系统的控制

卡片式出入口控制系统主要由读卡机、打印机、中央控制器、卡片和附加的报警监控系统组成。卡片的种类很多,常用的有磁码卡、条码卡、磁矩阵卡、射频识别卡(RFID)、红外线卡、光学卡、铁码卡、OCR 光符识别卡、智能卡(IC 卡)等。

一、卡片的种类与特性

1. 智能卡

在人们社会生活的各个方面,智能卡得到越来越广泛的应用。智能卡简称"IC 卡",是英文 Integrated Circuit Card 的缩写,含意为集成电路卡,它是把集成电路芯片封装在塑料卡片中。卡面的尺寸为 53. 98 mm × 85. 6 mm × (0. 76 ~ 0. 80) mm,如图 5. 4 所示。

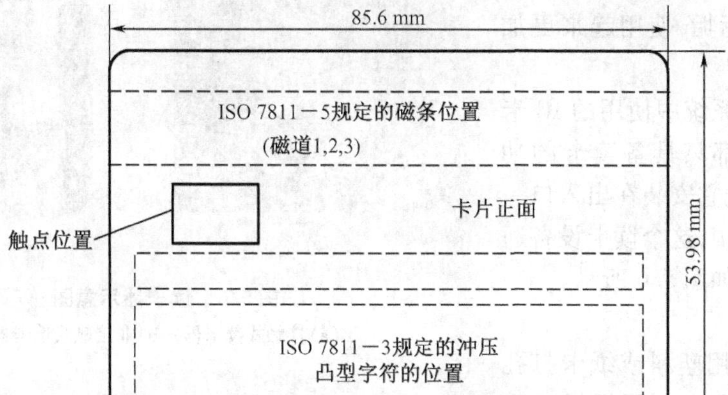

图 5.4　IC 卡的外形尺寸

按对智能卡上信息读写的方式不同,智能卡可分为接触型和非接触型(感应型)两种。

(1)接触型智能卡

接触型智能卡由读写设备的接触点与卡片上的接触点相接触而接通电路进行信息读写。在接触型智能卡中又分为存储卡,智能卡和超级智能卡三种。所谓存储卡,即卡内集成电路为电可擦写的可编程只读存储器(EEPROM),没有CPU,由写入设备先将信息写入只读存储器,然后持有人即可持卡插入读卡机,读卡机读出卡上数据与中心的原始数据进行比较分析,以判定持卡人是否为已授权可以通过者。智能IC卡则除含有存储器外,还包括CPU(微处理器)等,其结构如图5.5所示。CPU一般为8位微处理器,是整个卡的心脏部件。RAM为随机存储器,用来存储卡片在使用中的临时数据信息。ROM为只读存储器,存放CPU执行的程序代码。EEPROM为电可擦写存储器,存放各种需保存的数据信息。BUS为内部总线,包括数据总线、地址总线和控制总线。在接触型IC卡上我们总是可以看到一个金色的小方块,块中被蚀线分为8个部分,这实际上是IC卡与读卡机的接触端子,分别是电源、地线、时钟、复位及串行数据通信线,另外两触点未做定义为备用。超级智能卡则带有液晶显示屏及键盘,但通常不用作身份识别卡。实际上,作为身份识别卡使用存储卡就完全可以了。

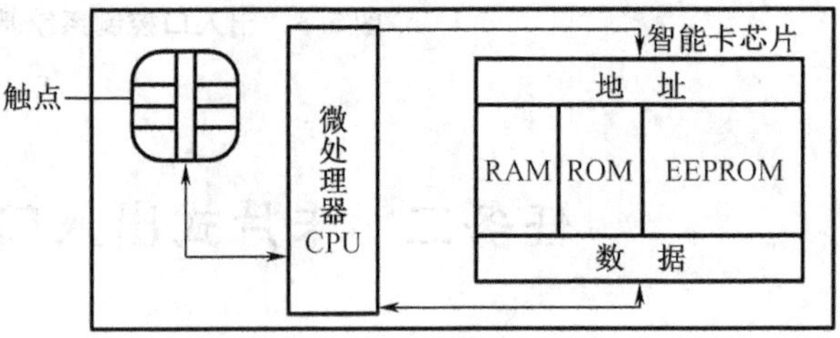

图5.5 IC卡的内部逻辑图

(2)非接触型智能卡

非接触型智能卡又叫作感应式智能卡,只要其靠近感应式读写设备就能进行信息读写。其原理是感应式读写设备在自身的周围会产生一定频率的电磁波,当卡片进入有效范围内时,卡片上的电感线圈与电磁波产生谐振并感应电流,使卡片上的芯片工作,卡片确认后,将其内存信息经电感线圈再发射给读写设备接收,读写设备将接收的信息再传送给后台主机进行分析对比,做出判断,最后指挥控制器执行相应命令。

因为感应卡不需要金属接触点,所以不怕污垢,使用起来更加方便、可靠。

出入控制系统中使用的IC卡读卡器,一般都只具备读卡的功能,并且往往把它安装在出入口一个特制的设备中,这个读卡设备通常称为读卡机如图5.6所示。

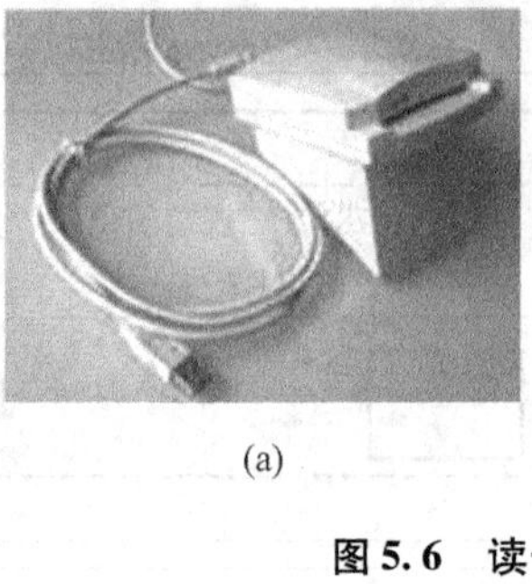

(a)

(b)

图5.6 读卡器示意图

(a)接触式读卡器;(b)非接触式读卡器

2. 光学卡

光学卡利用塑料或纸卡打孔(不同排列方式),利用机械或光学系统读卡。这种卡片非常容易被复制,所以目前已基本被淘汰。

3. 磁矩阵卡

磁矩阵卡利用磁性物质按矩阵方式排列在塑料卡的夹层中,让读卡机阅读。这种卡也容易被复制,而且易被消磁。

4. 磁码卡(磁卡)

磁码卡(磁卡)是把磁性物质粘在塑料卡片上制成的,磁卡可以容易地改写,用户随时可更改密码,应用方便。其缺点是易被消磁、磨损。磁卡价格便宜,是目前使用较广泛的产品。

5. 条码卡

条码卡在塑料卡片上印上黑白相间的条纹组成条码,就像商品包装上贴的条码一样。这种卡容易被复制,但价格最低,只能用于一般的出入口控制系统。

6. 红外线卡

红外线卡用特殊的方式在卡片上设定密码,用红外线读卡机阅读,这种卡容易被复制,也容易被损,因而使用较少。

7. 铁码卡

这种卡片中间用特殊的细金属线排列编码,采用金属的磁扰原理而制成,卡片如果遭到破坏,卡内的金属线排列就必然遭到破坏,所以很难复制。读卡机不用磁的方式阅读卡片,卡片内的金属丝也不会被磁化,所以它能有效地防磁、防水、防尘,可以长期使用在恶劣环境条件下,是目前安全性较高的一种卡片。

下面介绍一下非接触式读卡门禁系统设备布置与,如图 5.7 和图 5.8 所示。

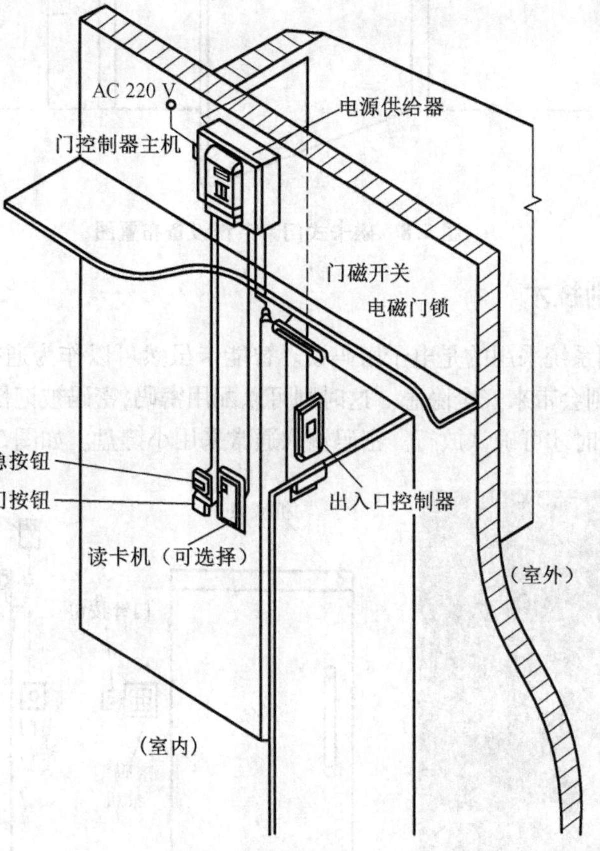

图 5.7　非接触式读卡门禁系统设备布置图

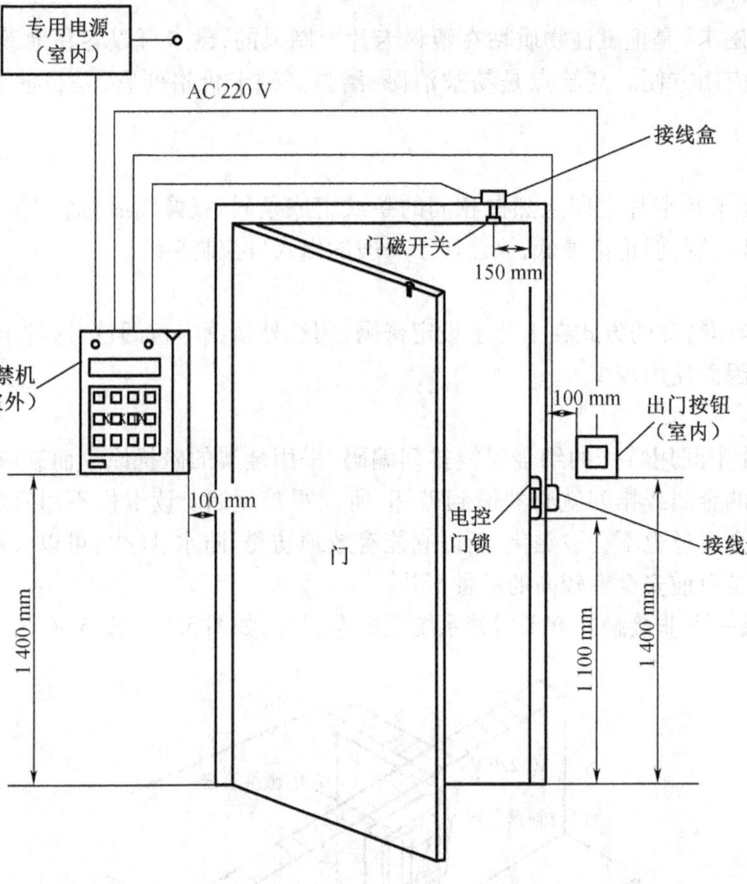

图 5.8　磁卡式门禁系统设备布置图

二、密码识别技术

如出入口控制系统采用的是电子密码锁。智能卡虽然可以作为通行证，但一般谁持有都可通行，一旦丢失则会带来安全隐患。这时则可以配用密码，密码被记忆在大脑中不会随卡丢失，只有证、码全符时才可确认放行。密码输入通常采用小键盘。如图 5.9 和图 5.10 所示。

图 5.9　Hirsch 乱序键盘

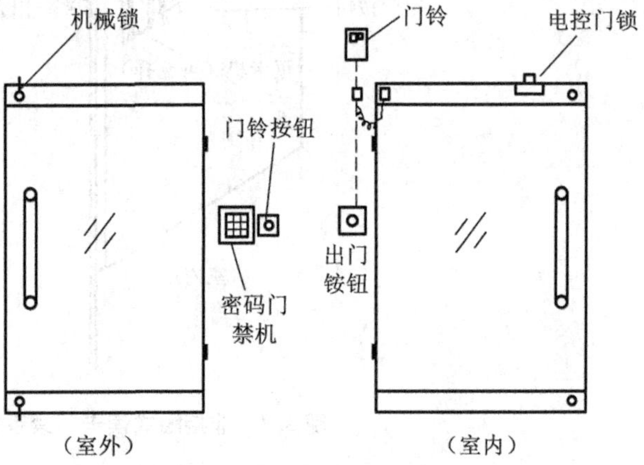

图 5.10　密码门禁设备布置图

下面介绍一下常用编码识读设备选型要求,如表 5.1 所示。

表 5.1　常用编码识读设备选型要求

<table>
<tr><th>序号</th><th>名称</th><th>适应场所</th><th>主要特点</th><th>安装设计要点</th><th>适宜工作环境和条件</th><th>不适宜工作环境和条件</th></tr>
<tr><td>1</td><td>普通密码键盘</td><td>人员出入口;授权目标较少的场所</td><td>密码易泄漏,易被窥视,保密性差,密码需经常更换</td><td rowspan="5">用于人员通道门,宜安装于距门开启边 200 ~ 300 mm,距地面 1.2 ~ 1.4 m 处;用于车辆出入口,宜安装于车道左侧距地面高 1.2 m,距挡车器 3.5 m 处</td><td rowspan="3">室内安装;如需室外安装,需选用密封性良好的产品</td><td rowspan="2">不易经常更换密码且授权目标较多的场所</td></tr>
<tr><td>2</td><td>乱序密码键盘</td><td>人员出入口;授权目标较少的场所</td><td>密码易泄漏,密码不易被窥视,保密性较普通密码键盘高,需经常更换</td></tr>
<tr><td>3</td><td>磁卡识读设备</td><td>人员出入口;较少用于车辆出入口</td><td>磁卡携带方便、便宜,易被复制、磁化,卡片及读卡设备易被磨损,需经常维护</td><td>室外可被雨淋处;尘土较多的地方;环境磁场较强的场所</td></tr>
<tr><td>4</td><td>接触式 IC 卡读卡器</td><td>人员出入口</td><td>安全性高,卡片携带方便,卡片及读卡设备易被磨损,需经常维护</td><td rowspan="2">室内安装;适合人员通道可安装在室内、外;适合人员通道</td><td>室外可被雨淋处;静电较多的场所</td></tr>
<tr><td>5</td><td>接触式 TM 卡(纽扣式)读卡器</td><td>人员出入口</td><td>安全性高,卡片携带方便,不易被磨损</td><td>尘土较多的地方</td></tr>
<tr><td>6</td><td>条码识读设备</td><td>用于临时车辆出入口</td><td>介质一次性使用,易被复制、易损坏</td><td>宜安装在出口收费岗亭内,由操作员使用</td><td>停车场收费岗亭内</td><td>非临时目标出入口</td></tr>
</table>

表 5.1（续）

序号	名称	适应场所	主要特点	安装设计要点	适宜工作环境和条件	不适宜工作环境和条件
7	非接触只读式读卡器	人员出入口；停车场出入口	安全性较高，卡片携带方便，不易被磨损，全密封的产品具有较高的防水、防尘能力	用于人员通道门，宜安装于距门开启边 200 ~ 300 mm，距地面 1.2 ~ 1.4 m 处；用于车辆出入口，宜安装于车道左侧距地面高 1.2 m，距挡车器 3.5 m 处；用于车辆出入口的超远距离有源读卡器（读卡距离 >5 m），应根据现场实际情况选择安装位置，应避免尾随车辆先读卡	可安装在室内、外；近距离读卡器（读卡距离 <500 mm）适合人员通道；远距离读卡器（读卡距离 $>$ 500 mm）适合车辆出入口	电磁干扰较强的场所；较厚的金属材料表面；工作在 900 MHz 频段下的人员出入口；无防冲撞机制（防冲撞：可依次读取同时进入感应区域的多张卡），读卡距离 >1 m 的人员出入口
8	非接触可写、不加密式读卡器	人员出入口；消费系统一卡通应用的场所；停车场出入口	安全性不高，卡片携带方便，易被复制，不易被磨损，全密封的产品具有较高的防水、防尘能力			
9	非接触可写、加密式读卡器	人员出入口；与消费系统一卡通应用的场所；停车场出入口	安全性高，无源卡片，携带方便不易被磨损，不易被复制，全密封的产品具有较高的防水、防尘能力			

任务三　人体特征识别技术出入口系统的控制

人体特征识别技术又称生物识别技术，是按人体生物特征的非同性（如指纹、掌形、手掌静脉、视网膜、虹膜、声音、人脸等）辨别人的身份，是最安全可靠的方法。它避免了身份证卡的伪造和密码的破译与盗用，是一种不可伪造、假冒、更改的最佳身份识别方法，从而使门禁系统的安全性大大提高,如图 5. 11 所示。

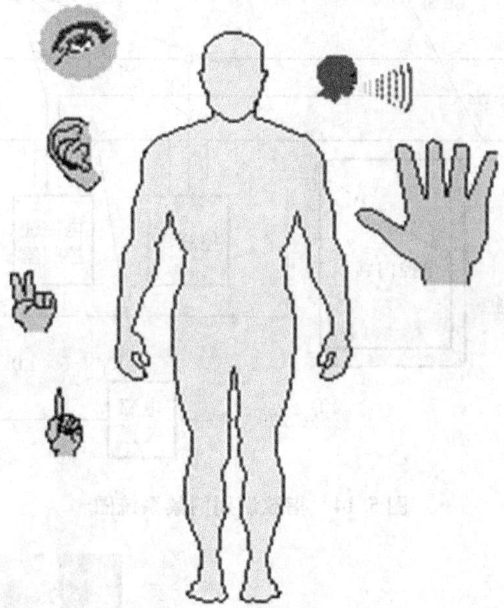

图 5. 11　人体生物特征

人体生物特征识别主要有以下几种。

一、指纹识别

利用每个人的指纹差别做对比辨识,是比较复杂且安全性很高的门禁系统,若配合密码机或刷卡机使用,效果更好。指纹机可以对人的指纹进行三维扫描,并与预先存入的指纹记录进行比较与辨识。一般每个人给予一个识别号码,以便调用他的指纹记录进行比较,加快辨别速度。操作时,先输入识别号码,然后将手指纹放在指纹机和检测窗口,0. 5 s 内即可完成识别。指纹机也可与门锁联动,所以又称作指纹锁。指纹机一般可以独立安装,也可以联入安全系统网络,是一个具有登记、核实用户、存储指纹记录,保持执行记录,并可与其他设备连接组成智能出入口控制终端,如图 5. 12 至图 5. 14 所示。

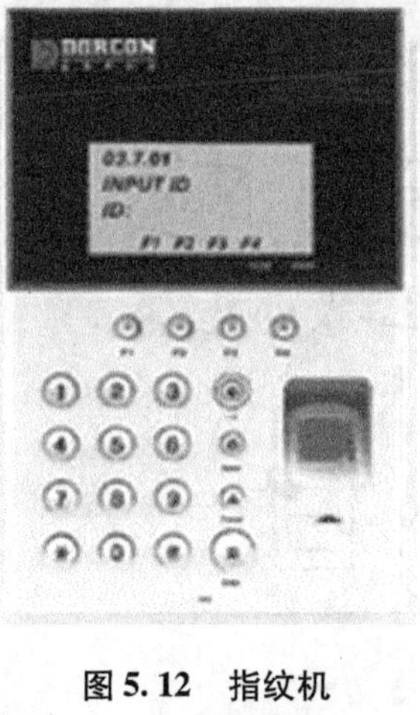

图 5. 12　指纹机

图 5. 13　指纹识别

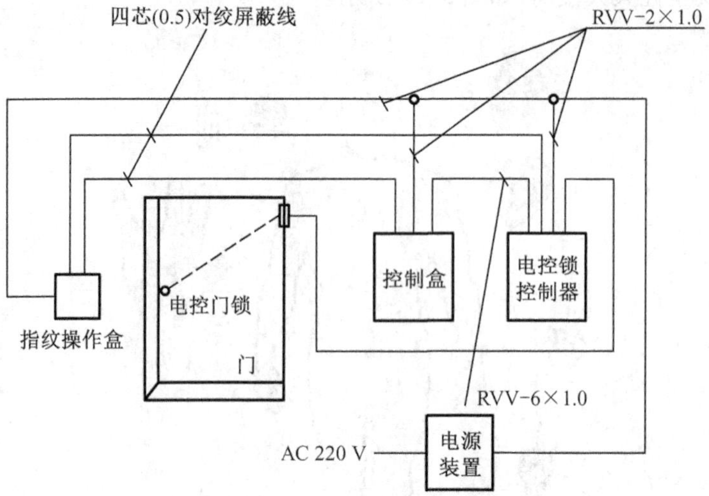

图 5.14　指纹识别门禁系统图

二、掌形识别

由于每个人的手形不一样,所以可以通过三维空间测试手掌的形状、四指的长度、手掌的宽度及厚度、各指的两个关节部分的宽与高等作为辨识的条件。通常是以俯视得到手的长度与宽度数据,测试得出手的厚度数据,从而获得手的轮廓数据,最终经数据压缩将手的图像变换成若干个字符长度的辨识矢量,作为用户模板存储起来,如图 5.15 和图 5.16 所示。

图 5.15　掌形识别

三、手掌静脉识别

手掌静脉识别技术是目前正在兴起的技术,包括手掌静脉识别、手背静脉识别和手指静脉识别,如图 5.17 和图 5.18 所示。

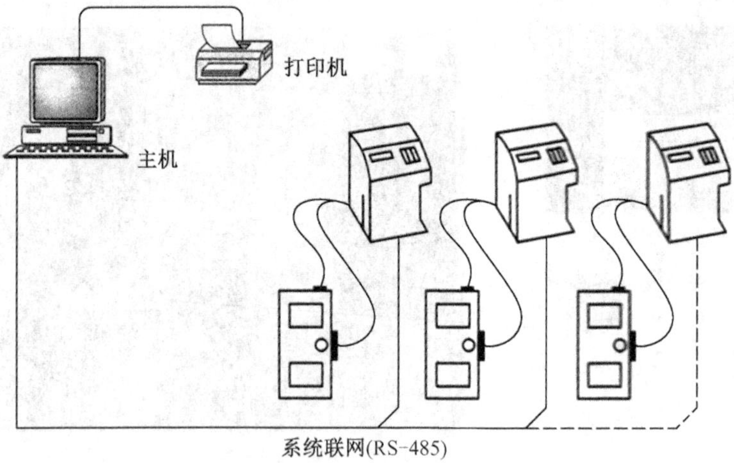

图 5.16　掌形仪的联网应用

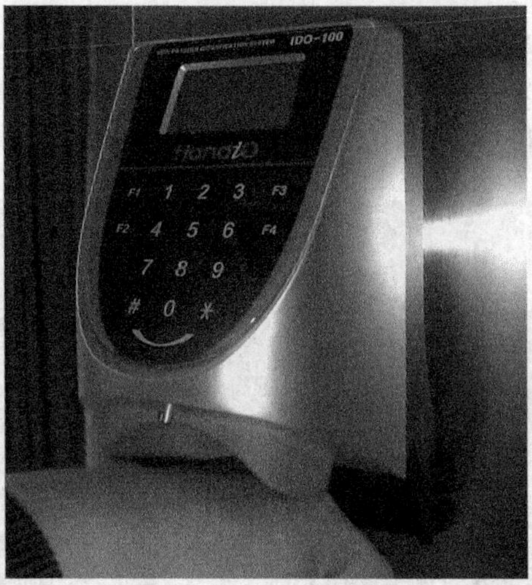

图 5.17　手背静脉识别

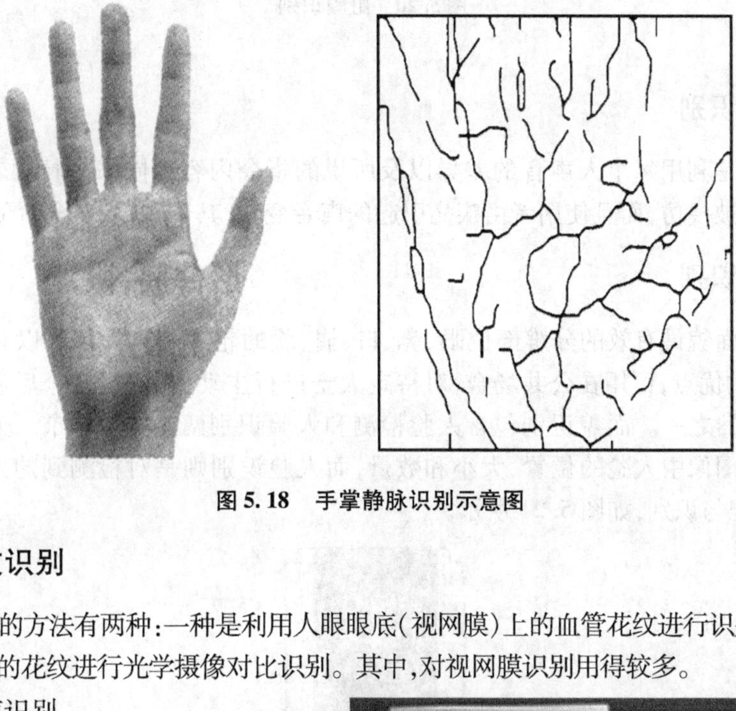

图 5.18　手掌静脉识别示意图

四、眼纹识别

眼纹识别的方法有两种:一种是利用人眼眼底(视网膜)上的血管花纹进行识别;另一种是利用眼睛虹膜上的花纹进行光学摄像对比识别。其中,对视网膜识别用得较多。

1. 视网膜识别

视网膜扫描识别采用低强度红外线经瞳孔直射眼底,将视网膜花纹反射到摄像机,拍摄下花纹图像,然后与原来存在计算机中的花纹图像数据比较辨别。视网膜识别的失误率几乎为零,识别准确迅速。但对于睡眠不足导致视网膜充血、糖尿病引起的视网膜病变或视网膜脱落者,将无法识别,如图 5.19 所示。

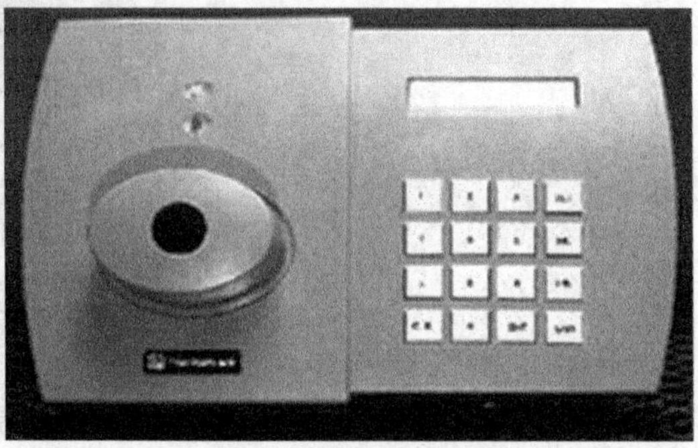

图 5.19　视网膜识别仪

2. 虹膜识别

眼睛虹彩路径同视网膜一样为各人特有。虹膜不同于视网膜,它存在于眼的表面(角膜的下部),是瞳孔周围的有色环形薄膜,眼球的颜色由虹膜所含的色素决定,所以不受眼球内部疾病等影响。另外,与摄像机距离 1 m 左右拍摄,比照时的阻碍非常少,如图 5.20 所示。

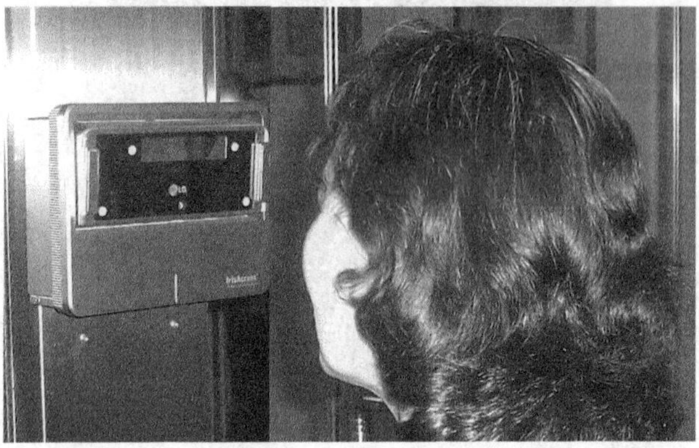

图 5.20　虹膜识别

五、声音识别

声音辨别是利用每个人声音的差异以及所说的指令内容不同来进行比较识别的。但由于声音容易被模仿,而且使用者由疾病引起的声音变化,其可靠性、安全性受到影响。

六、面貌识别

面貌识别面貌最有效的分辨部位眼、鼻、口、眉、脸的轮廓阴影等都可以利用,它有“非侵犯性系统”的优点,可用在公共场合,对待定人士进行主动搜寻,也是今后用于电子商务认证方面的利器之一。面貌识别包含人脸检测和人脸识别两个技术环节。人脸检测的目的是确定静态图像中人脸的位置、大小和数量,而人脸识别则是对检测到的人脸进行特征提取、模式匹配与识别,如图 5.21 所示。

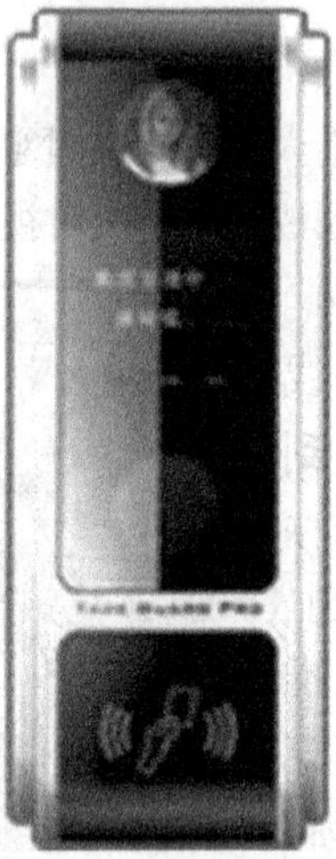

图 5.21　面貌识别仪

下面介绍一下常用人体生物特征识读设备选型要求，如表 5.2 所示。

表 5.2　常用人体生物特征识读设备选型要求

<table>
<tr><th>序号</th><th>名称</th><th colspan="2">主要特点</th><th>安装设计要点</th><th>适宜工作环境和条件</th><th>不适宜工作环境和条件</th></tr>
<tr><td>1</td><td>指纹识读设备</td><td>指纹头设备易于小型化；识别速度很快，使用方便；需人体配合的程度较高</td><td rowspan="2">操作时需人体接触识读设备</td><td rowspan="2">用于人员通道门，宜安装于适合人手配合操作，距地面 1.2～1.4 m处；当采用的识读设备，其人体生物特征信息存储在目标携带的介质内时，应考虑该介质如被伪造而带来的安全性影响</td><td rowspan="2">室内安装；使用环境应满足产品选用的不同传感器所要求的使用环境要求</td><td rowspan="2">操作时需人体接触识读设备，不适宜安装在医院等容易引起交叉感染的场所</td></tr>
<tr><td>2</td><td>掌形识读设备</td><td>识别速度较快；需人体配合的程度较高</td></tr>
<tr><td>3</td><td>虹膜识读设备</td><td>虹膜被损伤、修饰的可能性很小，也不易留下被可能复制的痕迹；需人体配合的程度很高；需要培训才能使用</td><td rowspan="2">操作时不需人体接触识读设备</td><td>用于人员通道门，宜安装于适合人眼部配合操作，距地面 1.5～1.7 m处</td><td rowspan="2">环境亮度适宜、变化不大的场所</td><td rowspan="2">环境亮度变化大的场所，背光较强的地方</td></tr>
<tr><td>4</td><td>面部识读设备</td><td>需人体配合的程度较低，易用性好，适于隐蔽地进行面像采集、对比</td><td>安装位置应便于摄取面部图像的设备，能最大面积、最小失真地获得人脸正面图像</td></tr>
</table>

任务四　常用电控锁的种类与安装

电控锁是门禁系统中锁门的执行部件，它由门禁控制器控制门的开与闭动作。下面介绍一下常用的门禁电控锁。

一、电磁锁（磁力锁）

电磁锁是利用电流通过线圈时，产生强大磁力，将门上所对应的吸附板吸住，而产生关门的动作及达到门禁控制的目的。电磁锁断电后是开门的,符合消防要求,如图 5.22 与图 5.23 所示。

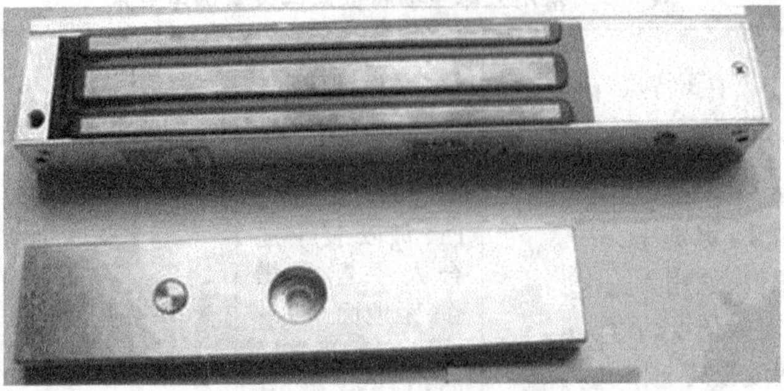

图 5.22　电磁锁

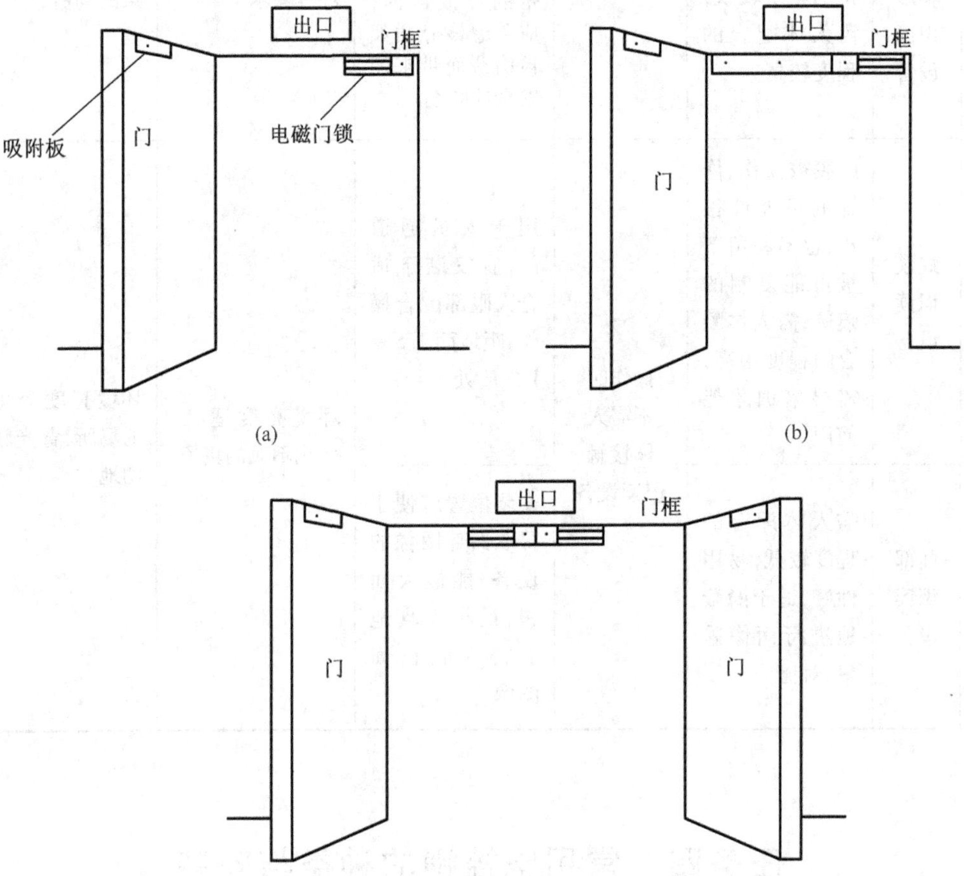

图 5.23　电磁门锁安装位置示意图

(a)单门方式一;(b)单门方式二;(c)双门

二、阳极电控锁

阳极锁是断电开门型,符合消防要求。它安装在门框的上部,而且它本身带有门磁检测器,可随时检测门的安全状态,如图 5. 24 和图 5. 25 所示。

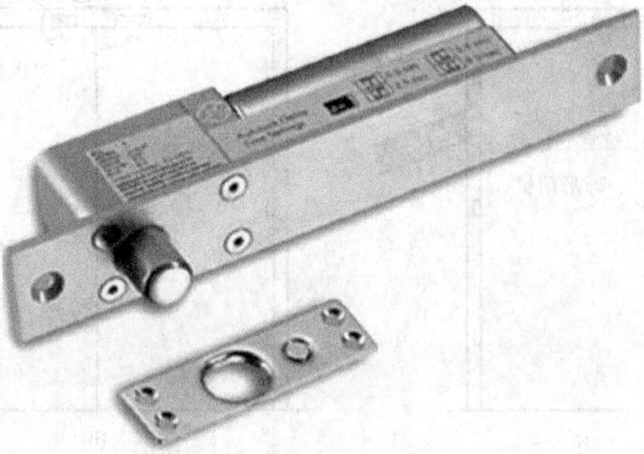

图 5. 24　阳极电控锁

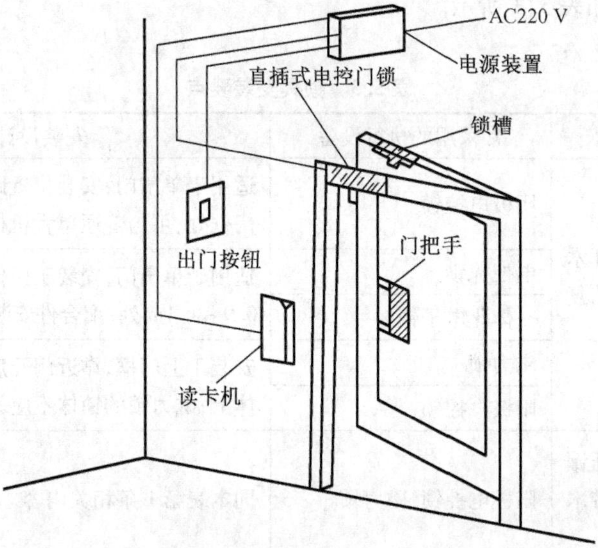

图 5. 25　阳极电控锁安装位置示意图

三、阴极电控锁

一般的阴极锁为通电开门型。安装阴极锁一定要配备 UPS 电源,因为停电时阴锁是锁门的,如图 5. 26 与图 5. 27 所示。

图 5. 26　阴极电控锁

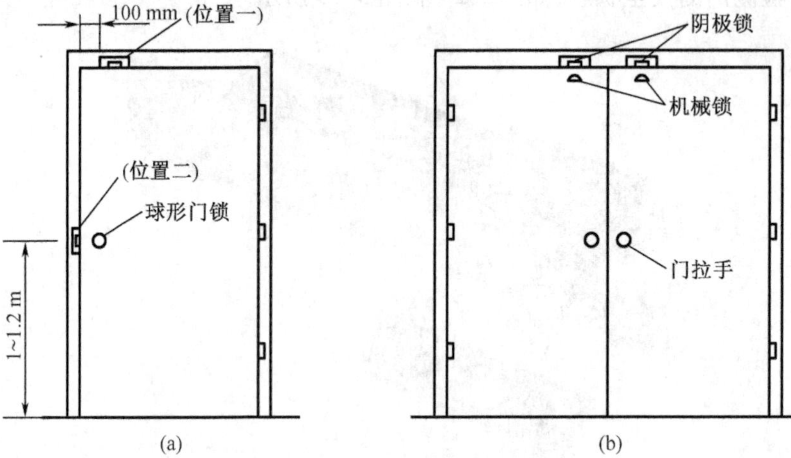

图 5.27　阴极电控锁安装位置示意

(a)单门;(b)双门

锁具安装要点如表 5.3 所示。

表 5.3　锁具安装要点

序号	应用场所	常采用的执行设备	安装设计要点
1	单向开启、平开木门(含带木框的复合材料门)	阴极电控锁	适用于单扇门;安装位置距地面 0.9 ~ 1.1 m 边门框处;可与普通单舌机械锁配合使用
		电控撞锁	适用于单扇门;安装于门体靠近开启边,距地面 0.9 ~ 1.1m 处;配合件安装在边门框上
		一体化电子锁	
		磁力锁	安装于上门框,靠近门开启边;配合件安装于门体上;磁力锁的锁体不应暴露在防护面(门外)
		阳极电控锁	
2	单向开启、平开镶玻璃门(不含带木框门)	阳极电控锁、磁力锁	同本表第 1 条相关内容
3	单向开启、平开玻璃门	带专用玻璃门夹的阳极电控锁;带专用玻璃门夹的磁力锁;玻璃门夹电控锁	安装位置同本表第 1 条相关内容;玻璃门夹的作用面不应安装在防护面(门外);无框(单玻璃框)门的锁引线应有防护措施
4	双向开启、平开玻璃门	带专用玻璃门夹的阳极电控锁;玻璃门夹电控锁	同本表第 3 条相关内容
5	单扇、推拉门	阳极电控锁	同本表第 1,3 条相关内容
		磁力锁	安装于边门框;配合件安装于门体上;不应暴露在防护面(门外)
		推拉门专用电控挂钩锁	根据锁体结构不同,可安装于上门框或边门框;配合件安装于门体上;不应暴露在防护面(门外)

表 5.3(续)

序号	应用场所	常采用的执行设备	安装设计要点
6	双扇、推拉门	阳极电控锁	同本表第 1,3 条相关内容
		推拉门专用电控挂钩锁	应选用安装于上门框的设备;配合件安装于门体上;不应暴露在防护面(门外)
7	金属防盗门	电控撞锁、磁力锁	同本表第 1,5 条相关内容
		电机驱动锁舌电控锁	根据锁体结构不同,可安装于门框或门体上

任务五　出入口控制系统工程设计及案例

出入口控制系统工程的设计应符合国家现行标准《安全防范工程技术规范》GB 50348 和《出入口控制系统技术要求》GA/T 394 的相关规定。

一、出入口控制系统工程的设计要求

①根据防护对象的风险等级和防护级别、管理要求、环境条件和工程投资等因素,确定系统规模和构成,根据系统功能要求、出入目标数量、出入权限、出入时间段等因素确定系统的设备选型与配置;

②出入口控制系统的设置必须满足消防规定的紧急逃生时人员疏散的相关要求;

③供电电源断电时系统闭锁装置的启闭状态应满足管理要求;

④执行机构的有效开启时间应满足出入口流量及人员、物品的安全要求;

⑤系统前端设备的选型与设置,应满足现场建筑环境条件和防破坏、防技术开启的要求;

⑥当系统与考勤、计费及目标引导(车库)等一卡通联合设置时,必须保证出入口控制系统的安全性要求。

二、出入口控制系统功能要求

1. 出入授权

系统将出入目标的识别信息及载体授权为钥匙,并记录于系统中。应能设定目标的出入授权,即何时、何出入目标、可出入何出入口、可出入的次数和通行的方向等权限。

2. 系统的下列主要操作响应时间应小于 2 s

①除工作在异地核准控制模式下,从识读部分获取一个钥匙的完整信息始至执行部分开始启闭出入口动作的时间;

②从操作(管理)员发出启闭指令始至执行部分开始启闭出入口动作的时间;

③从执行异地核准控制后到执行部分开始启闭出入口动作的时间。

3. 系统校时与计时精度

①系统的与事件记录、显示及识别信息有关的计时部件应有校时功能;

②非网络型系统的计时精度不低于 5 s/d,网络型系统的中央管理主机的计时精度不低

于5 s/d,其他的与事件记录、显示及识别信息有关各计时部件的计时精度不低于10 s/d(每日快(+)或慢(-)若干秒)。

4.自检和故障指示

系统及各主要组成部分应有表明其工作正常的自检功能,B,C防护级别的还应有故障指示功能。

5.报警

系统报警功能分现场报警、向操作(值班)员报警、异地传输报警等;报警信号的传输方式或以是有线的和/或无线的;报警信号的显示可以是可见的光显示和/或声音指示。

在发生以下情况时,系统应报警:

①当连续若干次(最多不超过5次,具体次数应在产品说明书中规定)在目标信息识读设备或管理/控制部分上实施操作时;

②当未使用授权的钥匙而强行通过出入口时;

③当未经正常操作而使出入口开启时;

④当强行拆除和/或打开B,C防护级别的识读现场装置时;

⑤当C防护级别的网络型系统的网络连线发生故障时;

⑥当防护面上的部件受到强烈撞击时;

⑦当出现窃取系统内信息的行为时;

⑧当遭受工具破坏时。

6.应急开启

系统应具有应急开启的方法,如可以使用制造厂特制工具采取特别方法局部破坏系统部件后,使出入口应急开启,且可迅即修复或更换被破坏部分;可以采取冗余设计,增加开启出入口通路(但不得降低系统的各项技术要求)以实现应急开启。

7.指示/显示

系统及各部分应对其工作状态、操作与结果、出入准许、发生事件等给出指示。指示可采用可见的、出声的、物体位移和/或其组合等易于被人体感官所觉察的多种方式。

(1)发光指示/显示

发光指示信息宜采用下列颜色区分:

①绿色:用以显示"操作正确""有效""准许""放行"等信息,也可以显示"正常""安全"等信息。

②红色:以频率1 Hz以下的慢闪烁(或恒亮)显示"操作不正确""无效""不准许""不放行"等信息,也可以显示"不正常"等信息;以频率1 Hz以上的快闪烁显示"报警""发生故障""不安全""电源欠压"等信息。

③黄(橙)色:如果使用,则用以显示提醒、显示、预告、警告等类信息。

④蓝色:如果使用,则用以显示"准备""已进入/已离去""某部分投入工作"等信息。

(2)发声指示/显示

报警时的发声指示应显示区别于其他发声。非报警的发声指示应是断续的,如采用发声与颜色、图形符号复合指示,则应同步发出和停止。

(3)图形符号指示/显示

略。

8. 软件及信息保存要求

①除网络型系统的中央管理机外，对本标准所要求的功能而言，需要的所有软件均应保存到固态存储器中。

②具有文字界面的系统管理软件，其用于操作、提示、事件显示等的文字必须是简体中文。

③除网络型系统的中央管理机外，系统中具有编程单元的每个微处理模拟，均应设置独立于该 模块的硬件监控电路(Watch Dog)，实时监测该模块的程序是否工作正常，当发现该模块的程序工作异常后 3 s 内应发出报警信号和/或向该模块发出复位等控制指令，使其投入正常工作。此操作不应影响系统时钟的正常运行，不应影响授权信息及事件信息的存贮。

④当电源不正常、掉电或更换电池时，系统的密钥(钥匙)信息及各记录信息不得丢失。

三、出入口控制各部分功能设计

1. 识读部分应符合的规定

①识读部分应能通过识读现场装置获取操作及钥匙信息并对目标进行识别，应能将信息传递给管理与控制部分处理，宜能接受管理与控制部分的指令；

②“误识率”“识读响应时间”等指标应满足管理要求；

③对识读装置的各种操作和接受管理/控制部分的指令等，识读装置应有相应的声和/或光提示；

④识读装置应操作简便，识读信息可靠。

2. 管理/控制部分应符合的规定

①管理/控制部分是出入口控制系统的管理和控制中心，也是出入口控制系统的人机管理界面；

②系统的管理/控制部分传输信息至系统其他部分的响应时间，应在产品说明书中列举出；

③接收识读部分传来的操作和钥匙信息，与预先存储、设定的信息进行比较、判断、对目标的出入行为进行鉴别及核准，对符合出入授权的目标，向执行部分发出予以放行的指令；

④设定识别方式、出入口控制方式，输出控制信号；

⑤处理报警情况，发出报警信号；

⑥实现扩展的管理功能(如考勤、巡更等)与其他控制及管理系统的连接(如与防盗报警、视频监控、消防报警等的联动)；

⑦对系统操作(管理)员的授权管理和登录核准进行管理，应设定操作权限，使不同级别的操作(管理)员对系统有不同的操作能力，应对操作员的交接和登录系统有预定程序，B,C 防护级别的系统应将操作员及操作信息记录于系统中。

⑧事件记录功能是将出入事件、操作事件、报警事件等记录存储于系统的相关载体中，并能形成报表以备查看，A 防护级别的管理/控制部分的现场控制设备中的每个出入口记录总数不小于 32 个，B,C 防护级别的管理/控制部分的现场控制设备中的每个出入口记录总数不小于 1 000 个，中央管理主机的事件存储载体，应根据管理与应用要求至少能存储不少于 180 d 的事件记录，存储的记录应保持最新的记录值，事件记录采用 4W 的格式，即 When

（什么时间）、Who（谁）、Where（什么地方）、What（干什么），其中时间信息应包含年、月、日、时、分、秒，年应采用千年记法；

⑨事件阅读、打印与报表生成功能：经授权的操作（管理）员可将授权范围内的事件记录、存储于系统相关载体中的事件信息、进行检索、显示和/或打印，并可生成报表。

3. 执行部分功能设计应符合的规定

①执行部分接收管理/控制部分发来的出入控制命令，在出入口做出相应的动作和/或指示，实现出入口控制系统的拒绝与放行操作和/或指示；

②执行部分由闭锁部件或阻挡部件以及出入准许指示装置组成，通常采用的闭锁部件、阻挡部件有各种电控锁、各种电动门、电磁吸铁、电动栅栏、电动挡杆等，出入准许指示装置主要是发出声响和/或可见光信号的装置；

③出入口闭锁部件或阻挡部件在出入口关闭状态和拒绝放行时，其闭锁部件或阻挡部件的闭锁力，伸出长度或阻挡范围等应在其产品标准或产品说明书中明示；

④出入准许指示装置可采用声、光、文字、图形、物体位移等多种指示，出入准许指示装置的准许和拒绝两种状态应易于区分而不致混淆；

⑤出入口开启时对通过人员和/或物品的通过的时限和/或数量应在其产品标准或产品说明书中明示。

4. 传输部分功能设计应符合的规定

①传输方式除应符合现行国家标准《安全防范工程技术规范》GB 50348 的有关规定外，还应考虑出入口控制点位分布、传输距离、环境条件、系统性能要求及信息容量等因素；

②线缆的选型应符合现行国家标准《安全防范工程技术规范》GB 50348 的有关规定；

③识读设备与控制器之间的通信用信号线宜采用多芯屏蔽双绞线；

④门磁开关及出门按钮与控制器之间的通信用信号线，线芯最小截面积不宜小于 $0.50\ mm^2$；

⑤控制器与执行设备之间的绝缘导线，线芯最小截面积不宜小于 $0.75\ mm^2$；

⑥控制器与管理主机之间的通讯用信号线宜采用双绞铜芯绝缘导线，其线径根据传输距离而定，线芯最小截面积不宜小于 $0.50\ mm^2$；

⑦执行部分的输入电缆在该出入口的对应受控区、同级别受控区或高级别受控区外的部分，应封闭保护，其保护结构的抗拉伸、抗弯折强度应不低于镀锌钢管。

5. 电源设计应符合的规定

①仅使用电池供电时，电池容量应保证系统正常开启 10 000 次以上；

②使用备用电池时，电池容量应保证系统连续工作不少于 48 h，并在其间正常开启 50 次以上；

③当以交流市电转换为低电压直流供电时，直流电压降低至标称电压值的 85% 时，系统应仍正常工作并发出欠压指示；

④仅以交流市电供电时，当交流市电电压降低至标称电压值的 85% 时，系统应仍正常工作并发出欠压指示；

⑤仅以电池供电时，当电池电压降低至仅能保证系统正常启闭不少于若干次时应给出欠压指示，该次数由制造厂标示在产品说明中；

⑥当出入控制设备的执行启闭动作的电动或电磁等部件短路时，进行任何开启、关闭操作都不得导致电源损坏，但允许更换保险装置；

⑦当交流市电供电时,电源电压在额定值的 85% ~115% 范围内,系统不需要做任何调整应能正常工作;

⑧仅以电池供电时,电源电压在电池的最高电压值和欠压值范围内,系统不需要做任何调整应能正常工作;

⑨系统可以使用外接电源,在标示的外接电源的电源电压范围内,系统不需要做任何调整应能正常工作;

⑩短路外接电源输入口,对系统不应有任何影响。

6. 防雷与接地部分设计的规定

①置于室外的设备宜具有防雷保护措施;

②置于室外的设备输入、输出端口宜设置信号线路浪涌保护器;

③室外的交流供电线路、控制信号线路宜有金属屏蔽层并穿钢管埋地敷设,钢管两端应接地。

四、案例

1. 需求分析

某大楼要求对需要管理的出入口进行严格管理,实现对人员的识别和出入控制。整个门禁系统应具有严格的事件管理、使用者管理、操作员管理和设备管理。

2. 设计目标

①门禁系统的安装符合综合布线标准;

②门禁系统采用集中管理,分散式控制结构;

③门禁系统具有良好的开放性,同大楼的智能管理系统的其他子系统能充分协调;

④门禁系统具有严格的操作员级别管理,安全性高;

⑤对已安装门禁的出入口进行严格管理,使管理人员有效地控制其辖区内的各个出入口,持卡人员在其合法范围内通行无阻,拒绝所有非法出入并产生报警;

⑥对不同用户可根据各自情况设置不同权限和功能;

⑦系统使用简便,充分智能化,具有高度的安全性、可靠性、稳定性。

3. 方案说明

①根据门禁系统功能需求,本方案门禁为单向读卡,需感应式读卡器 1 只,单扇木门设置阴极电控锁;

②在出入口安装门禁控制器,放行的原则是识别人所持的卡,只有条件相符时,才允许进出;

③系统采用集中管理,分散控制原则,由专人管理,可对整个系统进行联网控制;

④ 系统采用星型拓扑结构连接,支持 ISO/IEC11801 布线标准,方便安装和增加控制器;

⑤保安中心具有系统最高的操作级别,可对各出入口进行设置;

⑥各门禁控制器脱网也能正常运行,管理者可对不同出入口进行不同的设置;

⑦系统采用模块化结构,可随时增加或减少控制器,确保某控制器的错误不影响其他控制器;

⑧门禁控制器与管理中心采用 RS－422 连接,完成系统设置、数据收集、实时控制等工作;

⑨每个门禁控制器具有64个时段设置,使出入口在周一至周日及节假日可采用不同的控制方式;

⑩系统具有发放临时卡功能,并对大楼临时访客设置合理权限和功能;

⑪系统具有考勤功能,方便写字楼使用;

⑫卡片采用感应式卡,其无接触识别、安全性高、可靠性好等特点,克服了接触式IC卡的种种缺点,便于顾客使用;

⑬在大楼保安中心的主控计算机上随时可以查阅系统的所有信息,修改系统的所有参数;

⑭系统高度安全、可靠,对大楼内的异常情况实时上报及自动报警,在脱网及大楼断电的情况下仍能正常运行数小时。

4.系统的组成说明

门禁系统由控制系统,执行系统与读卡系统三部分组成。控制系统包括门禁控制器、通信控制器及门禁软件组成;执行系统由阴极电控锁和出门按钮组成;读卡系统包括读卡器。系统实现原理是当刷卡时,通过读卡器把用户的读卡信息上传到门禁控制器,通过预先设定的信息检验卡片是否有效,当卡片确认为有效时,控制电控锁打开;同时把读卡及按下出门按钮的信息上传到控制中心,通过门禁控制软件进行管理。

5.设备选型与配置说明

(1)门禁控制器E-1主要技术指标

①256张卡片识别,同时支持单机与联网模式,具有2 000条事件保持能力;

②卡级别可设定为超级卡、普通卡、巡更卡,普通卡可设定其有效期(年、月、日、时),并能根据管理需要禁止某张卡的使用;

③采用专用电路监视CPU的工作,确保控制器能应付各种外界干扰;

④采用EEPROM存储信息,长期断电,仍可保持数据不丢失;

⑤通信接口符合ISO/IEC 11801标准,给工程施工带来很大的方便,可通过网络遥控开锁;

⑥产品可使用各种符合本产品要求的电源系统。推荐使用EVEREST E系列控制器专用电源P1,这不但保证了产品使用的稳定性和可靠性,也使得产品非常易于安装;

⑦与控制中心用RS422/RS485总线连接;

⑧与EVEREST C系列出入口控制器的主要控制指令兼容;

⑨配合艾克塞斯ACCTR出入口管理控制软件,使得对E-1门禁控制器的管理、控制变得非常简单、容易、易于操作。

(2)RDS-12感应式读卡器参数

①采用全密封设计,防水、防潮,是专为出入口控制系统设计的产品;

②读卡距离为10 cm;

③输出格式为Wiegand 26/40 bits;

④可支持的卡片为AC121T;

⑤工作电压为DC 7~16 V;

⑥内置LED及蜂鸣器;

⑦典型工作电流为50 mA;

⑧最大工作电流为100 mA;

⑨外形尺寸为 138 mm × 115 mm × 15 mm。

(3)门禁控制软件主要技术指标

①可管理的持卡人总量为 16 700 000 人;

②可区分的卡片数量总数为 24 亿张;

③最大可管理的门数为 250 个;

④可设定 256 个群组;

⑤可设定的控制时段为 64 个/门 × 250 门 = 16 000 个;

⑥支持核准开门;

⑦支持防胁迫报警功能;

⑧支持防返传功能;

⑨支持在线式巡更功能,可有 256 条路线同时巡更;

⑩支持 C 系列门禁控制器及 C 系列停车场控制器;

⑪支持 E 系列出入口控制器且对有效期的设定可以精确到小时;

⑫支持持卡人照片输入功能、个人密码(PIN)及其他个人信息的设定;

⑬可设置多达 50 个字符(中、英文、空格等)的操作员密码;

⑭操作员每一步主要操作都将产生一个事件,存入事件库中,作为操作员的工作记录;

⑮操作员事件,门禁控制器事件以及各类故障事件等分类处理,存入事件管理数据库;

⑯当报警发生时,系统会自动显示故障点的报警信息;

⑰可由控制中心设定各控制器的参数,监视、控制各门禁控制器的各种参数及设备状态;

⑱可设定使用期限及使用次数,可对使用者进行分组管理等;

⑲可通过设定,单门联网、多门联网、全部联网运行;

⑳可自动生成事件日志文件,并有事件报表打印功能。

思考题

1. 出入口控制系统按硬件构成模式可分为几种模式?
2. 卡片式出入口控制系统常用的卡片有哪几种?
3. 阳极与阴极电控锁的工作原理是什么?其安装设计要点有哪些?
4. 简述出入口控制系统工程的设计要求。

情境六　防盗报警系统的设计与安装

知识目标：

1. 了解防盗报警系统的组成部分及信号传输方式；
2. 学会常用报警探测器的种类识别；
3. 掌握报警探测器的安装与使用；
4. 学会防盗报警控制器的使用；
5. 能够对防盗报警系统进行初步的设计及系统的安装调试。

能力目标：

1. 掌握常用报警探测器的种类、安装与使用；
2. 熟练掌握防盗报警控制器的功能与应用；
3. 掌握一般防盗报警系统工程设计。

随着我国的快速发展和人民生活水平的不断提高，如何有效地保障人们在生产、生活和人身安全、财产安全等不受非法分子的入侵、盗窃、破坏将是现代生活的重中之重。如果仅靠人力来进行保护这些是不够的，那么就应该需要我们将“人防”“物防”和“技防”有效地结合，并以现代传感技术、电子技术、通信技术等为基础建立一个快速的反应系统，从而有效地打击不法行为与不法分子，保障人们生产、生活的安全与稳定。而防盗报警系统恰恰就是利用了现代的各种技术手段制造出了各种防盗报警装置，从而快速有效地达到防入侵、防盗和防破坏的目的。

任务一　防盗报警系统组成形式

防盗报警系统是在探测到防范现场有入侵者时能发出报警信号的专用电子系统，一般由防盗报警探测器（前端）、传输系统（传输）和报警控制器（终端）（又称报警主机）组成。探测器探测到情况就产生报警信号，通过传输系统送入报警控制器发出声、光或其他报警方式，从而进行有效的保护，如图 6.1 所示。

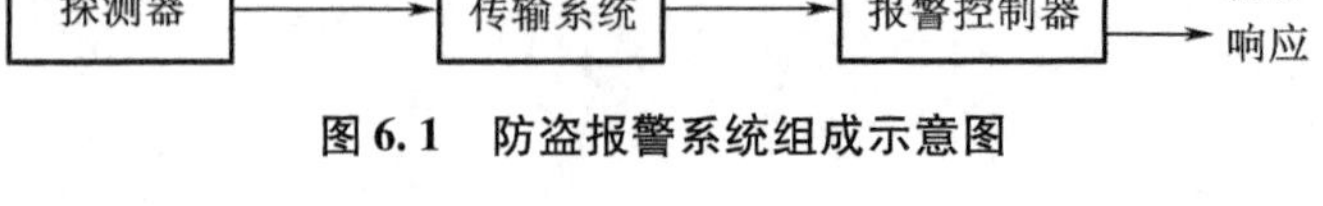

图 6.1　防盗报警系统组成示意图

一、防盗报警探测器

防盗报警探测器是用来探测入侵者的移动或其他动作的电子或机械部件组成的装置。

探测器通常由传感器和信号处理器组成,有的探测器只有传感器,没有信号处理器。

传感器是探测器的核心部分,它是一种物理量的转换装置。在报警探测器中传感器将被测的物理量(如力、压力、质量、应力、位移、速度、加速度、振动、冲击、温度、声响、光强、电磁场等)转换成相应的、易于精确处理的电量(如电压、电流、电阻、电感、电容等),该电量称为原始电信号。信号处理器把电压或电流放大,使其成为一种适合的信号。

二、防盗报警控制器

防盗报警控制器安置于控制中心,是监控中心的主要设备,它能直接或间接地接收探测器从现场传来的探测信号,并对此信号进行分析、处理、判断,确认为非法入侵,发出声光报警并能指示入侵发生的部位,向上一级报警中心发出报警。

常见的报警控制应具备:当入侵者破坏线路时,控制器能及时报警,显示线路故障信息,具有破坏防御功能;控制器工作稳定,尽量避免出现误报和漏报的情况;控制器应能对报警系统进行检测,使各个部分处于良好的运行状态;具有打印记录与报警信号外送功能;具有备用电源等。

三、信号传输部分

信号传输部分包括有线传输与无线传输两大类,它是联络控制中心与前端的物理量通道。要保质保量地将信号传输,应尽可能解决好传输系统的抗干扰、低衰减、信号保真等问题。

选择传输方式时,应注意以下面几点:应尽量优先选择有线传输,特别是采用专用线传输,当布线环境有困难时,可以选用无线传输方式;线路设计时,布线要尽量隐蔽、防破坏,按照传输距离的远近选择适合的线芯截面来满足报警系统前端对供电与系统容量的要求;信号传输速率要快;按警戒区域的分布、传输距离、环境、系统性能要求及信息容量来选择。

四、复核与出击

防盗报警系统会在最后对报警信号进行复核以检验报警的准确性,准确无误后值班人员根据监控中心的指示,迅速赶往报警地点,抓获入侵者,制止其入侵行为。

总而言之,防盗报警系统就是将所负责的地点构成一个由点、线、面组成的一道防盗区域。前端系统的探测器将探测区域的状态以电信号的形式发送,经由传输部分的介质保质保量地送到控制中心,再由中心的报警控制器负责处理各个探测器监测到的安全信息做出判断后发出报警控制信号,如图 6.2 所示。

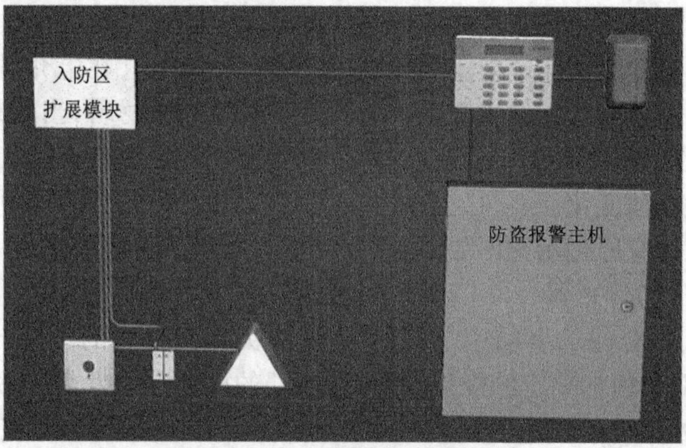

图 6.2　防盗报警系统示意图

任务二　常用报警探测器的种类、安装与使用

在任务一中已经提到过了防盗报警探测器的核心部件是传感器，那么我们在学习各种防盗报警探测器的同时先简单介绍一下几种比较典型的传感器。

一、典型的传感器

1. 开关型传感器

开关型传感器是一种简单可靠的传感器，也是一种最廉价的传感器，广泛应用在安防技术中，将压力、位移等物理量转化成电压、电流等物理量。

(1) 微动开关、按键型传感器

微动开关、按键型传感器是在压力的作用下改变其“通”和“断”的状态。在防盗报警系统中，此元件常作为紧急或求助的手动按钮的主要元件。

(2) 干簧继电器

干簧继电器是利用磁场的作用改变“通”和“断”的状态，如图 6.3 所示。

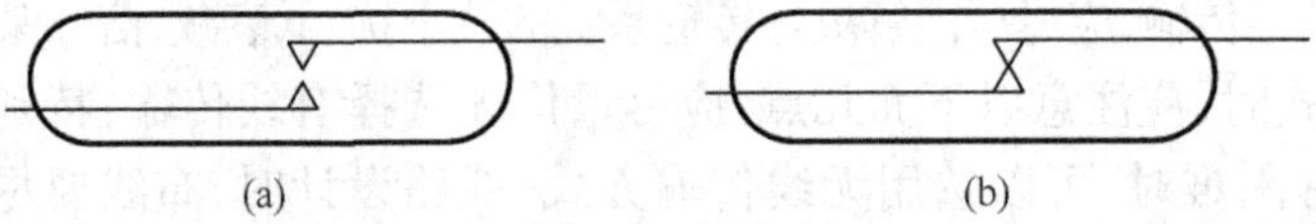

图 6.3　干簧继电器结构示意图

(a) 常开干簧继电器；(b) 常闭干簧继电器

干簧继电器有“常开干簧继电器”和“常闭干簧继电器”两种类型。常开干簧继电器的两个簧片密封固定在玻璃管内，无外磁场力的作用时，两个簧片保持“常开”状态；如有外增磁场力的作用时，其自由端产生的磁极性正好相反，两个簧片互相“吸合”。常闭干簧继电器的工作原理同常开干簧继电器正好相反。

在防盗报警系统中，门磁开关大多数都是以此类元件为主加工而成。

2. 压力传感器

压力传感器具有响应宽带、灵敏度高、信噪比大、结构简单、工作可靠、质量轻等优点，是一种将传感器受到的压力转换成相应的电量器件，所以被广泛应用。

压力传感器以电介质的压电效应为基础，在外力的作用下，在电介质的表面产生电荷，从而实现力、压力、加速度等转换成电量的目的。某些电介质材料，当其某个方向受外力作用时，其内部就会发生极化现象，受到力的两个表面就会产生正负极性相反的电荷，其电荷量的大小随外力大小的变化而变化，当外力撤销时，又重新恢复到不带电状态，这种现象称为压电效应。压电效应原理示意图如图 6.4 所示。

(1) 压电陶瓷压力传感器

压电陶瓷是人工合成的多晶压电材料，它具有无规则排列的“电畴”，原本无压电性。在一定的温度下，对其施加一定的极化电场，“电畴”的极化方向发生位移，趋向于外电场的方向排列，经极化处理后的压电陶瓷就具有压电效应。常用的压电陶瓷材料有钛酸钡、锆钛酸铅等。利用这些材料的压电效应可以制造出压电陶瓷压力传感器。

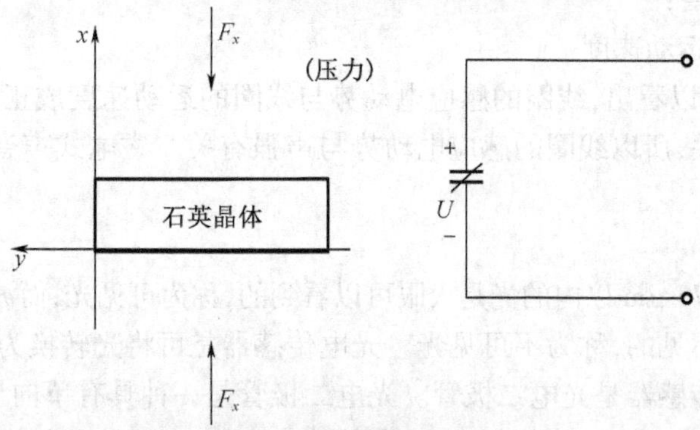

图 6.4　压电效应原理示意图

(2)半导体压力传感器

某些半导体晶体传感器受到外力作用时，其晶体就处于扭曲状态，其载流子和迁移率就发生变化导致半导体晶体材料的阻抗发生变化，这种现象称为压电电阻效应。压电半导体 ZnO 和 CdS 是在非压电基片上采用真空蒸发或者溅射方法形成很薄的膜而构成的半导体压电材料。目前研制成功的有 PI－MOS 力敏器件，它是将 ZnO 膜制作在 MOS 晶体管栅级上，当外力作用在 ZnO 薄膜上时，由于其压电效应产生的电荷施加在 MOS 晶体管栅极上从而改变其漏极电流，这就能将力转变成电信号。

3. 声音传感器

声音传感器就是将说话、步行、玻璃破碎等产生的声音转换成电量的装置。频率在 20～20 000 Hz的声波是人耳能够听到的，称为可闻声波；频率低于 20 Hz 的声波是人耳听不到的，称为次声波；频率高于 20 000 Hz 的声波是人耳听不到的，称为超声波。

(1)驻极体声音传感器

驻极体是通过绝缘薄膜两侧充电，并使其上电荷长久保留，形成一种永久性带电的介电材料即驻极体膜。把一片驻极体膜紧贴在一块金属板上，另一片驻极体薄膜与其相对安装，中间相距 10 μm 留作空气隙，便构成一个驻极体传感器，它能将声音信号转换成电信号。

两片相对而立的驻极体膜形成了一个电容，根据静电感应原理，与驻极体相对应的金属板将感应出大小相等、极性相反的电荷，形成静电场。在声波的作用下，驻极体上的薄膜会产生一定的位移，其位移仅与其施加的声波的声强成正比。因此，驻极体声音传感器输出的电压与声强有关，而与声波的频率无关。驻极体传感器在声频范围内的灵敏度是恒定的，这是其最大的优点。

(2)磁电式声音传感器

磁电式声音传感器是由一个恒定的磁场和能在该磁场的中做轴向垂直运动的线圈组成。线圈安装在一个振动膜上，在声波的作用下，振动膜运动并带动线圈在固定的磁场中做切割磁力线的运动。根据物理学中发电机的原理，在线圈两端产生感应电动势为

$$E = Blv \tag{6.1}$$

式中　E——感应电动势；

B——磁场感应强度；

l——线圈长度；

v——线圈的运动速度。

从式(6.1)中可以看出，线圈的感应电动势与线圈的运动速度成正比，而线圈的运动速度与声强的大小有关，所以线圈的感应电动势与声强有关。磁电式声音传感器可将声音转换成电信号。

4. 光电传感器

波长在0.4～0.76 μm以内的光是人眼可以看到的，称为可见光；而波长在0.4～0.76 μm以外的光是人眼看不见的，称为不可见光。光电传感器是可将光转换为电量的一种器件。

最常用的光电传感器是光电二极管。光电二极管是一种具有单向导电性的P－N结型光电器件，其外形与普通二极管相似，只是它的管壳上嵌有一个透明窗口以便可见光射入。为了增大受光面积，其P－N结面积制作得较大。应用时，使光电二极管工作在反向偏置状态，并与负载电阻串联。无光照时，光电二极管处在截止状态，这时只有少数载流子在反向偏置作用下流经P－N结，形成极其微弱的反向电流即暗电流(μA级)；有光照时，P－N结的半导体材料中的少数载流子被激发，产生光电载流子，在外电压的作用下，光电载流子参与导电，形成比暗电流大得多并与光照强度成正比的光电流，光电流流经负载电阻，在其两端就形成了一个电信号。

另一种常用的光电转换器是光电晶体管(光敏三极管)。光电晶体管一般只将其发射极和集电极引出。为了让可见光能够射入，其管壳上开有一个窗口，应用时将集电结反向偏置，发射结正向偏置。无光照时，管子流过的暗电流 $I_{ceo}=(1+\beta)I_{cbo}$(很小)；当有光照时，入射可见光被基极吸收，激发大量的电子和空穴对成光电流载流子，使其基极电流 I_b 增大，流经管子的称为光电流。集电极电流为

$$I_c=(1+\beta)I_b$$

可见，光电晶体管比光电二极管具有更高的灵敏度。

5. 热电传感器

热电传感器是一种将热量变化转换成电量变化的能量转换器件。热释电红线外原件是一种典型的热量传感器。当受到红外线的照射时，热释电材料的温度发生变化，同时其表面电荷也发生变化。热释电材料只有在温度变化时才产生电压，如果红外线一直照射，则没有不平衡电压，一旦无红外线照射时，结晶表面电荷就处于不平衡状态，从而输出电压。

6. 电磁感应传感器

电磁场也是物质存在的一种形式。当入侵者入侵防范区域时，原先防范区域内电磁场的分布发生变化，这种变化可能引起空间电磁场的变化，电场畸变传感器就是利用这种特性；入侵者的入侵也可能使空间电容发生变化，电容变化传感器就是利用这种特性。

二、常用防盗报警探测器

当今防盗报警探测器的种类非常繁多，分类方法也不尽相同：如果根据探测的物理量不同可分为微波、红外、激光、超声波和振动等方式；如果根据信号传输方式不同，又可分为无线传输和有线传输两种方式。那么，我们常用的分类方法有：按防护场所分类，见表6.1；按防护部位分类，见表6.2。

表 6.1　按场所分类

防护场所	探测器类型
点型	压力点、点探器、平衡磁开关、微动开关
线型	微波、红外、激光阻挡式、周界报警器
面型	红外、电视报警器、玻璃破碎、墙壁振动、栅栏式
空间型	微波、被动红外、声控、超声波、移动报警、双鉴和三鉴器

表 6.2　按部位分类

防护部位	探测器类型
开口部位	电视、红外、玻璃破碎、各类开关
通道	电视、微波、红外、移动、双鉴和三鉴器
室内空间	微波、声控、超声波、红外、移动、双鉴和三鉴器
周界	微波、红外、周界

1. 开关式报警探测器

开关式报警探测器是通过各种类型开关的闭合或断开控制电路产生通断，从而触发报警的。常用的开关有磁控开关、微动开关、压力垫，或用金属条、金属丝、金箔等代用的多种类型的开关，它属于点控制型报警探测器。

(1)磁控开关

磁控开关又称为磁控管开关或磁簧开关，它由永久磁铁及干簧管两部分组成。如图 6.5 所示，当磁铁靠近干簧管时，管中带金属触点的两个簧片在磁场作用下被吸合，a 和 b 接通；当磁铁远离干簧管达一定距离时干簧管附近磁场消失或减弱，簧片自身靠弹性作用恢复到原位置，a 和 b 断开。

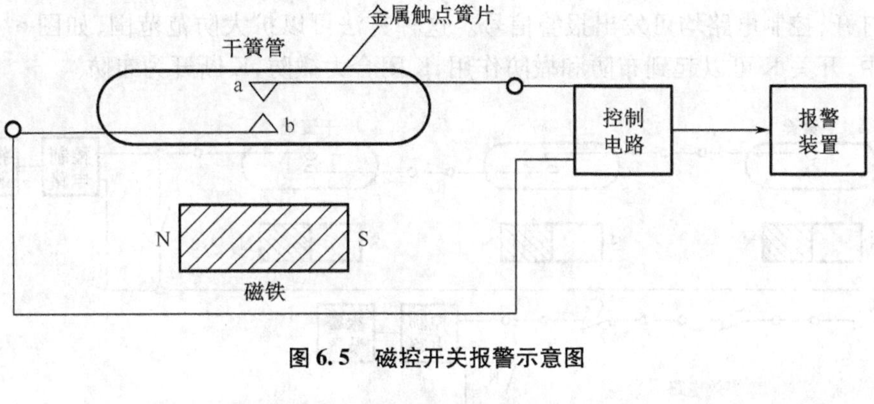

图 6.5　磁控开关报警示意图

使用时，一般是把磁铁安装在被防范物体活动部位，如门扇、窗扇等；干簧管装在固定部位，如门框、窗框，如图 6.6 所示。

磁铁与干簧管的位置需保持一定的距离，以保证门、窗关闭时磁铁与干簧管接近。在磁场作用下，干簧管触点闭合，形成通路。当门扇、窗扇打开时，磁铁与干簧管远离，干簧管附近磁场消失，其接触触点断开，控制器产生断路报警信号，如图 6.7 所示。

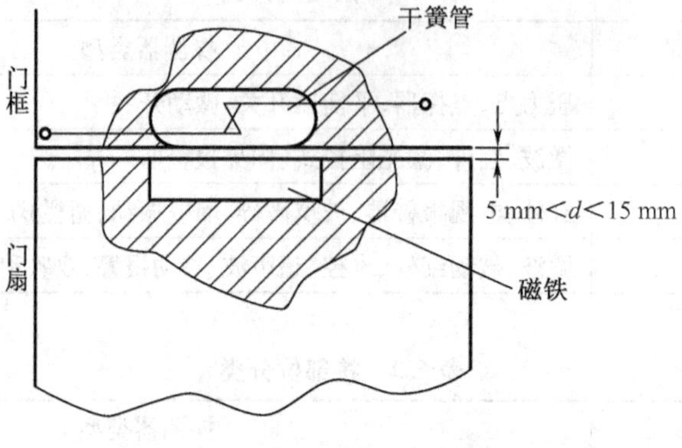

图 6.6　磁控开关安装示意图(一)

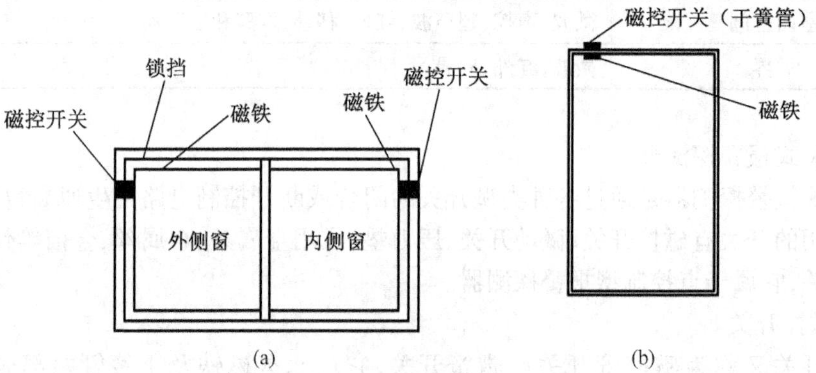

图 6.7　磁控开关安装示意图(二)

(a)拉窗;(b)门

磁控开关也可以多个串联使用,把它们安装在多处门、窗上,无论任何一处门或窗被入侵者打开,控制电路均可发出报警信号。这种方法可以扩大防范范围,如图 6.8 所示。图 6.8 中,开关 K 可以起到布防和撤防作用,K 闭合为撤防,K 断开为布防。

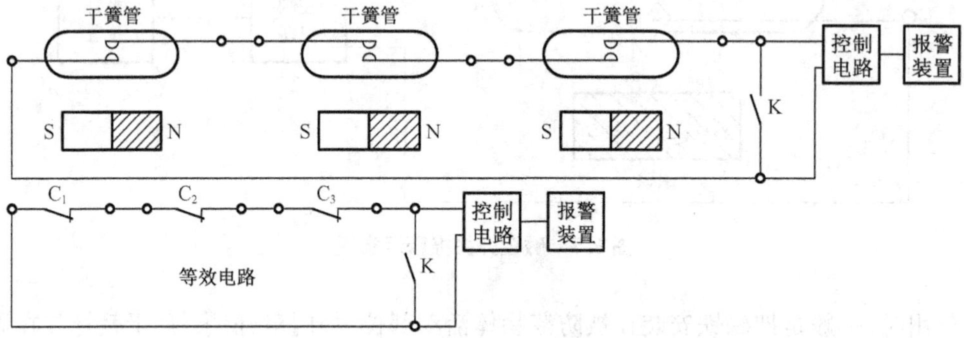

图 6.8　磁控开关的串联使用

当需要多个房间使用磁控开关时,可以使用多路控制器分防区控制报警,如图 6.9 所示。

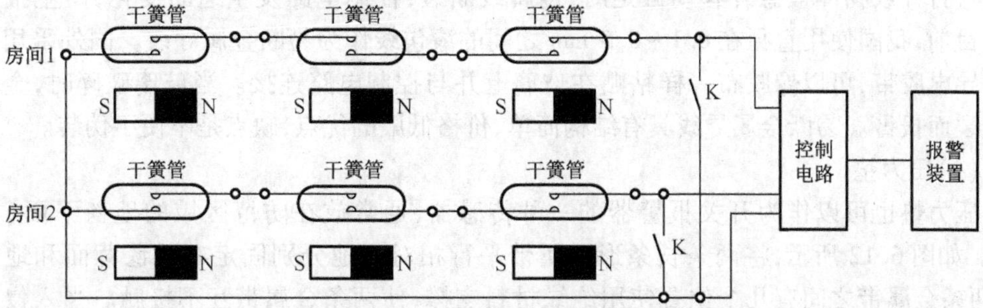

图 6.9　磁控开关的多路控制

门、窗磁开关的实物图如图 6.10 所示。

(2)微动开关

微动开关是一种依靠外部机械力的推动，实现电路通断的电路开关，如图 6.11 所示。最简单的是两个接点的按钮开关，常用还有三个触点的按钮开关。a，c 两点间为常闭触点；a，b 两点间为常开触点。当按钮被按下时，a，b 两点接通，a，c 两点间断开。通常根据外电路和使用要求选择其中一组触点，以形成开路报警或短路报警。

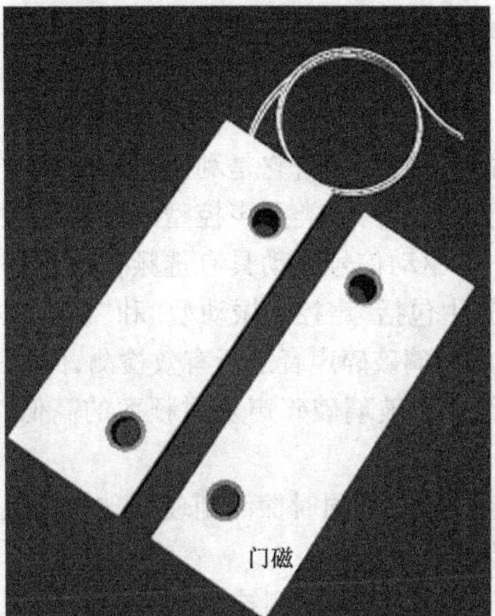

图 6.10　门窗磁实物图

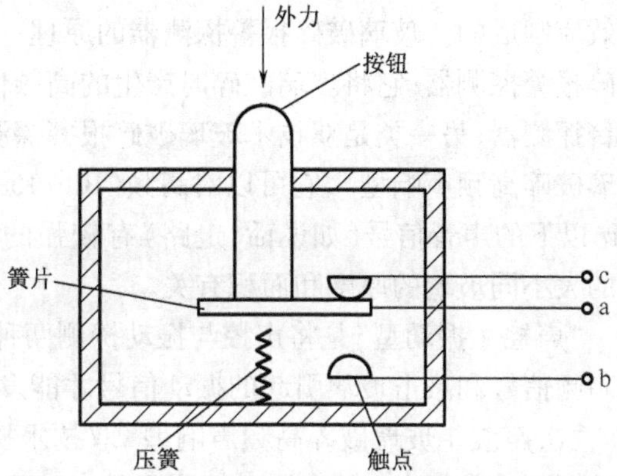

图 6.11　微动开关示意图

将微动开关安装在门框或窗框的合页处，当门、窗被打开时，接点断开，通过电路启动报警装置发出报警信号。将微动开关安装在被保护的物体下面（如展品），平时靠物体本身的质量使开关触点闭合，当有人取走该物体时，开关触点断开，从而发出报警信号。金融单位工作人员脚下安装的脚踏开关也是类似的微动开关，一旦有歹徒进行抢劫时，即可用脚踏的方法使微动开关的触点闭合或断开报警。

(3)易断金属导线

易断金属导线是一种用导电性能好的金属材料制作的机械强度不高、容易断裂的导线。它作为开关报警器的传感器时，可将其捆绕在门、窗把手或被保护的物体之上，当门窗被强行打开或物体被意外移动搬走时,金属线断裂,控制电路发生通断变化,产生报警信号。目前,我国使用直径在0.1~0.5 mm之间的漆包线作为易断金属导线。国外采用一种金属导电胶带,可以像胶布一样粘贴在玻璃上并与控制电路连接。当玻璃破碎时,金属胶带断裂而报警。易断金属导线具有结构简单、价格低廉的优点,缺点是不便于伪装。

(4)压力垫

压力垫也可以作为开关报警器的一种传感器,通常放在防范区域的地毯下面(如门垫)。如图6.12所示,将两条长条形金属带平行相对应地分别固定在地毯背面和地板之间,两条金属带之间有几个位置使用绝缘材料支撑,使两条金属带互不接触。当入侵者进入防区,踩踏地毯,地毯相应部位受重力作用而凹陷。此时,地毯下两条金属带接触,造成控制电路通断变化,发出报警信号。

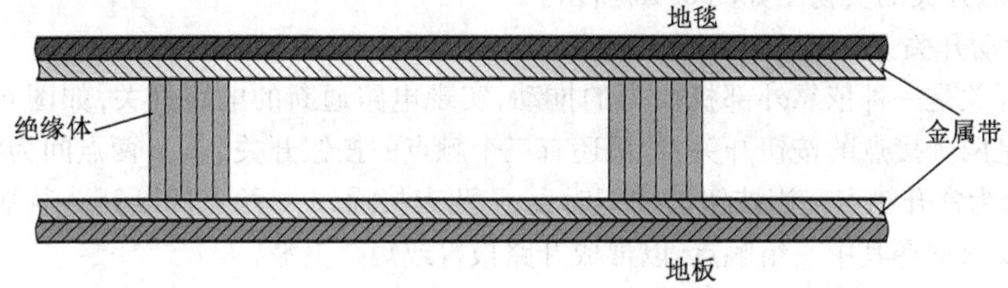

图6.12　压力垫示意图

2.玻璃破碎报警探测器

专门用来探测玻璃破碎时的报警器称为玻璃破碎报警探测器,它是利用压电陶瓷片压电效应制成的。玻璃破碎报警探测器的原理一般分为两大类:一类是声控型的单技术玻璃破碎报警探测器,它将玻璃破碎时产生的高频信号作为驱动信号驱动具有选频作用的声控报警探测器;另一类是双技术玻璃破碎报警探测器,其中包括"声控+振动型"和"次声波+玻璃破碎高频声响型",它可以对高频(10~15 kHz)的玻璃破碎声音进行有效检测,而对10 kHz以下的声音信号(如说话、走路)有较强的抑制作用。玻璃破碎声发射频率的高低、强度的大小同玻璃的厚度和面积有关。

"声控+振动型"是将声控与振动探测两种技术结合,只有同时探测到玻璃破碎时发出的高频信号和敲击玻璃引起的振动信号才能发出报警信号。

"次声波+玻璃破碎高频声响型"双技术探测器是将次声波探测技术和玻璃破碎高频声响探测技术组合,只有同时探测到敲击玻璃的次声波信号和玻璃破碎时发出的高频声响才能发出报警信号。如图6.13所示为几种常见的玻璃破碎报警探测器。

(a)　(b)　(c)

图6.13　常见玻璃破碎探测器

(1)导电簧片式玻璃破碎探测器

导电簧片式玻璃破碎探测器是一种具有弯形金属导电簧片的玻璃破碎探测器,如图6.14所示。两根特制的金属导电簧片12和16,它们的右端分别有电极14和18。簧片16横向略呈弯曲的形状,它对噪声频率有吸收作用。绝缘体、定位螺丝将金属导电簧片12和16左端绝缘,使它们的电极可靠地接触,并将簧片系统固定在外壳底座上。两条引线分别将簧片12和16连接到控制电路输入端。

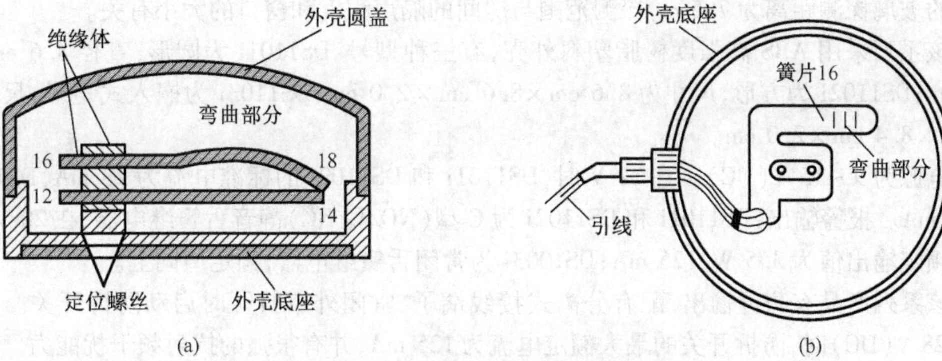

图6.14　导电簧片式玻璃破碎报警探测器

(a)玻璃探测器剖面图;(b)玻璃探测器仰视图

玻璃破碎探测器的外壳需要黏合剂黏附在需防范玻璃的内侧,如图6.15所示。环境温度和湿度的变化及轻微震动产生的低频率甚至敲击玻璃所产生的振动都能被簧片16的几处弯曲部分吸收,不影响电极14与18,使其仍能保持良好接触。只有当探测到玻璃破碎或足以使玻璃破碎的强冲击力时,这些具有特殊频率的振动使簧片16和12产生振动,两者的电极呈现不断开闭状态,触发控制电路产生报警信号。此外,还有水银开关式、压电检测式、声响检测式等玻璃破碎探测器,它们都是以粘贴的方式粘在玻璃面上的,当玻璃破碎或强烈振动时检测报警。因此,这些粘贴式玻璃破碎探测器在布线施工时要仔细、小心。

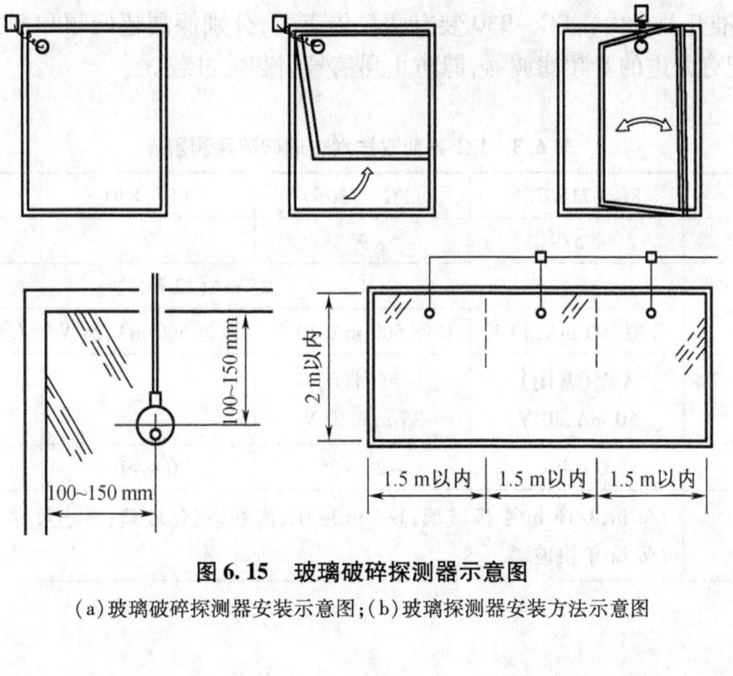

图6.15　玻璃破碎探测器示意图

(a)玻璃破碎探测器安装示意图;(b)玻璃探测器安装方法示意图

(2)声音分析式(SAT)玻璃破碎探测器

随着数字信号处理技术的迅速发展,新型的声音分析式玻璃探测器被开发出来,它是利用微处理器的声音分析技术(SAT)分析与玻璃破碎相关的特定声音频率后进行准确报警的。

例如,美国迪信安保系统公司生产的DS1100i系列玻璃破碎探测器就是利用微处理器的声音分析式探测器。它安装在天花板、相对的墙壁或相毗邻的墙壁上,对0.3 m×0.3 m大小的玻璃探测距离为7.5 m,探测范围与房间的隔声程度和窗口的大小有关。

该系列采用ABS高强度树脂塑料外壳,有三种型号:DS1101i为圆形,直径8.6 cm,厚2.1 cm;DS1102i为方形,尺寸为8.6 cm×8.6 cm×2.0 cm;DS1103i为嵌入式矩形,尺寸为12 cm×8.4 cm×2.0 cm。

电源为9~15 V(DC)。在12 V时,DS1101i和DS1102i的标准电流为23 mA,DS1103i为21 mA。报警输出:DS1101i和DS1102i为C型(NO/C/NC)静音舌簧继电器,在28 V时,最大额定输出值为3.5 W,125 mA;DS1003i为常闭舌簧继电器,额定值同上。

该系列产品有防拆输出,配有分离式接线端子,常闭外罩打开时启动防拆开关。在接最大28 V(DC)时,防拆开关的最大额定电流为125 mA,并有很强的抗射频干扰能力。储存和工作温度为-29 ℃~49 ℃。

美国C&K公司开发生产的FG系列双技术玻璃破碎探测器,其特点是需要同时探测到玻璃破裂时产生的振荡和声频,才会产生报警信号,所以不会受室内物体移动的影响产生误报,极大地降低了误报率,增加了警报系统的可靠性,适于做昼夜24 h的周界防范。

FG系列双技术玻璃破碎探测器的探测原理是采用超低频检测和音频识别技术对玻璃破碎进行探测。如果超低频检测技术探测到玻璃被敲击时所产生的超低频波,而在随后的一段特定时间间隔内,音频识别技术也捕捉到玻璃被击碎后发出的高频声波,则双技术探测器就会确认发生玻璃破碎,并触发报警,可靠性很高。

FG系列双技术玻璃破碎探测器的产品型号如表6.3所示。其中,FG-730S装有一种音频监控电路,可以自动核查传声器(话筒)和音频电路的功能是否正常;FG-830为卧式安装(装在标准开关盒内);FG-930装有两只传声器,分别探测超低频和音频信号,其中超低频传声器配有先进的音频滤波器,能防止强信号引起的过载。

表6.3　FG系列双技术玻璃破碎探测器表

型号	FG-715/731	FG-730S	FG-830	FG-930
探测距离	4.5/9	9	9	9
电源(DC)	10~14 V,25 mA(12 V)			
报警继电器	C型500 mA,30 V	C型500 mA,30 V	A型500 mA,24 V	C型500 mA,24 V
防拆开关	A型(常闭) 50 mA,30 V	A型(常闭) 25 mA,30 V	—	A型(常闭) 50 mA,30 V
工作温度/℃	0~49	-20~55	0~49	0~49
玻璃类型	1/8 in,3/16 in平板玻璃;1/4 in层压、嵌线、钢化玻璃;最小尺寸10 mm×10 mm 7/8 in单块玻璃			

表 6.3(续)

型号	FG-715/731	FG-730S	FG-830	FG-930
尺寸(高×宽×厚)	98 mm×61.5 mm×20 mm		114 mm×74 mm×28 mm	98 mm×61.5 mm×20 mm
质量/g	85	85	74	85

玻璃破碎探测器安装在镶嵌着玻璃的硬墙上或天花板上,如图 6.16 所示的 A,B,C,D 等。探测器与防范玻璃之间的距离不应该超过探测器的探测距离。探测器与被防范玻璃之间不要放置障碍物,以免影响声波的传播。探测器也不要安装在过强振荡环境中。

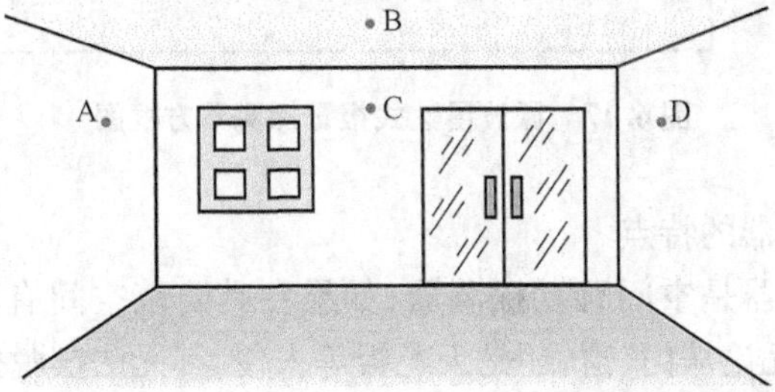

图 6.16　玻璃破碎探测器安装示意图

3. 微波报警探测器

微波报警探测器是利用微波能量的辐射及探测技术构成的报警器,按工作原理可分为雷达式和墙式两种。

(1)微波雷达式报警探测器

微波雷达式报警探测器(多普勒式探测器/微波移动式探测器)是一种将微波收发装置合置的报警探测器,它的工作原理基于微波的多普勒效应原理。下面介绍一下多普勒频率效应。

由物理学知识可知,频率为 f_0 的波(声波、电磁波等)以一定速度 v 向前传播,遇到固定目标(山、房屋、家具等)会反射回来,反射波频率仍为 f_0。但若遇到运动目标,反射波的频率会改变为

$$f = f_0 \pm f_d \tag{6.2}$$

即在发射频率 f_0 上叠加上一个频率 f_d,f_d 称为多普勒频移。由多普勒原理可知,多普勒频移的大小与波的传播速度 v 和目标的径向速度 v_r 有关,关系式为

$$f_d = \frac{2v_r}{v}f_0 \tag{6.3}$$

利用多普勒效应探测运动物体的微波雷达式报警探测器一般由微波探头和控制部分组成,其微波探头方框图如图 6.17 所示。

①微波多普勒探测器的基本原理

微波多普勒探测器的发射器有一个微波小功率振荡源,它通过天线向所防范的区域发射频率为 f_0 微波信号。同时,其中的一部分微波信号进入混频器,大部分能量通过天线向警戒空间辐射。当遇到运动目标时,由于多普勒效应,反射波频率变为 $f=f_0 \pm f_d$,通过接收

天线送入混频器产生差频信号f_d,经放大处理后再传输至控制器。此差频信号也称为报警信号,它触发控制电路报警或显示。这种报警器对静止目标不产生多普勒效应($f_0=0$),没有报警信号输出,一般用于监控室内目标。

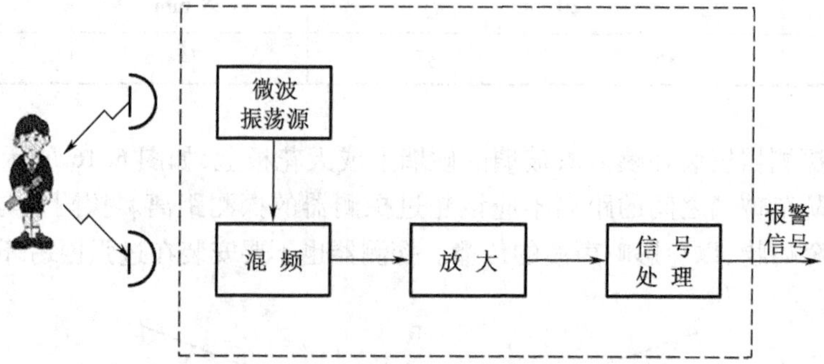

图 6.17 微波雷达式报警探测器方框图

②微波多普勒探测器的特点

a. 微波多普勒探测器是空间移动探测器,如果在其防范空间有移动目标,就会产生报警信号。因此,入侵者无论从门、窗,还是天花板等入侵,都无法摆脱探测器的监视。

b. 微波对非金属物体具有穿透性,如墙、玻璃、木头和塑料等,所以具有很好的隐蔽性。

c. 可靠性高。探测器工作时不受空气流动、光源及热源的影响,不会引起误报现象。

③安装使用注意事项

a. 微波多普勒探测器的探头不能直接对着易活动物体,如门帘、窗帘、风扇等。它们一旦动作相当于移动目标,会引起误报。

b. 由于微波可以穿透非金属物体,所以安装时一定要注意安装位置,以避免室外的运动物体如人、车、动物等引起误报现象。

c. 探测器安装时必须牢固,不能晃动,防止产生相对运动,引起误报警。

d. 探测器不能直接对着闪烁的灯源,因为灯内的电离气体可以反射微波,引起误报。

e. 微波在传播中遇到金属物体会产生反射,安装时必须注意反射波区域内不能有运动物体,否则会引起误报。

如图 6.18 所示分别为微波多普勒探测器的探测区域图与安装方法。

(2)微波墙式报警探测器

微波墙式报警探测器(微波阻挡式探测器/微波对射式探测器)利用了场干扰原理或波束阻断原理,是一种将微波收发装置分置的探测器。

这种报警探测器由微波发射器、发射天线、微波接收器、接收天线和报警控制器等组成。

微波天线发射出定向性很好的调制微波束,工作频率通常在 9 GHz ~ 11 GHz,微波接收天线与发射天线相对放置。当天线之间有阻挡物体时或探测到目标时,由于它破坏了微波的正常传播,接收到的微波信号会有所减弱,从而发出非法入侵报警信号。微波探测器在发射器与接收器间存在的微波电磁场形成了一道不可见警戒线,线长达几百米,宽 2 ~ 4 m,高 3 ~ 4 m,好像一堵大墙,所以称为微波墙式报警探测器或微波栅栏。如图 6.19 所示为常见的微波报警探测器。

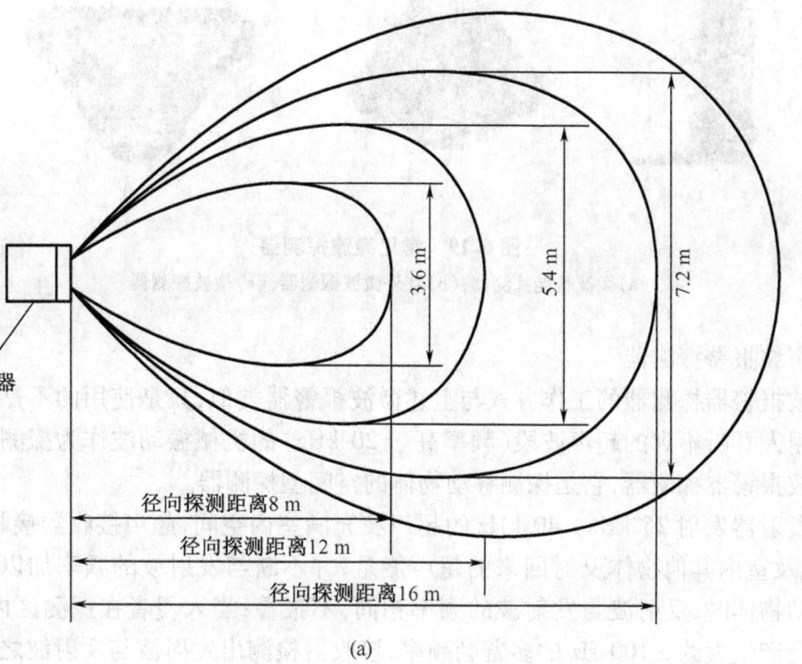

(a)

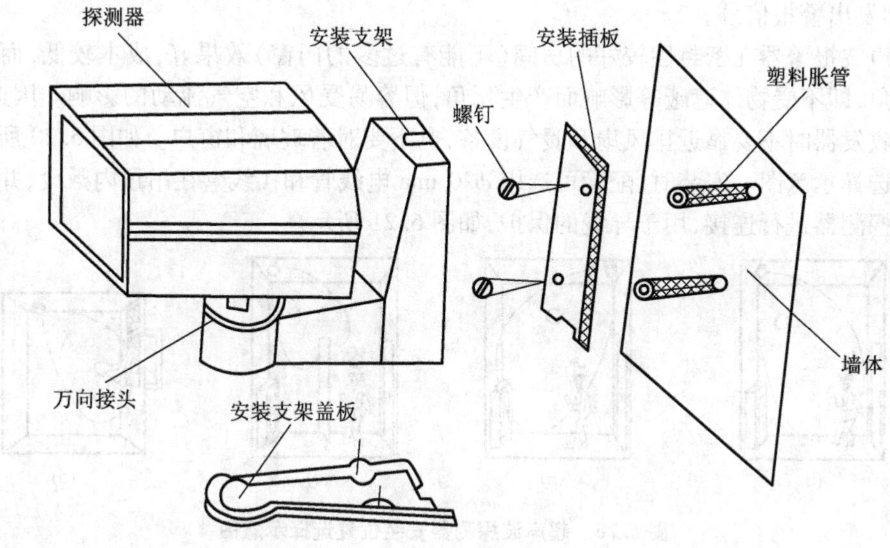

(b)

图 6.18　微波探测器

(a)微波探测区域图;(b)微波探测器安装方法

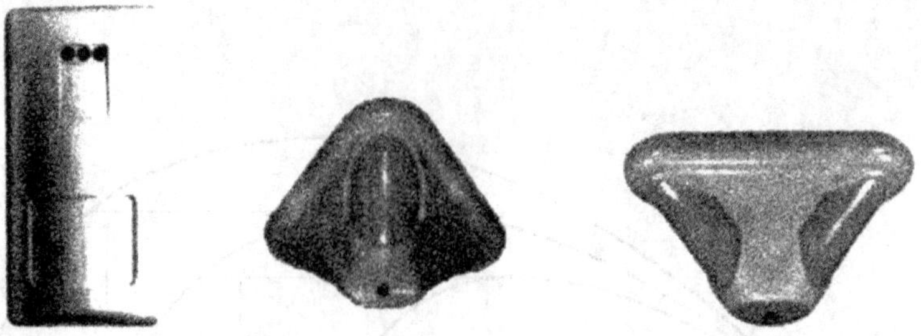

(a) (b) (c)

图 6.19 常见微波探测器

(a)微波智能探测器;(b)红外微波探测器;(c)微波探测器

4. 超声波报警探测器

超声波报警器探测器的工作方式与上述微波报警器类似,只是使用的不是微波而是超声波。利用人耳听不到的超声波段(频率高于 20 kHz)的机械振动波作为探测源的报警器称为超声波报警器探测器,它是探测移动物体的空间型探测器。

超声发射器发射 25 kHz ~ 40 kHz 的超声波充满室内空间,超声接收器接收从墙壁、天花板、地板及室内其他物体反射回来的超声能量,并不断与发射波的频率加以比较。当室内没有移动物体时,反射波与发射波的频率相同,不报警;当入侵者在探测区内移动时,超声反射波会产生大约 ±100 Hz 的多普勒频率,接收器检测出发射波与反射波之间的频率差异后,即发出警报信号。

超声波报警器在密封性较好的房间(不能有过多的门窗)效果好,成本较低,而且没有探测死角,即不受物体遮蔽等影响而产生死角,但容易受风和空气流动的影响。因此,安装超声波收发器时不要靠近排风扇和暖气设备,也不要对着玻璃和窗户。如图 6.20 所示为安装位置选择示意图。安装时,配管可选用 ϕ20 mm 电线管和接线盒在吊顶内敷设,并用金属软管与探测器进行连接,用于导线的保护,如图 6.21 所示。

(a) (b) (c) (d)

图 6.20 超声波探测器安装位置选择示意图

(a)正确;(b)正确;(c)不正确;(d)不正确

5. 声控报警探测器

声控报警器探测器用传声器作传感器(声控头)探测入侵者在防范区域内走动或作案活动发出的声响,如开闭门窗、拆卸搬运物品、撬锁时的声响等,并将此声响转换为报警电信号,经传输线送入报警控制器。此类报警电信号即可送入监听电路转换为音响,供值班人员对防范区直接监听或录音。同时,也可以送入报警电路,在现场声响强度达到一定电平时启动报警装置发出声、光报警,如图 6.22 所示。

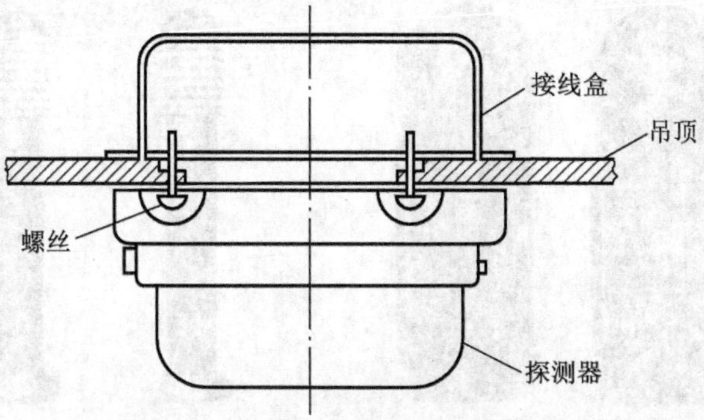

图 6.21　超声波探测器安装示意图

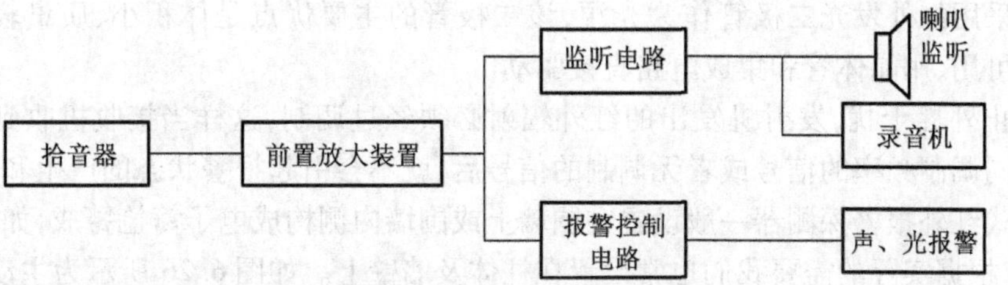

图 6.22　声控报警示意图

这种探测报警系统结构比较简单,仅需在警戒现场适当位置安装一些声控头,将音响通过音频放大器送到报警主监控器即可,成本低廉,安装简便,适合用在环境噪声较小的银行、商店仓库、档案库、机要室、监房、博物馆等场合。

声控报警器通常与其他类型的报警装置配合使用,作为报警复核装置,可以大大降低误报及漏报率。因为任何类型报警器都存在误报或漏报现象,若有声控报警器配合使用,在报警器报警的同时,值班员可监听防范现场有无相应的声响,若听不到异常的声响时,可以认为是报警器出现误报。而当报警器虽未报警但是由声控报警器听到防范现场有撬门、砸锁、玻璃破碎的异常声响时,可以认为现场已被入侵而报警器产生漏报,可及时采取相应措施。

6. 红外报警探测器

红外报警探测器又称红外入侵探测器,按其结构和工作原理不同分为两大类:一类是主动式红外报警探测器,另一类是被动式红外报警探测器。

(1)主动式红外报警探测器

主动式红外报警探测器由主动红外发射机和主动红外接收机两部分组成,如图 6.23 所示。发射装置向装在几米甚至几百米远的接收装置辐射一束红外线,当红外线被遮断时,接收装置接收不到特定的红外线信号,就发出报警信号。因此,它属于阻挡式报警器,也是对射式报警器。如图 6.24 所示为主动式红外报警探测器实物图。

图 6.23　主动式红外报警器探测器的组成示意图

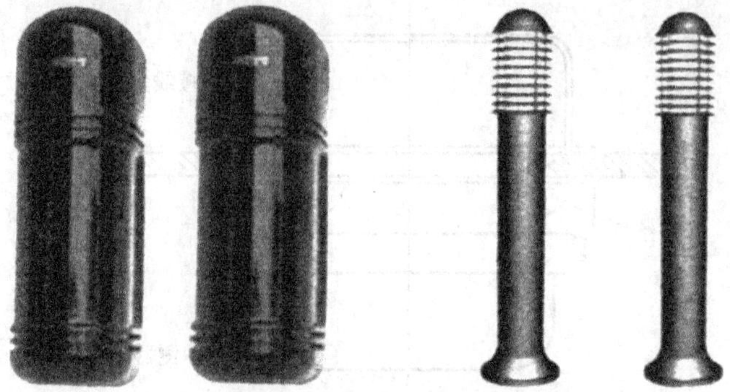

图 6.24　主动式红外报警器实物图

主动式红外报警探测器在性能上要求发射机的红外辐射光谱在可见光光谱之外。发射机通常采用红外发光二极管作为光源，该二极管的主要优点是体积小、质量轻、寿命长、交直流都可用、用晶体管和集成电路直接驱动。

为防止外界干扰，发射机发出的红外辐射必须经过调制，这样当接收机收到接近辐射波长的不同调制频率的信号或者无调制的信号后，就不会引起报警状态的产生和变化。

主动式红外报警探测器一般设置在围墙上或围墙内侧构成电子篱笆警戒，如图 6.25 所示。有时，根据实际的需要我们也常设置在柱体及墙壁上。如图 6.26 所示为主动式红外报警探测器柱装与壁装的安装方法。

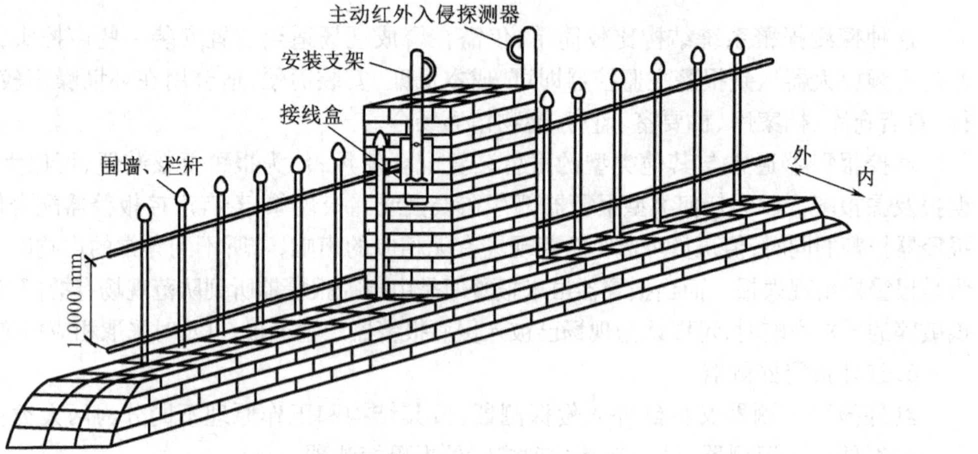

图 6.25　主动式红外探测器围墙安装示意图

目前，常用的有单光束、双光束、多光束主动式红外报警探测器。图 6.27 为几种常见的主动式红外报警探测器的布置图。

注意：我们在安装使用时还应注意到在室内应用时因暴露在外面，容易被损坏或入侵者入侵时故意移位或逃避等；在室外应用时则应考虑雾、雨、雪等天气因素的影响（由于大雾等的存在会引起传输中红外的散射，大大缩短主动红外探测器的有效探测距离）。实测某红外探测器的结果如表 6.4 所示。

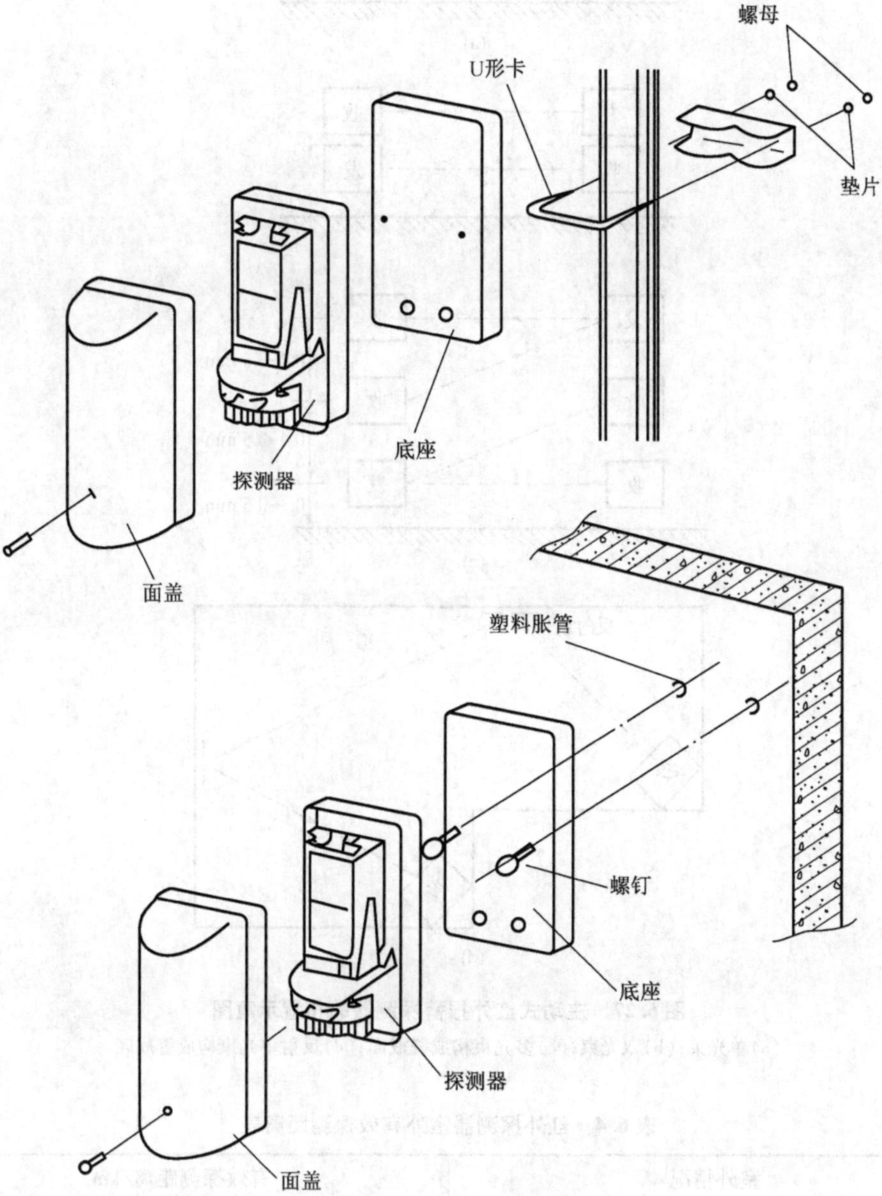

图 6.26　主动式红外探测器安装方法

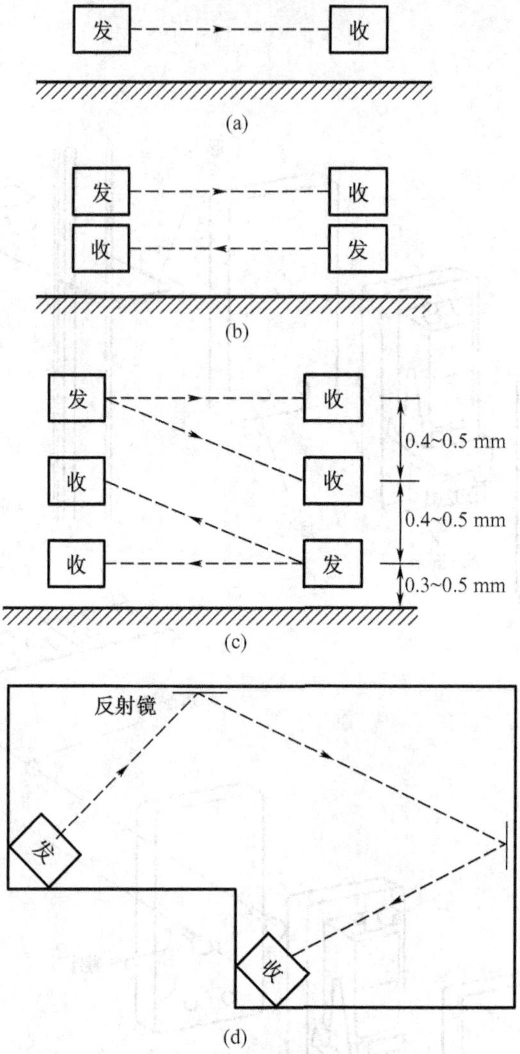

图 6.27　主动式红外报警探测器的布置示意图

(a)单光束;(b)双光束;(c)多光束构成警戒面;(d)反射单光束构成警戒区

表 6.4　红外探测器室外有效探测距离表

室外情况	有效探测距离/km
无雾时有效探测距离	7
浅雾时有效探测距离	2.5
轻雾时有效探测距离	1
中雾时有效探测距离	0.6
重雾时有效探测距离	0.3

(2)被动式红外报警探测器

被动式红外报警探测器由红外线探头和报警器组成。它不向空间辐射能量,而是依靠接收人体发出的红外热辐射进行报警。任何有温度的物体都在不断地向外界辐射红外热辐射线(人体的表面温度约为 36 ℃),其大部分辐射能量集中在 8 ~ 12 μm 的波长范围内,而人体的热辐射波长在 10 μm。

红外探测器目前用得最多的是热释电探测器,作为人体红外线辐射转变为电量的传感器。如果把人的红外线辐射直接照射在探测器上,当然也会引起温度变化而输出信号,但这样做,探测距离有限。为了加长探测距离,必须附加光学系统来收集红外线辐射,通常采用塑料镀金属的光学反射系统或塑料做的菲涅耳透镜作为红外线辐射的聚焦系统。由于塑料透镜是压铸出来的,所以成本显著降低,从而在价格上可与其他类型报警器相竞争。

为了消除红外线干扰,在探测器前装有波长为 8 ~ 14 μm 的滤光片。为了更好地发挥光学视场的探测效果,目前光学系统的视场探测模式常设计成多种方式,主要有广角型、呈狭长型(长廊型)、全方向型等,如图 6.28 所示。

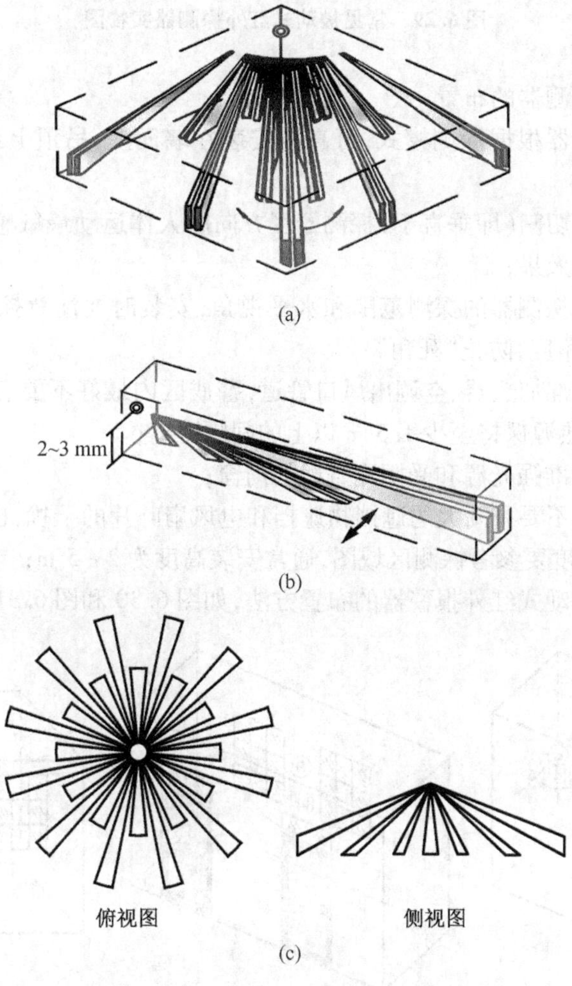

图 6.28　被动式红外线探测器探测模式

(a)广角型;(b)长廊型;(c)全方向型

①被动式红外探测器主要工作原理

大多数被动式红外探测器的原理是利用探测器采集在监测范围内所有辐射及反射的

红外线能量,并把它们作为参照,只要这一参照保持不变,探测器的报警断电器保持(即不报警)。探测器的多段发射镜把警戒区划分为几个红外线敏感区,而在多段反射镜的焦点上放置一块热释电传感器,只要有入侵者进入或离开其中一个敏感区,热释电传感器就会探测到红外线能量的瞬间变化并产生电信号,经过一系列电子线路的处理使继电器动作,触发报警。如图 6.29 所示为几种常见的被动式红外探测器实物图。

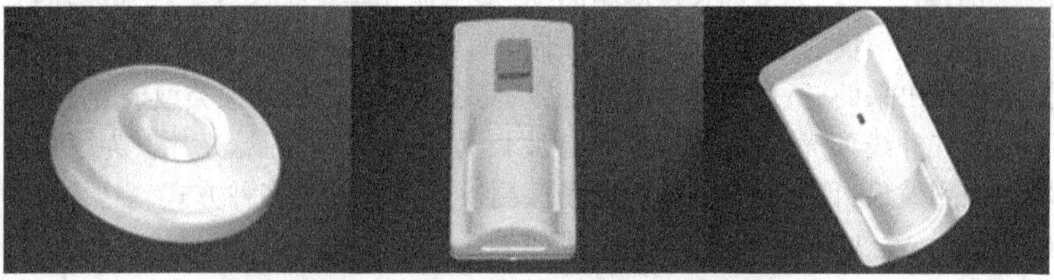

图 6.29　常见被动式红外探测器实物图

②被动式红外探测器的布置

被动式红外探测器根据探测模式,可直接安装在墙面上、吊顶上或墙角处。其布置和安装的原则如下:

a. 探测器对横向切割(即垂直于)探测器区方向的人体运动最敏感,所以布置时尽量利用这个特征达到最佳效果;

b. 布置时要注意探测器的探测范围和水平视角,安装时要注意探测器的窗口(菲涅耳透镜)与警戒的相对角度,防止"死角";

c. 探测器不要对准加热器、空调出风口管道,警戒区内最好不要有空调或热源,如果无法避免热源,则应与热源保持至少 1.5 m 以上的间隔距离;

d. 探测器不要对准强光源和受阳光直射的门窗;

e. 警戒区内注意不要有高大的遮挡物遮挡和电风扇叶片的干扰,也不要安装在强电处;

f. 探测器安装高度要参考探测区域图,通常安装高度为 2 ~5 m;

下面介绍几种被动式红外报警器的布置方法,如图 6.30 和图 6.31 所示。

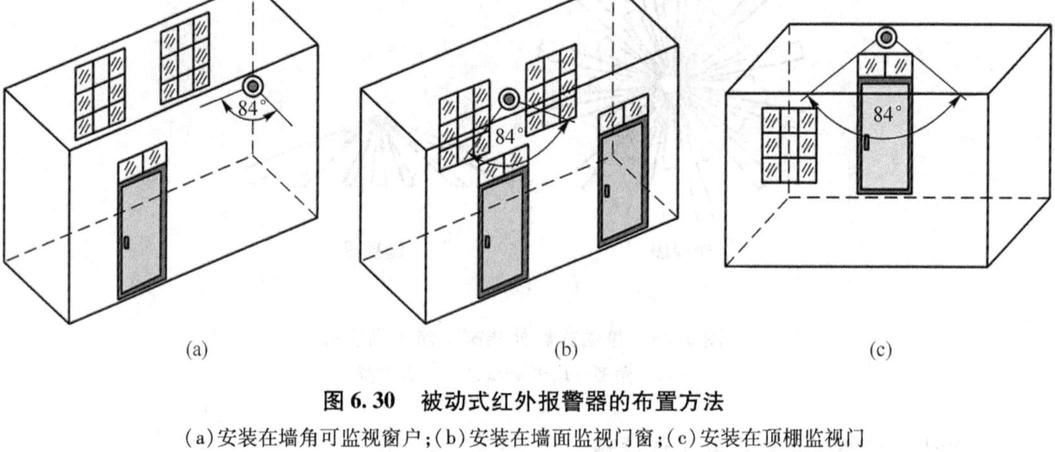

(a)　(b)　(c)

图 6.30　被动式红外报警器的布置方法

(a)安装在墙角可监视窗户;(b)安装在墙面监视门窗;(c)安装在顶棚监视门

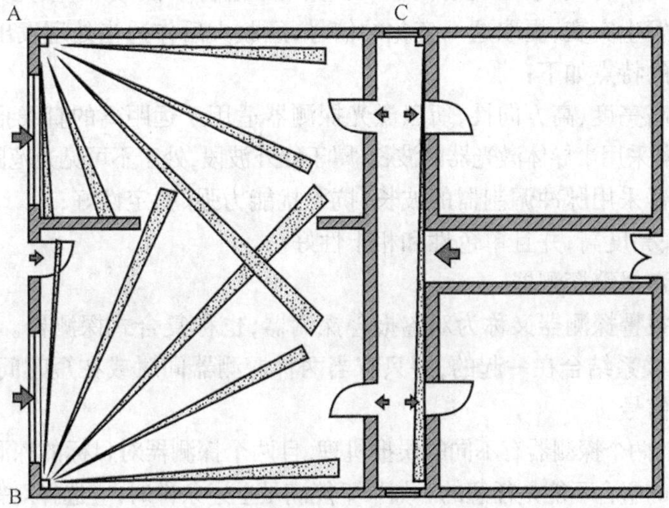

图 6.31　被动式红外报警器布置示例

注意：探测器 A 和 B 安装在房间的墙角处，探测器 C 安装在走廊或主通道(入口)处。图 6.31 中箭头方向为入侵者可能闯入的方向。

具有全方位视场被动式红外探测器的安装方式如图 6.32 所示。

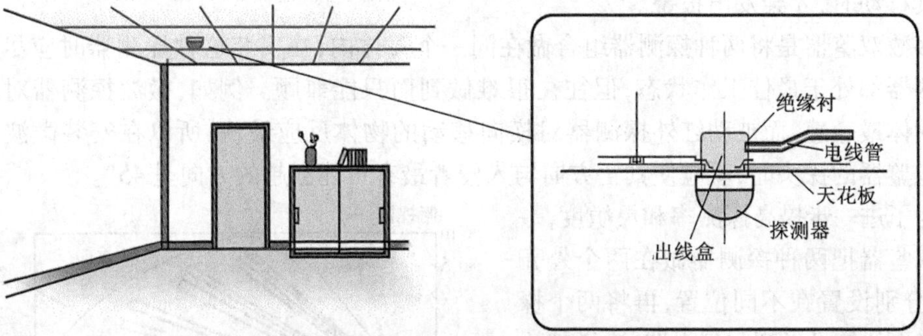

图 6.32　被动式红外探测器的安装方式

③被动式红外报警探测器的特点

a. 依靠入侵者自身的红外辐射作为触发信号，即以被动式工作，设备本身不发射任何类型的辐射，隐蔽性好，不容易被入侵者察觉；

b. 不计较照明条件，昼夜可用，特别适合在夜间或黑暗环境中工作；

c. 不发射能量，没有易磨损的活动部件，所以仪器功耗低，结构牢固，寿命长；

d. 由于是被动式的，因此不存在发射机与接收机之间的调校问题；

e. 与微波探测器相比，红外波长不能穿越砖头、水泥等一般建筑物，所以被动式红外探测器不必担心室外运动目标对探测区域的影响；

f. 大面积室内多个探测器安装时，被动式红外探测器不会引起系统互扰现象。

7. 激光入侵探测器

激光入侵探测器同主动式红外探测器一样，都是由发射机和接收机组成的，都属于阻挡式报警探测器。发射机发射一束近红外激光光束，由接收机接收，在收发机之间构成一条看不见的激光光束警戒线。当被探测目标侵入防范警戒区域时,激光光束被遮挡,接收机接收到光信号发生突变,提取这一变化的信号,经放大后作适当处理发出报警信息。

激光探测器的特点如下:

①激光具有高亮度、高方向性,所以激光探测器适用于远距离的直线报警装置;

②激光探测器采用半导体激光器的波长,属于红外波段,处于不可见光范围,便于隐蔽;

③激光探测器采用脉冲调制器的波长,抗干扰能力强、稳定性好;

④方向性好、亮度高,并且单色性和相干性好。

8. 双技术防盗报警探测器

双技术防盗报警探测器又称为双鉴报警探测器,也称复合式探测器。它是将两种探测技术以"相与"的关系结合在一起的,即只有当两种探测器同时或在短时间内相继探测到目标时才发出报警信号。

因为组合中的两个探测器有不同的误报机理,且两个探测器对目标的探测灵敏度又尽可能相同,所以双技术的组合不能是任意的。如果不能满足上述条件时,应选择对警戒环境产生误报率最低的两种类型探测器,如果两种探测器对警戒环境的误报率都很高,即使两者结合成双技术报警器时也不会显著降低误报率。选择的探测器应对外界经常产生的干扰不敏感。

通过试验比较,在各种组合方式的双鉴器中,微波 - 被动红外双鉴器的误报率最低,工作最可靠,它是目前较为理想的报警器,得到了广泛应用。

微波 - 被动红外双鉴器工作时,只有当它既感应到入侵者的体温(红外热辐射),又探测到其移动时,才会发出报警。

多数双鉴器是将两种探测器组合做在同一个壳体内,在安装这种探测器时应尽量使两种探测器都处于最佳工作状态,但往往很难做到而只能兼顾。例如,微波探测器对径向移动的物体最敏感,而被动红外探测器对横向移动的物体反应最快,所以在安装微波 - 被动红外双鉴器的探头时,就应使其正方向与入侵者最有可能穿越的方向呈45°。

为了进一步提高探测率和灵敏度,一部分双鉴器把两种探测器做在两个外壳内,并分别设置在不同位置,再将两个探测器输出的信号送到与门电路,这样就构成了所谓的分体式双鉴器。例如,分体式微波 - 被动红外双鉴器的两个探头一般均安装在两个相互垂直方向的位置上,这样就能使二者都处于最佳工作状态。

随着数字信号处理技术的发展,近年来还出现以微处理器为基础的三技术被动红外 - 微波探测器,它除了利用微波和被动红外技术进行探测报警外,还采用先进的微处理器数字信号处理技术对信号进行处理和分析,从而构成所谓三技术探测器。

下面介绍一下 DX - 40PLUS 型双鉴探测器探测区域图及顶装双鉴器安装示意图,如图 6.33 及图 6.34 所示。

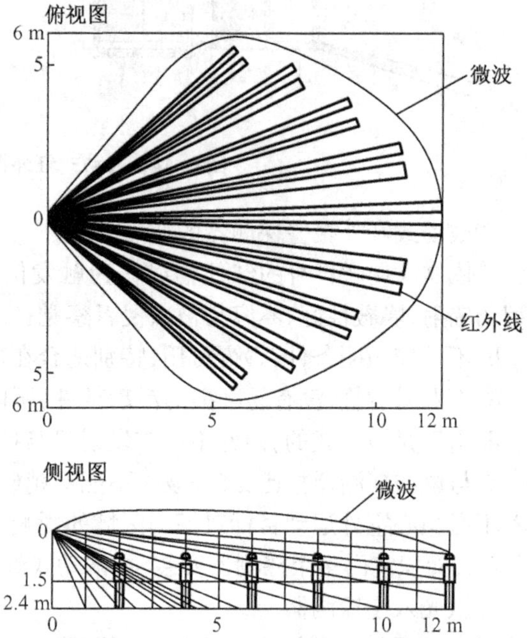

图 6.33　DX - 40PLUS 型双鉴探测器探测区域图

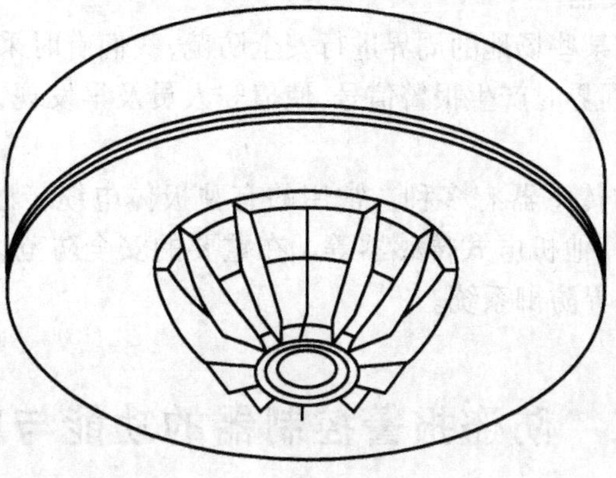

(a)

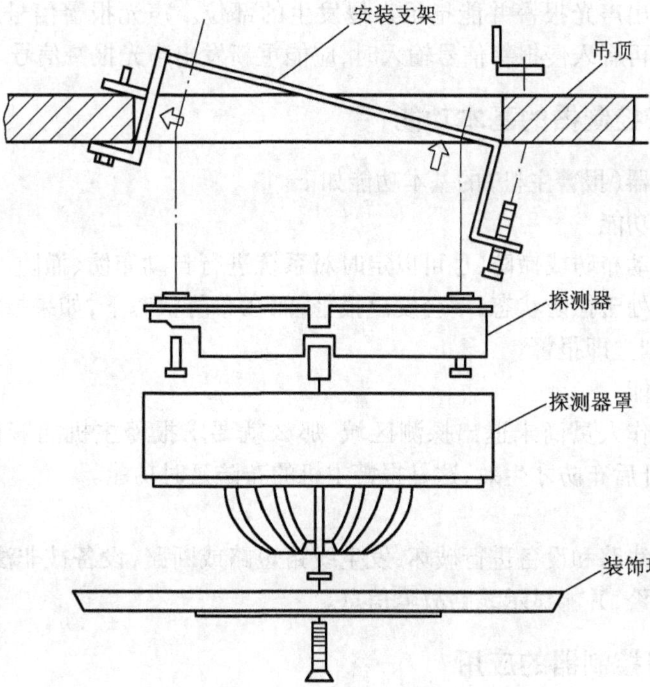

(b)

图 6.34　顶装双鉴探测器

(a)顶装双鉴探测器实物图;(b)顶装双鉴探测器安装方法

9. 场变化式报警探测器

场变化式报警探测器主要用于财产的监控保护,需要保护的财产(如金属保险箱)独立安置,平时加有电压,形成静电场,亦即对地构成一个具有一定电容量的电容器。当有人接近保险箱周围的场空间时,电介质就发生变化,与此同时,等效电容量也随之发生变化,从而引起 LC 振荡回路的振荡频率发生变化。分析处理器一旦采集到这一变化数据,立即触发继电器报警,在作案之前就能发出报警信号。

10. 周界防御报警探测器

为了对大型建筑物或某些场地的周界进行安全防范,我们有时采用周界防御报警探测器,当入侵者接近或越过周界时产生报警信号,使值守人员及早发现,及时采取制止入侵者的措施。

用于周界防御报警的传感器有多种。常用的有驻极体电缆传感器、泄漏电缆式传感器、光线传感器以及一些其他机电式传感器等。在重要的安全防范区域,可将几种报警器组合成一个严密的综合周界防御系统。

任务三　防盗报警控制器的功能与应用

防盗报警控制器可以直接或间接接收来自报警探测器发出的报警信号,并进行分析、判断、处理,然后发出声光报警并能指示入侵发生的部位。声光报警信号应能保持到手动复位,复位后,如果再有入侵报警信号输入时,应能重新发出声光报警信号。

一、防盗报警控制器的基本功能

防盗报警控制器(报警主机)的基本功能如下。

1. 布防与撤防功能

报警主机可手动布防或撤防,也可以定时对系统进行自动布防、撤防。在正常状态下,监视区的探测设备处于撤防状态,不会发出报警;而在布防状态下,如果探测器有报警信号向报警主机传来,则立即报警。

2. 布防延时功能

如果布防时操作人员尚未退出探测区域,那么就要求报警主机能够自动延时一段时间,等操作人员离开后布防才生效,这是报警主机的布防延时功能。

3. 防破坏功能

当有人对报警线路和设备进行破坏,发生线路短路或断路,设备被非法撬开等情况时,报警主机会发出报警,并能显示线路故障信息。

二、防盗报警控制器的应用

1. 小型报警控制器

对于一般的小用户,其防护的部位很少,如写字楼里的小公司,学校的财会、档案室,较小的仓库等,都可采用小型报警控制器。

(1)小型报警控制器一般功能

①能提供 4 ~ 8 路报警信号,功能扩展后,能从接收天线接受无线传输的报警信号;

②能在任何一路信号报警时,发出声光报警信号,并能显示报警方位、时间;

③对系统有自查能力;

④市电正常供电时能对备用电源充电,断电时能自动切换到备用电源上,以保证系统正常工作,另外还有欠压报警功能;

⑤具有 5 ~ 10 min 延迟报警功能;

⑥能向区域报警中心发出报警信号;

⑦能存入2~4个紧急报警电话号码,发生报警情况时,能自动依次向紧急报警电话发出报警信号。

(2)一般小型防盗报警系统中,报警主机可以进行的功能操作

①预备状态:检查被警戒区域的门窗是否完全关好,然后等到防区指示灯熄灭,绿色预备灯亮起,整个系统即处于预备工作状态。

②系统布防:[密码]+[布防]。

③系统撤防:[密码]+[撤防]。

④快速布防:按[布防]键3 s。

⑤留守布防:[密码]+按[旁路]键3 s。

⑥周界布防:[密码]+[旁路]+[布防]。

⑦解除报警:[密码]+[撤防]。

⑧清除历史报警:按[#]键3 s。

总而言之,小型入侵报警系统的功能简单,使用方便。每一个具体的机器型号不同,会导致编程和使用方式各不相同,在现场可按照各自的操作说明书操作。

(3)小型防盗报警系统中报警控制器的连接

小型防盗报警系统中报警控制器应与其电源、后备电池、电话线、报警探测器、警铃、键盘等连接,如图6.35所示。

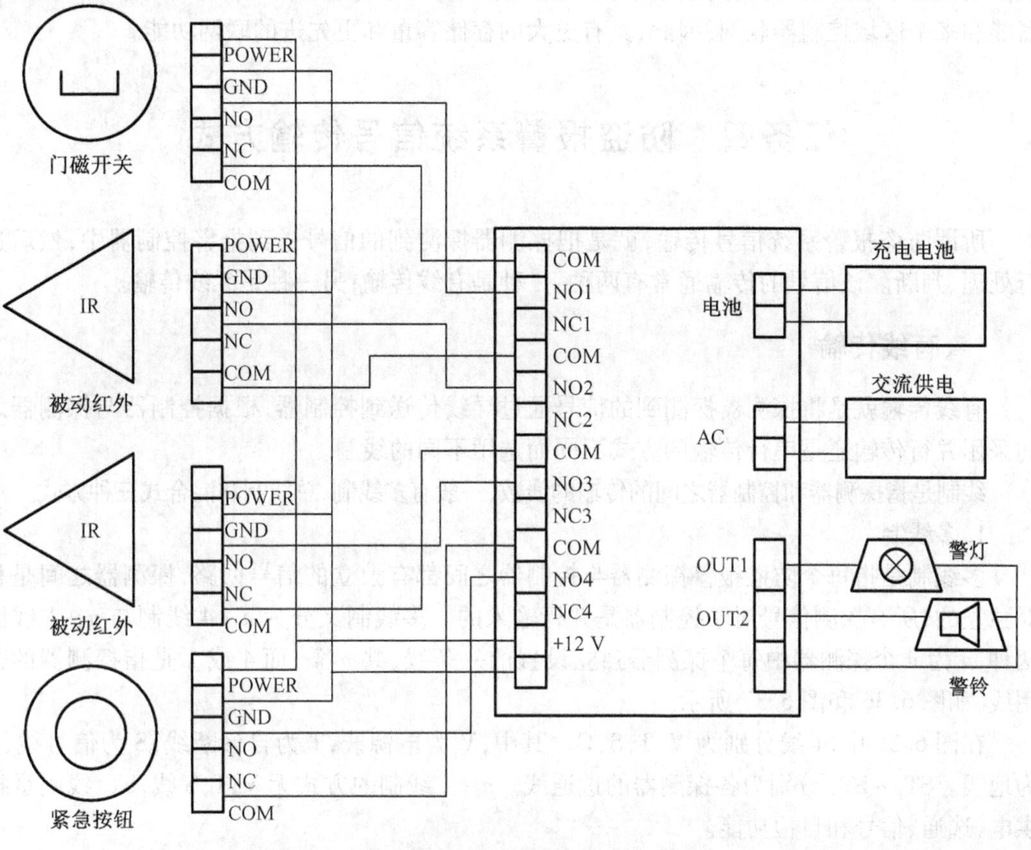

图6.35　小型防盗报警系统报警控制器的连接

2. 区域报警控制器

对于一些相对较大的工程系统,要求防范的区域较大,防范的点也较多,如高层写字楼、高级的住宅小区、大型的仓库、货场等。此时,可选用区域性的入侵报警控制器。区域入侵报警控制器具有小型控制器的所有功能,而且有更多的输入端,如有16路、24路及32路或更多的报警输入,并具有良好的并网能力。为了输入更多报警信号,要适当缩小控制器的体积。现在区域入侵报警控制器更多地利用了计算机技术,实现了输入信号的总线制。所有的探测器根据安置的地点,实现统一编码。探测器的地址码、信号及供电由总线完成,大大地简化了工程安装。每路输入总线上可挂接多个探测器,而且每路总线上有短路保护,当某路电路发生故障时,控制中心能自动判断故障部位,而不影响其他各路的工作状态。当任何部位发出报警信号后,能直接送到控制中心的CPU、报警显示板、电发光二极管或液晶显示报警部位。同时,驱动声光报警电路,可以启动硬盘录像机记录下图像。与此同时,还可以及时把报警信号送到外设通信接口,向更高一级的报警中心或有关主管单位报警。

3. 集中报警控制器

在大型和特大型的报警系统中,由集中入侵控制器把多个区域控制器联系在一起。集中入侵控制器能接收各个区域控制器送来的信息,同时也能向各区域控制器送去控制指令,直接监控各区域控制器监控的防范区域。集中入侵控制器又能直接切换出任何一个区域控制器送来的声音和图像复核信号,并根据需要,用录像记录下来。由于集中入侵控制器能和多个区域控制器联网,因此,具有更大的存储容量和更先进的联网功能。

任务四　防盗报警系统信号传输方式

所谓防盗报警系统信号传输,就是把探测器探测到的信号送到报警控制器中,然后进行处理、判断。该信号的传输通常有两种:一种是有线传输;另一种是无线传输。

一、有线传输

有线传输就是将探测器探测到的信号通过导线传送到控制器,根据控制器与探测器之间采用并行传输还是串行传输的方式不同而选用不同的线制。

线制是指探测器和控制器之间的传输的线数,一般有多线制、总线制和混合式三种方式。

1. 多线制

多线制是指每个防盗报警探测器与控制器之间都有独立的信号回路,探测器之间是相对独立的,所有探测信号对于控制器是并行输入的。多线制又分为 $n+4$ 线制与 $n+1$ 线制两种,n 为 n 个探测器中每个探测器独立设置的一条线,共 n 条;而4或1是指探测器的公用线,如图6.36和图6.37所示。

在图6.36中,4线分别为V,T,S,G。其中,V为电源线,T为自诊断线,S为信号线,G为地线。$ST_1 \sim ST_n$ 分别为各探测器的选通线。$n+1$ 线制的方式无V,T,S线,ST_i 线则承担供电、选通、信号和自检功能。

多限制的特点是:探测器的电路比较简单、线缆多、配管直径大、穿线复杂、线路故障不方便查找。因此,多限制方式只适用于小型报警系统。

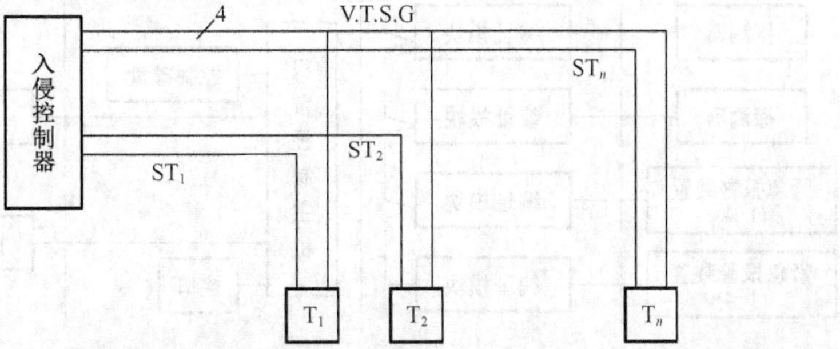

图 6.36　*n* +4 线制连接示意图

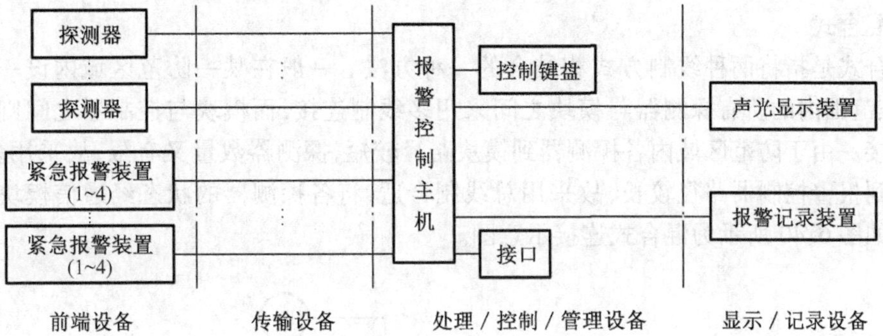

图 6.37　多线制模式图

2. 总线制

总线制是指采用 2 条至 4 条导线构成总线回路,所有的探测器都并接在总线上,每只探测器都有自己的独立地址码,防盗报警控制器采用串行通信的方式按不同的地址信号访问每只探测器,如图 6.38 和图 6.39 所示。

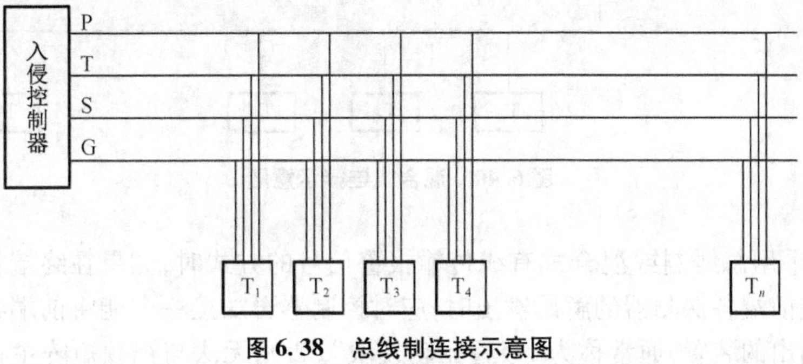

图 6.38　总线制连接示意图

图 6.38 中 P 线提供探测器的电源、地址编码信号;T 为自检信号线,以判断探测部位或传输线是否有故障;S 线为信号线,S 线上的信号对探测部位而言是分时的;G 线为公共地线。如果是二总线制,只有 P,G 两条线,则 P 线完成供电、选址、自检、获取信息等功能。

总线制的特点是用线量少、设计施工方便。因此,总线制被广泛使用。

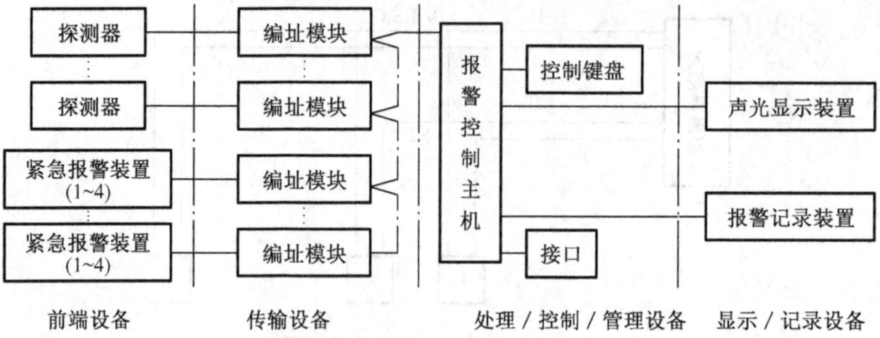

图 6.39　总线制模式图

3. 混合式

混合式是指将两种线制方式相结合的一种方法。一般在某一防范区域内设一通信模块,在该范围内的所有探测器与模块之间采用多线制连接,而模块与控制器之间则采用总线制连接。由于防范区域内各探测器到模块路径较短,探测器数量又有限,故采用多线制,而模块到报警控制器路径较长,故采用总线制合适,将各探测器的状态经通信模块传给控制器。如图 6.40 所示为混合式连接示意图。

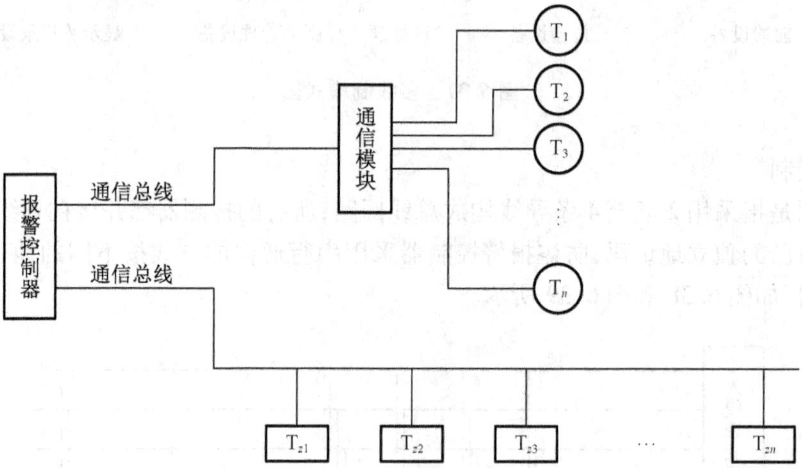

图 6.40　混合式连接示意图

注意:在采用总线制或混合式有线传输报警信号的方式时,如果在终端报警控制器上没有一一对应前端各探测器的解码输出时,应对控制器再加接一个能将前端各探测器解码并一一对应输出的装置,通常称为“报警驱动模块”,否则无法与视频矩阵主机进行报警联动。如果有些报警控制器有与矩阵切换主机通信的接口,并有相同的通信协议,意味着通过通信接口的连接,可将前端报警探测器一一对应送入矩阵切换主机,也可以进行报警联动,这时就不必加装“报警驱动模块”。

二、无线传输

无线传输是探测器输出的探测信号经过调制,用一定频率的无线电波向空间发送,由报警中心的控制器所接收，而控制中心将接收信号处理后发出报警信号和判断出报警部位。全国无线电管理委员会指定可用的无线电频率范围为 36.050 MHz～36.725 MHz。如图 6.41 所示为无线传输模式。

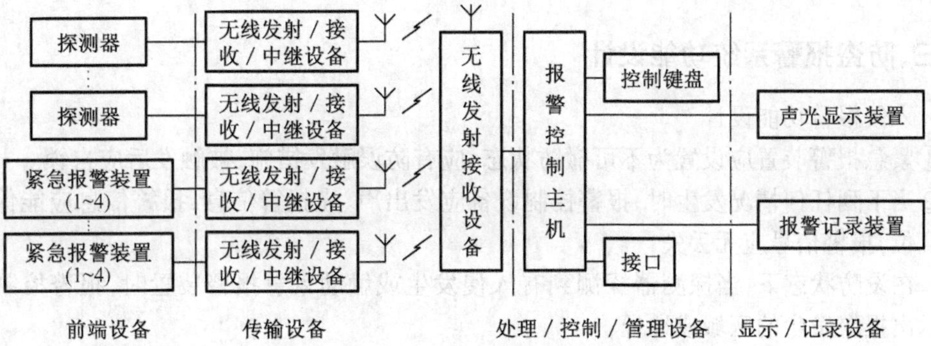

图 6.41 无线传输模式

任务五 一般防盗报警系统工程设计

防盗报警系统工程的设计必须根据国家发布的有关标准，必须以提高防盗报警系统工程的质量，保护公民人身安全和国家、集体、个人财产安全为主要目的，如《入侵报警系统工程设计规范》编号为 GB 50394—2007 的设计规范，下面简要地介绍一下。

一、防盗报警系统工程设计原则

①根据防护对象的风险等级和防护级别、环境条件、功能要求、安全管理要求和建设投资等因素，确定系统的规模、系统模式及应采取的综合防护措施。

②根据建设单位提供的设计任务书、建筑平面图和现场勘察报告，进行防区的划分，确定探测器、传输设备的设置位置和选型。

③根据防区的数量和分布、信号传输方式、集成管理要求、系统扩充要求等，确定控制设备的配置和管理软件的功能。

④系统应以规范化、结构化、模块化、集成化的方式实现，以保证设备的互换性。

二、防盗报警系统纵深防护体系设计

入侵报警系统的设计应符合整体纵深防护和局部纵深防护的要求，纵深防护体系包括周界、监视区、防护区和禁区。

周界可根据整体纵深防护和局部纵深防护的要求分为外周界和内周界。周界应构成连续无间断的警戒线（面）。周界防护应采用实体防护或/和电子防护措施，采用电子防护时需设置探测器，当周界有出入口时应采取相应的防护措施。

监视区可设置警戒线（面），宜设置视频安防监控系统。

防护区应设置紧急报警装置、探测器，宜设置声光显示装置，利用探测器和其他防护装置实现多重防护。

禁区应设置不同探测原理的探测器,应设置紧急报警装置和声音复核装置,通向禁区的出入口、通道、通风口、天窗等应设置探测器和其他防护装置,实现立体交叉防护。

被防护对象的设防部位应符合现行国家标准《安全防范工程技术规范》GB 50348 的相关要求。

三、防盗报警系统功能设计

1. 入侵报警功能设计

①紧急报警装置应设置为不可撤防状态,应有防误触发措施,被触发后应自锁。

②当下列任何情况发生时,报警控制设备应发出声、光报警信息,报警信息应能保持到手动复位,报警信号应无丢失:

a. 在设防状态下,当探测器探测到有入侵发生或触动紧急报警装置时,报警控制设备应显示出报警发生的区域或地址;

b. 在设防状态下,当多路探测器同时报警(含紧急报警装置报警)时,报警控制设备应依次显示出报警发生的区域或地址。

③报警发生后,系统应能手动复位,不应自动复位。

④在撤防状态下,系统不应对探测器的报警状态做出响应。

2. 防破坏及故障报警功能设计

当下列任何情况发生时,报警控制设备上应发出声、光报警信息,报警信息应能保持到手动复位,报警信号应无丢失:

①在设防或撤防状态下,当入侵探测器机壳被打开时;

②在设防或撤防状态下,当报警控制器机盖被打开时;

③在有线传输系统中,当报警信号传输线被断路、短路时;

④在有线传输系统中,当探测器电源线被切断时;

⑤当报警控制器主电源/备用电源发生故障时;

⑥在利用公共网络传输报警信号的系统中,当网络传输发生故障或信息连续阻塞超过30 s时。

3. 记录显示功能设计

①系统应具有报警、故障、被破坏、操作(包括开机、关机、设防、撤防、更改等)等信息的显示记录功能;

②系统记录信息应包括事件发生时间、地点、性质等,记录的信息应不能更改。

4. 系统应具有自检功能

略。

5. 系统应能手动/自动设防/撤防

系统应能按时间在全部及部分区域任意设防和撤防;设防、撤防状态应有明显不同的显示。

6. 系统报警响应时间

①分线制、总线制和无线制入侵报警系统不大于2 s;

②基于局域网、电力网和广电网的入侵报警系统不大于2 s;

③基于市话网电话线入侵报警系统不大于20 s。

7. 系统报警复核功能

①当报警发生时,系统宜能对报警现场进行声音复核;

②重要区域和重要部位应有报警声音复核。

8. 无线入侵报警系统的功能设计

除应符合上述1～7条的要求之外，无线入侵报警系统的功能设计还应符合下列规定：

①当探测器进入报警状态时，发射机应立即发出报警信号，并应具有重复发射报警信号的功能；

②控制器的无线收发设备宜具有同时接收处理多路报警信号的功能；

③当出现信道连续阻塞或干扰信号超过30 s时，监控中心应有故障信号显示；

④探测器的无线报警发射机，应有电源欠压本地指示、监控功能。

四、设备选型与设置

1. 探测设备

（1）探测器的选型

①根据防护要求和设防特点选择不同探测原理、不同技术性能的探测器，多技术复合探测器应视为一种技术的探测器；

②所选用的探测器应能避免各种可能的干扰，减少误报，杜绝漏报；

③探测器的灵敏度、作用距离、覆盖面积应能满足使用要求。

（2）周界用入侵探测器的选型

①规则的外周界可选用主动式红外入侵探测器、遮挡式微波入侵探测器、振动入侵探测器、激光式探测器、光纤式周界探测器、振动电缆探测器、泄漏电缆探测器、电场感应式探测器、高压电子脉冲式探测器等；

②不规则的外周界可选用振动入侵探测器、室外用被动红外探测器、室外用双技术探测器、光纤式周界探测器、振动电缆探测器、泄漏电缆探测器、电场感应式探测器、高压电子脉冲式探测器等；

③无围墙/栏的外周界可选用主动式红外入侵探测器、遮挡式微波入侵探测器、激光式探测器、泄漏电缆探测器、电场感应式探测器、高压电子脉冲式探测器等；

④内周界可选用室内用超声波多普勒探测器、被动红外探测器、振动入侵探测器、室内用被动式玻璃破碎探测器、声控振动双技术玻璃破碎探测器等。

（3）出入口部位用入侵探测器的选型

①外周界出入口可选用主动式红外入侵探测器、遮挡式微波入侵探测器、激光式探测器、泄漏电缆探测器等；

②建筑物内对人员、车辆等有通行时间界定的正常出入口（如大厅、车库出入口等）可选用室内用多普勒微波探测器、室内用被动红外探测器、微波和被动红外复合入侵探测器、磁开关入侵探测器等；

③建筑物内非正常出入口（如窗户、天窗等）可选用室内用多普勒微波探测器、室内用被动红外探测器、室内用超声波多普勒探测器、微波和被动红外复合入侵探测器、磁开关入侵探测器、室内用被动式玻璃破碎探测器、振动入侵探测器等。

（4）室内用入侵探测器的选型

①室内通道可选用室内用多普勒微波探测器、室内用被动红外探测器、室内用超声波多普勒探测器、微波和被动红外复合入侵探测器等；

②室内公共区域可选用室内用多普勒微波探测器、室内用被动红外探测器、室内用超声波多普勒探测器、微波和被动红外复合入侵探测器、室内用被动式玻璃破碎探测器、振动入侵探测器、紧急报警装置等,宜设置两种以上不同探测原理的探测器;

③室内重要部位可选用室内用多普勒微波探测器、室内用被动红外探测器、室内用超声波多普勒探测器、微波和被动红外复合入侵探测器、磁开关入侵探测器、室内用被动式玻璃破碎探测器、振动入侵探测器、紧急报警装置等,宜设置两种以上不同探测原理的探测器。

(5)探测器的设置

①每个/对探测器应设为一个独立防区;

②周界的每一个独立防区长度不宜大于200 m;

③需设置紧急报警装置的部位宜不少于2个独立防区,每一个独立防区的紧急报警装置数量不应大于4个,且不同单元空间不得作为一个独立防区;

④防护对象应在入侵探测器的有效探测范围内,入侵探测器覆盖范围内应无盲区,覆盖范围边缘与防护对象间的距离宜大于5 m;

⑤当多个探测器的探测范围有交叉覆盖时,应避免相互干扰。

2. 控制设备

(1)控制设备应符合的规定

①应根据系统规模、系统功能、信号传输方式及安全管理要求等选择报警控制设备的类型;

②宜具有可编程和联网功能;

③接入公共网络的报警控制设备应满足相应网络的入网接口要求;

④应具有与其他系统联动或集成的输入、输出接口。

(2)控制设备的设置

①现场报警控制设备和传输设备应采取防拆、防破坏措施,并应设置在安全可靠的场所;

②不需要人员操作的现场报警控制设备和传输设备宜采取电子/实体防护措施;

③壁挂式报警控制设备在墙上的安装位置,其底边距地面的高度不应小于1.5 m,如靠门安装时,宜安装在门轴的另一侧;如靠近门轴安装时,靠近其门轴的侧面距离不应小于0.5 m;

④台式报警控制设备的操作、显示面板和管理计算机的显示器屏幕应避开阳光直射。

3. 无线设备

(1)无线报警的设备选型

①载波频率和发射功率应符合国家相关管理规定;

②探测器的无线发射机使用的电池应保证有效使用时间不少于6个月,在发出欠压报警信号后,电源应能支持发射机正常工作7 d;

③无线紧急报警装置应能在整个防范区域内触发报警;

④无线报警发射机应有防拆报警和防破坏报警功能。

(2)接收机的位置

接收机的位置应由现场试验确定,保证能接收到防范区域内任意发射机发出的报警信号。

4. 管理软件

①系统管理软件的选型应符合《安全防范工程技术规范》GB 50348 等国家现行相关标准的规定，尚应具有以下功能：

a. 电子地图显示，能局部放大报警部位，并发出声、光报警提示；

b. 实时记录系统开机、关机、操作、报警、故障等信息，并具有查询、打印、防篡改功能；

c. 设定操作权限，对操作(管理)员的登录、交接进行管理。

②系统管理软件应汉化。

③系统管理软件应有较强的容错能力，应有备份和维护保障能力。

④系统管理软件发生异常后，应能在 3 s 内发出故障报警。

五、传输方式、线缆选型与布线

1. 传输方式

①传输方式应符合现行国家标准《安全防范工程技术规范》GB 50348 的相关规定；

②传输方式的确定应取决于前端设备分布、传输距离、环境条件、系统性能要求及信息容量等，宜采用有线传输为主、无线传输为辅的传输方式；

③防区较少，且报警控制设备与各探测器之间的距离不大于 100 m 的场所，宜选用分线制模式；

④防区数量较多，且报警控制设备与所有探测器之间的连线总长度不大于 1 500 m 的场所，宜选用总线制模式；

⑤布线困难的场所，宜选用无线制模式；

⑥防区数量很多，且现场与监控中心距离大于 1 500 m，或现场要求具有设防、撤防等分控功能的场所，宜选用公共网络模式；

⑦当出现无法独立构成系统时，传输方式可采用多线制模式、总线制模式、无线制模式等方式的组合。

2. 线缆选型

①线缆选型应符合现行国家标准《安全防范工程技术规范》GB 50348 的相关规定；

②系统应根据信号传输方式、传输距离、系统安全性、电磁兼容性等要求，选择传输介质；

③当系统采用分线制时，宜采用不少于 5 芯的通信电缆，每芯截面不宜小于 0.5 mm^2；

④当系统采用总线制时，总线电缆宜采用不少于 6 芯的通信电缆，每芯截面积不宜小于 1.0 mm^2；

⑤当现场与监控中心距离较远或电磁环境较恶劣时，可选用光缆；

⑥采用集中供电时，前端设备的供电传输线路宜采用耐压不低于交流 500 V 的铜芯绝缘多股电线或电缆，线径的选择应满足供电距离和前端设备总功率的要求。

3. 布线设计

(1) 布线设计应符合的规定

布线设计除应符合现行国家标准《安全防范工程技术规范》GB 50348 的相关规定外，尚应符合以下规定：

①应与区域内其他弱电系统线缆的布设综合考虑，合理设计；

②报警信号线应与 220 V 交流电源线分开敷设；

③隐蔽敷设的线缆和/或芯线应做永久性标记。

(2)室内管线敷设设计

①室内线路应优先采用金属管,可采用阻燃硬质或半硬质塑料管、塑料线槽及附件等;

②竖井内布线时,应设置在弱电竖井内,如受条件限制强弱竖井必须合用时,报警系统线路和强电线路应分别布置在竖井。

(3)室外管线敷设设计

①线缆防潮性及施工工艺应满足国家现行标准的要求;

②线缆敷设路径上有可利用的线杆时可采用架空方式,当用于架空敷设时,与共杆架设的电力线(1 kV 及以下)的间距不应小于1.5 m,与广播线的间距不应小于1 m,与通信线的间距不应小于0.6 m,线缆最低点的高度应符合有关规定;

③线缆敷设路径上有可利用的管道时可优先采用管道敷设;

④线缆敷设路径上有可利用建筑物时可优先采用墙壁固定敷设方式;

⑤线缆敷设路径上没有管道和建筑物可利用,也不便立杆时,可采用直埋敷设方式,引出地面的出线口,宜选在相对隐蔽地点,并宜在出口处设置从地面计算高度不低于3 m 的出线防护钢管,且周围5 m 内不应有易攀登的物体;

⑥线缆由建筑物引出时,宜避开避雷针引下线,不能避开处两者平行距离应不小于1.5 m,交叉间距应不小于1 m,并宜防止长距离平行走线,在间距不能满足上述要求时,可对电缆加缠铜皮屏蔽,屏蔽层要有良好的就近接地装置。

六、供电、防雷与接地

1. 供电设计

供电设计除应符合现行国家标准《安全防范工程技术规范》GB 50348 的相关规定外,尚应符合下列规定:

①系统供电宜由监控中心集中供电,供电宜采用 TN - S 制式;

②侵报警系统的供电回路不宜与启动电流较大设备的供电同回路;

③应有备用电源,并应能自动切换,切换时不应改变系统工作状态,其容量应能保证系统连续正常工作不小于8 h,备用电源可以是免维护电池和/或 UPS 电源。

2. 防雷与接地

防雷与接地除应符合现行国家标准《安全防范工程技术规范》GB 50348 的相关规定外,尚应符合下列规定:

①置于室外的入侵报警系统设备宜具有防雷保护措施;

②置于室外的报警信号线输入、输出端口宜设置信号线路浪涌保护器;

③室外的交流供电线路、信号线路宜采用有金属屏蔽层并穿钢管埋地敷设,屏蔽层及钢管两端应接地。

七、系统安全性、可靠性、电磁兼容性、环境适应性

1. 系统安全性设计

系统安全性设计除应符合现行国家标准《安全防范工程技术规范》GB 50348 的相关规

定外，尚应符合下列规定：

①系统选用的设备不应引入安全隐患，不应对被防护目标造成损害；

②系统的主电源宜直接与供电线路物理连接，并对电源连接端子进行防护设计，保证系统通电使用后无法人为断电关机；

③系统供电暂时中断，恢复供电后，系统应不需设置即能恢复原有工作状态；

④系统中所用设备若与其他系统的设备组合或集成在一起时，其入侵报警单元的功能要求、性能指标必须符合本规范和《防盗报警控制器通用技术条件》GB 12663 等国家现行标准的相关规定。

2. 系统可靠性设计

系统可靠性设计应符合现行国家标准《安全防范工程技术规范》GB 50348 的相关规定。

3. 系统电磁兼容性设计

系统电磁兼容性设计应符合现行国家标准《安全防范工程技术规范》GB 50348 的相关规定。系统所选用的主要设备应符合电磁兼容试验系列标准的规定，其严酷等级应满足现场电磁环境的要求。

4. 系统环境适应性

系统环境适应性除应符合现行国家标准《安全防范工程技术规范》GB 50348 的相关规定外，尚应符合下列规定：

①系统所选用的主要设备应符合现行国家标准《报警系统环境试验》GB/T 15211 的相关规定，其严酷等级应符合系统所在地域环境的要求；

②设置在室外的设备、部件、材料，应根据现场环境要求做防晒、防淋、防冻、防尘、防浸泡等设计。

八、监控中心

①监控中心的设计应符合现行国家标准《安全防范工程技术规范》GB 50348 的相关规定。

②当入侵报警系统与安全防范系统的其他子系统联合设置时，中心控制设备应设置在安全防范系统的监控中心。

③独立设置的入侵报警系统，其监控中心的门、窗应采取防护措施。

任务六　防盗报警系统工程案例

一、某大学校区防盗报警系统

某大学校区占地约 100 公顷，建筑面积有 30 多万平方米，该校区有各科系教学楼、办公楼、实验楼等，还有学生公寓，规模很大，需分两期完成。由于该校区建设属于市政府重点项目，所以对校区的防盗报警系统也就有了更高的要求。

该校提出对于校区的周界以及各科系的办公楼、实验楼、教学楼的公共部位以及室内需要安全防范,要求该系统需采用电脑控制,所有信号通过电脑进行监控和管理,整个校区分成若干防护分区,每个分区可以是一个系、一幢楼、一层楼面或者甚至是一间教室,包括若干个探测器,要求分区划分可自由灵活,每个区域都可以通过电脑独立布撤防,而且要求电脑可以通过电子地图直观显示报警区域并有报警声提示。该校还提出系统要带有扩展性,分两期实施。

针对该校的要求,特别设计了以 DS7400XI 总线式大型控制主机为平台的防盗报警系统。

DS7400XI 是总线式的多防区报警控制主机,具有功能全、扩展性强、质量稳定的特点,被广泛地应用于小区、大楼、工厂等各类场合的大型报警系统。该主机的主要功能如下:

①自带 8 个防区,以两芯总线方式(不包括探测器电源线)可扩展 120 个防区,共 128 个防区(该主机 4.0 版本前的总防区数量为 128,4.0 开始以后的总防区数量为 248,目前上市的均为 4.0 以后的版本,本方案实现较早,主机版本为 3.0 + 系列);

②总线长度达 1.6 km($\phi1.0\ mm^2$),可接总线放大器以延长总线长度;

③可接 15 个键盘,分为 8 个独立分区,可分别独立布防/撤防;

④有 90 组个人操作密码,15 种可编程防区功能;

⑤可选择多种防区扩展模块,有 8 防区扩展模块 DS7432、单防区扩展模块 DS7457、双防区扩展模块 DS7460、带输出的单防区扩展模块 DS7465 及带地址码的探测器;

⑥辅助输出总线接口可接 DS7488,DS7412,DSR - 32 继电器输出模块等外围设备,可实现防区报警与输出一对一、多对一、一对多等多种报警/输出关系;

⑦通过 DS7412 模块可转换成 RS - 232 接口实现与计算机的直接连接,或通过网络转换接口的设备与 LAN 连接;

⑧可通过 PSTN 与报警中心连接,支持 4 +2 、Contact ID 等多种通信格式;

⑨可实现键盘编程或远程遥控编程;

⑩可接无线扩充防区。

在该方案中,系统设计了几十个防护分区,每个分区内都包含了若干个探测器。总的探测器数量第一期在 240 个以内,第二期在 480 个以内。因此,一共需要四台 DS7400XI 报警主机(V3.0 + 版本)。而对于总线的扩展设备,由于探测器相对集中,考虑成本,该系统全部选用了 8 路总线扩展模块。该模块连接至系统的总线上,带 8 路防区扩展。而在探测器的选择上,对于室内的被动红外探测器,该系统大量选用了三技术被动红外探测器 DS860 用于安装在室内和公共部位,在一些教室内还采用了超薄的吸顶式被动红外探测器 DS936,比较美观。周界对射探测器则大量选用了 DS453 和 DS455 双光束的对射探测器。在软件的选择上,该系统选择了警卫中心软件。

在实际使用过程中,该系统基本实现了校方提出的要求,在系统安装完成后,对报警主机分别编程,使其通过 RS232 口实时向电脑反应各防区触发与否,由软件根据该防区对应的逻辑关系(布防、撤防和防区类型等)确定是否要报警。报警后立即显示该防区所在位置图以及详细信息,并有声音提示。而所有信息都记录在数据库中可以统计备份和管理,如表 6.5 所示为系统的设备配置表。

表 6.5　该系统的设备配置表

设备名称	型号	数量	说明
控制主机	DS7400XI	4	系统的中心部分,所有探测器信号都集中在主机进行处理再传送至 PC 机
总线驱动器	DS7430	4	每个主机配置一个,主机扩展总线防区必备,总线的接口就在该驱动器上
液晶键盘	DS7447	4	每个主机配置一个,该系统中主要对主机进行编程和调试用,并且监测主机的运行状况
8 防区扩展模块	DS7432	60	每个主机最多配置 15 个,模块连接在总线上,每个模块可扩展 8 个防区,模块需供电
串行通信模块	DS7412	4	每个主机配置 1 个,该模块为主机提供了标准 RS232 接口传送信息
报警管理软件	警卫中心	1	系统的管理操作部分,该版本为最多可连接四台主机的版本。现有新的软件代替
三技术探测器	DS860	若干	三技术探测器,壁挂式,最远距离 18 m
被动红外探测器	DS936	若干	被动红外探测器,超薄壁挂式,直径 7 m
对射探测器	DS453	若干	双光束,最远 110 m,现有新品代替
对射探测器	DS455	若干	双光束,最远 160 m,现有新品代替
门磁开关	自配	若干	
紧急按钮	自配	若干	
电源供应器	自配	若干	12VDC,为探测器和 8 防区扩展模块供电
串口扩充器	自配	1	4 路串口扩充,MOXA 品牌,连接四个 DS7412
PC 机	自配	1	PII300,128M 内存,多媒体(当时主流配置)
打印机	自配	1	EPSON 针式打印机

该系统示意图如图 6.42 所示。

该系统在第一期连接了 2 台报警主机,第二期又增加了 2 台。原来的系统一期和二期分开操作使用,即有两台电脑两套软件进行管理,在应用成熟后要求将一期和二期合并在一套系统中使用。由于一般电脑 PC 机都是两个串行口,连接四台主机必然要求有四个串行接口,所以在该系统中配置了 MOXA 的四路串行通信模块扩充串口,完全满足了系统的需求。

该系统在实施的过程中还遇到了总线线路长度的问题,由于 DS7400XI 控制主机一般要求对于总线采用 RVV 的非双绞非屏蔽的线,而且对于 1 个平方的此线要求总线扩展设备(此处为 DS7432)距离主机最远不得超过 1.6 km,而该系统中周界探测器的最远距离差不多有 2 km 之远,因此,我们准备了两套解决方法:一个是加粗线缆,准备了截面积 1.5 mm 的线;第二个是准备了总线信号放大器。在实际应用过程中发现,使用截面积 1.5 mm 的线缆可以使 2 km 之长的总线非常稳定地工作(这里的总线扩展设备都为需另供电源工作的 DS7432,其余扩展设备另当别论),所以也没有使用总线信号放大器。

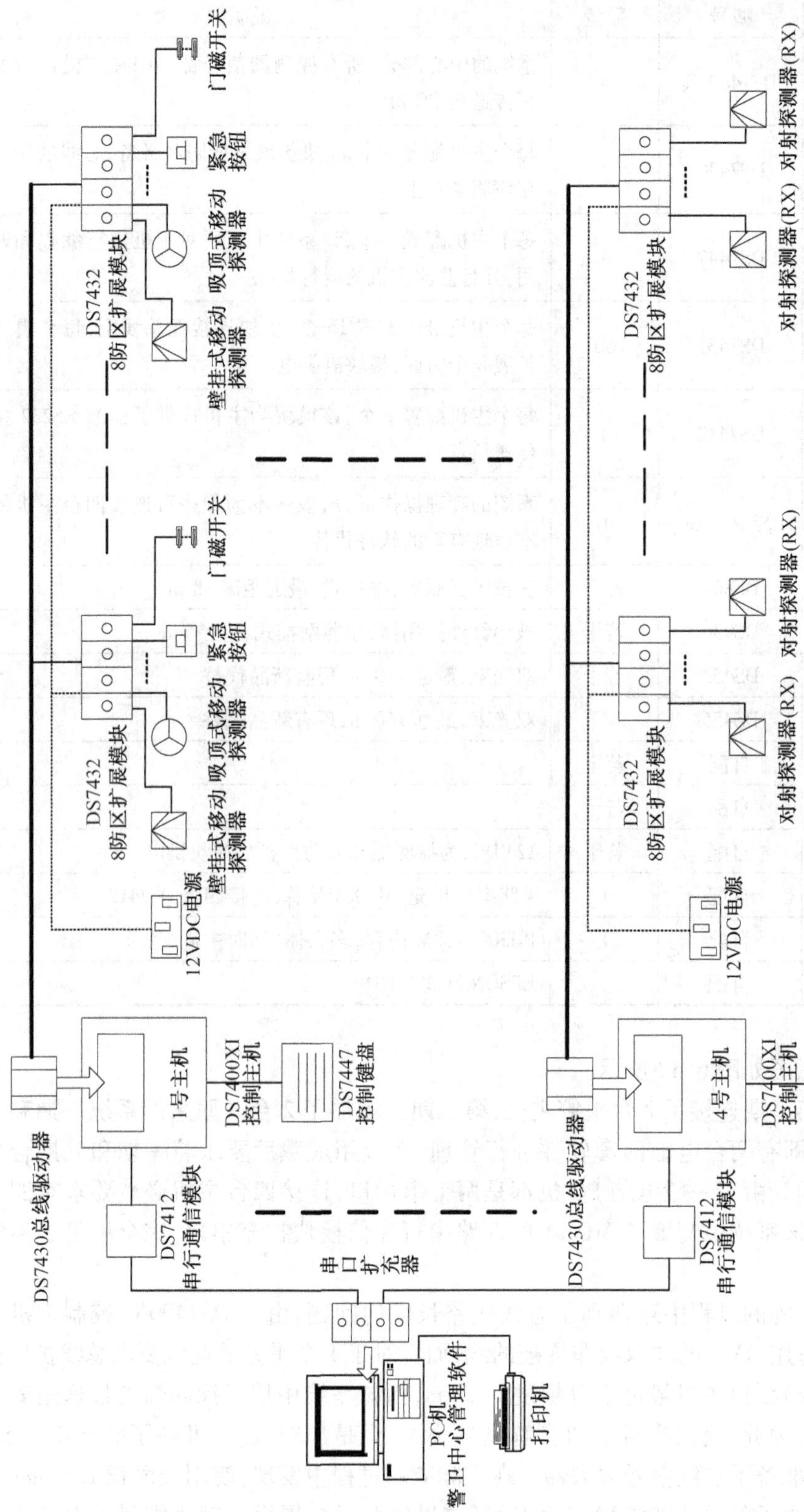
DS7430总线驱动器
1号主机
DS7400XI
控制主机
DS7447
控制键盘
DS7412
串行通信模块
12VDC电源
DS7432
8防区扩展模块
壁挂式移动
探测器
吸顶式移动
探测器
紧急
按钮
门磁开关
DS7432
8防区扩展模块
壁挂式移动
探测器
吸顶式移动
探测器
紧急
按钮
门磁开关
串
口
扩
充
器
PC机
警卫中心管理软件
打印机
DS7430总线驱动器
4号主机
DS7400XI
控制主机
DS7447
控制键盘
DS7412
串行通信模块
12VDC电源
DS7432
8防区扩展模块
对射探测器(RX)
对射探测器(RX)
DS7432
8防区扩展模块
对射探测器(RX)
对射探测器(RX)

图6.42　系统示意图

考虑到该系统范围较大，如果采用常规的机房集中供电已不能满足要求，所以该系统的电源供应基本上都是就近集中取电，就是将电源供应器放在探测器相对集中的地点供电。

二、某小区防盗报警系统

1. 概述

目前大多数家庭白天家里没有人，发生报警后，必须要有专人处理。因此，必须设立报警中心。而且，由于国内住宅区大多数是密集型分布，一个住宅区往往有几百上千户，并且都有自身的保安队伍，因此，当用户防盗报警系统报警时，除了在现场报警外，还需要向当地派出所或公安分局进行联网报警处理，也需要向住宅小区的保安中心进行联网报警，以便警情得到迅速处理。另外，考虑到国内普遍收入水平较低，对于每一户家庭的防盗报警系统成本不可太高，但因为用户数量多，也不能采用质量差的产品，以免误报频繁造成不良影响。根据以上分析，本案具有以下特点：

①广泛性——要求小区内每个家庭都能得到保护；

②实用性——要求每个家庭的防范系统能在实际可能发生受侵害的情况下及时报警，并要求操作简便、环节少、易学；

③系统性——要求每个家庭的防范系统在案情发生时，除能自身报警外，必须及时传到保卫部门，并同时上报当地公安报警中心；

④可靠性——要求系统所设计的结构合理，产品经久耐用，系统可靠；

⑤可行性——要求系统投资或造价能控制在小区家庭能承受的范围之内。

由此可见，总线制住宅小区联网报警系统是较为先进、实用的系统，是目前普遍采用的方案。

2. 系统目标

一般小区的防护分为周界与家庭防盗两部分。

设置小区周界防范报警系统的目的是：建立安全可靠的小区，加强出入口的管理，防范区外闲杂人员进入，同时防范非法翻阅围墙或栅栏，在防区内出现意外情况时发出报警并通知保安部门，监控系统自动联动到报警处查看信息。

家庭报警的防护区域分成两部分，即住宅周界防护和住宅内区域防护。住宅周界防护是指在住宅的门、窗上安装门磁开关；住宅内区域防护是指在主要通道、重要的房间内安装红外探测器。当家中有人时，住宅周界防护的防盗报警设备（门磁开关）设防，住宅内区域防护的防盗报警设备（红外探测器）撤防；当家人出门后，住宅周界防护的防盗报警设备（门磁开关）和住宅区域防护的防盗报警设备（红外探测器）均设防；当有非法侵入时，家庭控制器发出声光报警信号，通知家人及小区物业管理部门。另外，通过程序可设定报警点的等级和报警器的灵敏度。在每个组团内的每个住户单元安装一台报警主机，每户安装在住户门口窗户处安装共计十个门磁、两个紧急求助按钮，住户可自行加装烟感探头、瓦斯探头、三鉴探头等报警感知设备，报警主机通过总线与管理中心的电脑相连接，进行安防信息管理。本系统具有远程报警功能，并可连接打印机。

如发生盗贼闯入、抢劫、烟雾、燃气泄漏、玻璃破碎等紧急事故，传感器就会立即获知并由报警系统即刻触发声光警报以有效阻吓企图行窃的盗贼，而现场保安系统的密码键盘立即显示相应报警区域，使住户保持警戒。系统还会迅速向报警中心传送报警信息，报警中心接到警情后立即自动进行分辨处理，迅速识别判定警报类型、地点、用户，电子地图显示报警位置并瞬间检索打印用户报警信息,中心据此派出机动力量采取相应解救措施。系统具备24小时防破坏功能并自我监视,一旦有任何被破坏的迹象也会即刻报警。总之,无论白天黑夜,住户离家在外还是在家休息,电子保安时时刻刻保护住户的安全,这正是安防系统所做的最有效的安全防盗保护措施。

3. 系统功能

(1)系统原理框图

该系统主要由家庭防盗现场系统、周界报警系统及小区总线控制报警通信管理系统组成,其系统原理框图如图6.43所示。

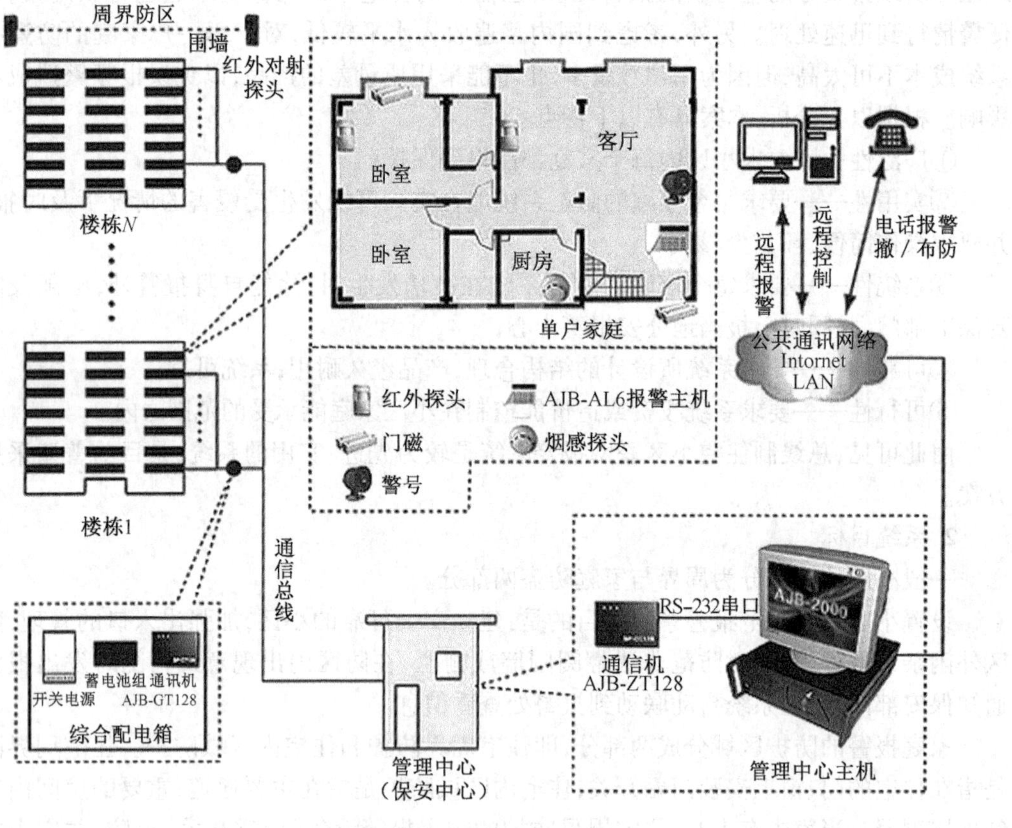

图6.43 系统原理框图

从图6.43中,我们可以清楚地看到小区防盗系统的设备配置、报警信号流向及报警过程。

小区报警系统使用安居宝大型报警主机AJB－ZT128,利用其总线连接小区的各个家庭,最后汇总到小区保安室,起到集中监控的目的。而在小区保安中心,还可使用电脑及专用软件进行监控,更加直观。

每台AJB－ZT128主机可通过两芯总线连接128个住户。

(2)分系统功能

系统可将小区安防中的三个部分集成在一个平台上,即家庭报警部分、周界报警部分和小区巡更管理部分,组成一个完整的独立的小区报警系统。

①家庭报警部分

有的家庭需要使用可布撤防并发出报警提示的系统,这时可以使用 AJB－AL6,该主机有六个防区,可任意编程为 4 种防区类型、设定防区反应速度,配合各种探测器对门窗及室内进行全方位防范自带三个可编程防区,可发送布/撤防及每个防区的报警信息。

家庭报警设备主要使用 AJB－AL6,其主要功能有:

a. 可任意设定多个功能防区;

b. 键盘紧急按钮(“ * ”加“#”键);

c. 可与多台报警主机级联使用;

d. 可以快速进行布防操作,只需按“布防”键 3 s 即可进入布防,减少烦琐的操作;

e. 报警后 LED 可显示发生报警的防区情况;

f. 可按需要把某个防区旁路,就是把某个防区从系统中移走,而不影响其他防区正常工作;

g. 布/撤防开关锁;

h. 通过 LED 显示主机布撤防、防区报警、防区旁路、主机编程等状态;

i. 平时自动熄灭,按键时点亮,可在黑暗的环境下正常操作键盘;

j. 输出常开的开关信号,可连接警号,现场发出警笛声驱吓窃贼;

k. 通过编程设置为密码锁输出时,可通过“密码 ＋ ＊”的操作启动电动锁;

l. 通过网络向监控管理中心报告各种信息,如住户布/撤防、报警内容等;

m. 通过网络可以在中心电脑上控制各住户的报警主机的布/撤防,为住户提供方便的服务;

n. 报警主机 AJB－AL6 内置防拆开关,当其受到破坏或非法拆卸时,则自动发出警报,并向管理中心发送相关信息;

o. 电话自动报警功能;

p. 遥控操作。

②周界报警部分

两芯总线方式, 使用 BJMK－1 单防区模块 ,将所有的周界主动红外探测器并接在一条总线上,报警信号传送到总的系统平台,在中心计算机显示报警的准确位置,还可以通过联动模块实现视频联动,这样工程非常简单。周界防越报警系统是利用主动红外移动探测器将小区的周界控制起来,并连接到管理中心的计算机,当外来入侵翻越围墙、栅栏时,探测器会立即将报警信号发送到管理中心,同时启动联动装置和设备,对入侵者进行阻吓,可以进行联动的摄像和录像。

根据该小区四周地形特点,设置了不同对数 ALEPH 对射式红外报警探测器位于小区四周围墙上,主要用于防止非法入侵,报警信号接入报警主机,对各种非法入侵活动进行报警,采用 AJB－AL100 报警主机,其系统构成图 6.44 所示。

4. 系统组成

由图 6.44 可知,周界防越报警系统由前端、传输、中心三部分组成,以下就这三部分分别进行阐述。

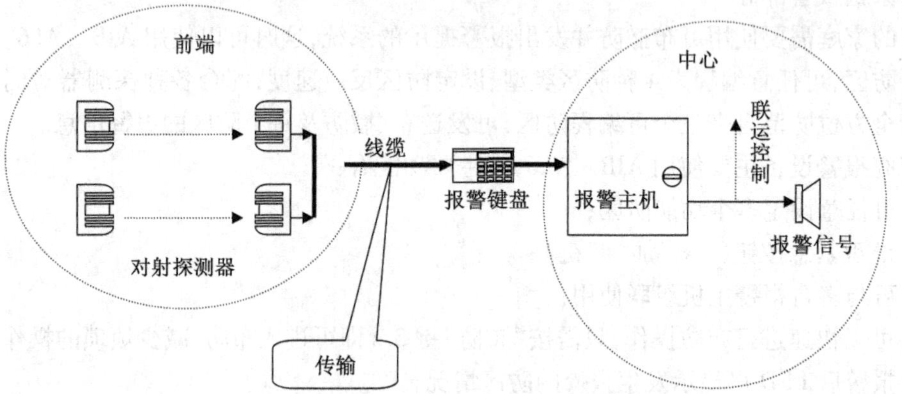

图 6.44　系统构成图

(1)前端部分

对射探头由一个发射端和一个接收端组成。发射端发射经调制后的两束红外线,这两条红外线构成了探头的保护区域,如图 6.45 所示。如果有人企图跨越被保护区域,则两条红外线被同时遮挡,接收端输出报警信号,触发报警主机报警,如图 6.46 所示。如果有飞禽(如小鸟、鸽子)飞过被保护区域,由于其体积小于被保护区域,仅能遮挡一条红外射线,则发射端认为正常,不向报警主机报警,如图 6.47 所示。

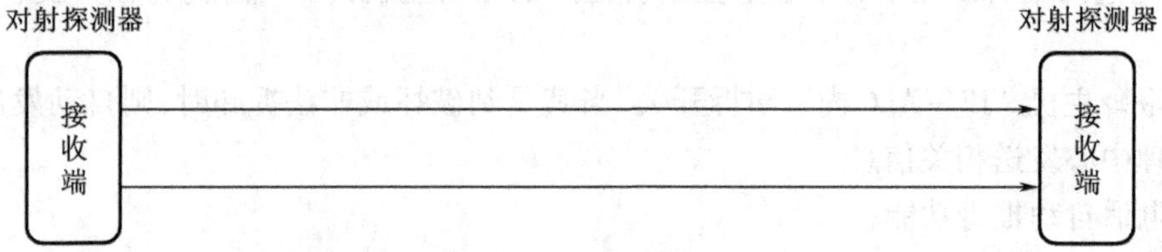

图 6.45　前端报警探测器探测区域

图 6.46　入侵探测

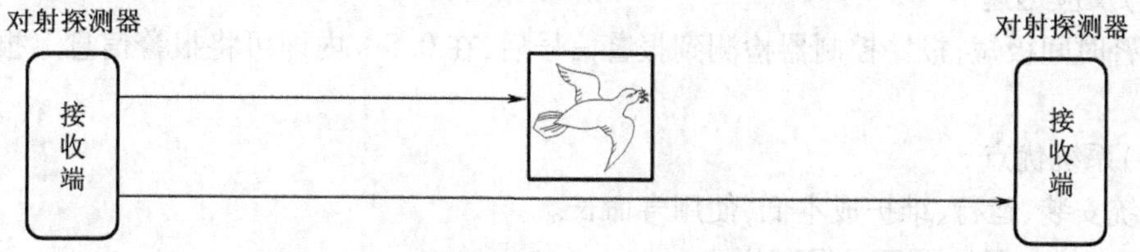

图 6.47 飞禽干扰

经过调制的红外线光源可防止太阳光、灯光等外界光源干扰,也可防止有人恶意使用红外灯干扰探头工作。

红外移动探测器:在阳台、窗、通道、门等位置可设置红外移动探测器,探测非法人员的入侵行为。

紧急按钮:在卧室床头位置可设置一个紧急按钮,当遇到紧急情况时,可用来向控制中心报警。

门磁探测器:大门或窗户可设有门磁探测器,在布防期间,当门或窗被打开时,将报警。

(2)传输部分

从该小区的四周接收的各种报警信息利用通信总线传输到控制中心主机的报警主机,整个报警系统采用独立开发的通信编码格式,并为其进行了适当的加密,从而保证整个系统在通信上的安全与可靠,防止恶意的复制与侦测,从而保证小区各组团的周界报警信号有效,快速地传输到组团的报警中心。

(3)中心部分

该小区各组团的控制中心由主机配置管理软件构成。

5. 系统特点

(1)低误报率

周界报警探测器由主动式红外对射探头组成,不但长距离瞄准精度高,更具有高稳定性和误报率极低的特点,对室外环境工作表现出极强适应性。

(2)稳定的信号采集与传输

采用先进的通信传输网络,直接将信号传输到保安中心计算机。因此,具有传输距离远,系统扩展余地大的优点。

(3)计算机监控集成

采用数字化处理技术,能以电子地图、数据库记录等手段对警情作出迅速反应,并可与其他安防系统联动,达到万无一失的目的。

(4)闭路监控电视与周界报警的配合

该小区容积率较大,周界较长,同时,小区的出入口(门卫)相对较少。出于智能化安防的要求,沿周界围墙设置周界报警系统是必需的。但仅仅设置周界报警系统是不够的,因为一旦周界探测器报警,门卫中的安防人员要赶到报警地点需要一定的时间,即使赶到,也未必能起到作用,越墙而入的人可能早已躲入绿化丛或远离报警地点。因此,有必要沿围墙设置闭路监控电视系统,这样既能及时了解报警点的实际情况,并做出相应的处理,也能识别一些误报。

(5)反应迅速

接警时间极短,报警控制器检测到报警信号后,在0.5 s内即可将报警信息上报至控制中心。

(6)系统优点

系统安装、运行、维护成本低,使用寿命长。

(7)在线电子地图显示报警位置

通过各组团的报警软件,可直观地显示各种平面地图,发生报警时,可直观显示警情确切位置与报警类型。

思考题

1. 防盗报警系统一般由哪几个部分组成?
2. 常用防盗报警探测器是如何分类的?
3. 双技术防盗报警探测器是如何探测目标的?
4. 防盗报警控制器的基本功能有哪些?
5. 防盗报警系统工程的设计原则有哪些?

情境七　电气消防系统的设计与安装

知识目标：

1. 了解电气消防系统的组成；
2. 熟悉电气消防系统的主要设备。

能力目标：

1. 掌握电气消防系统的设计方法；
2. 了解电气消防设备的基本安装；
3. 掌握火灾自动报警系统的设计与施工。

任务一　电气消防工程认知

一、消防系统的形成与发展

电气消防工程又叫作火灾自动报警系统，是火灾探测报警与消防联动控制系统的简称，是以实现火灾早期探测和报警、向各类消防设备发出控制信号并接收设备反馈信号，进而实现预定消防功能为基本任务的一种自动消防设施。

早期的防火、灭火都是人工实现的。当火灾发生时，人们或是自发、或是有组织地采取一切可能的措施以达到迅速灭火的目的，这便是早期消防系统的雏形。随着科学技术的发展以及人们对防火要求的提高，人们逐渐学会使用电气设备监视火情，用电气自动化设备发出火警信号，然后在人工统一指挥下用灭火器械灭火，这便是较为发达的消防系统。

消防系统无论是从消防器具、线制还是类型的发展上大体可分为传统型和现代型两种。传统型主要指开关量多线制系统，而现代型主要是指可寻址总线制系统及模拟量智能系统。

智能建筑、高层建筑及其群体的出现展现了高科技的巨大威力。“消防系统”作为智能建筑安全防范系统中的一个子系统，必须与建筑技术同步发展，这就使从事消防的工程技术人员努力将现代电子技术、自动控制技术、计算机技术及通信网络技术等较好的综合运用，以适应智能建筑的发展。

目前，自动化消防系统，可实现自动检测现场、确认火灾、发出声或光或声光的报警信号，并启动灭火设备自动灭火、排除烟气、封闭火区、切除非消防设备供电等功能，还能向城市或地区消防队发出救灾请求，进行通信联络。

在结构上，组成消防系统的设备、器具结构紧凑、反应灵敏、工作可靠，同时，还具有良好的性能指标。智能化设备及器具的开发与应用使自动化消防系统的结构趋向于微型化及多功能化。

自动化消防系统在设计中已经大量融入了计算机控制技术、电子信息技术、通信网络技术及现代自动控制技术，并且消防设备及仪器的生产已经系列化、标准化。

二、消防系统的组成

1. 消防系统的构成

消防系统主要由三部分构成：

①感应机构，即火灾自动报警系统；

②执行机构，即灭火自动控制系统；

③避难引导系统。

其中，执行机构和避难引导系统也可合并称为消防联动系统。

火灾自动报警系统由探测器、手动报警按钮、报警器和警报器等构成，以完成检测火情并及时报警的任务。

2. 消防设备种类

现场消防设备种类繁多，它们从功能上可分为三类：

①灭火系统包括各种介质，如液体、气体、干粉及喷洒装置，是直接用于灭火的；

②灭火辅助系统是用于限制火势、防止灾害扩大的各种设备；

③信号指示系统是用于报警并通过灯光与声响指挥现场人员的各种设备，对应于这些现场消防设备需要有关的消防联动控制装置。

3. 消防联动控制装置

有关的消防联动控制装置主要如下：

①室内消火栓灭火系统的控制装置；

②自动喷水灭火系统的控制装置；

③卤代烷、二氧化碳等气体灭火系统的控制装置；

④电动防火门、防火卷帘门等防火区域分割设备的控制装置；

⑤电梯的控制装置、断电控制装置；

⑥火灾事故广播系统及其设备的控制装置；

⑦通风、空调、防烟、排烟设备及电动防火阀的控制装置；

⑧消防事故广播系统及其设备的控制装置；

⑨备用发电控制装置；

⑩事故照明装置等。

在建筑物防火工程中，消防联动系统可由上述部分或全部控制装置组成。

综上所述，消防系统的主要功能是自动捕捉火灾探测区域内火灾发生时的烟雾或热气，从而发出声、光报警并控制自动灭火系统，同时，联动其他设备的输出接点，控制事故照明及疏散标记、事故广播及通信、消防给水和防排烟设施，以实现检测、报警、人员疏散、阻止火势蔓延和灭火的自动化。

三、消防系统的分类

若按报警和消防方式，消防系统可分为两种。

1. 自动报警、人工消防

中等规模的旅馆在客房等处设置火灾探测器，当火灾发生时，在本层服务台处的火灾报警器发出信号，同时，在总服务台显示出某一层发生火灾，消防人员根据报警情况采取消防措施。

2. 自动报警、自动消防

这种系统与上述系统的不同点在于：在火灾发生时自动喷洒水进行消防，而且在消防中心的报警器附近设有直接通往消防部门的电话，消防中心在接到火灾报警信号后，立即发出疏散通知并开动消防水泵和电动防火卷帘门等消防设备，从而实现自动报警、自动消防。

四、火灾自动报警系统的形成和发展

1. 火灾自动报警系统的形成

1847 年，美国牙科医生 Channing 和缅甸大学教授研究出世界上第一台城镇火灾报警发送装置，拉开了人类开发火灾自动报警系统的序幕。此阶段的火灾自动报警系统主要是感温探测器。20 世纪 40 年代末期，瑞士物理学家 Emst Meili 博士研究的离子感烟探测器问世。20 世纪 70 年代末，光电感光探测器形成。到了 20 世纪 80 年代，随着电子技术，计算机应用及火灾自动报警技术的不断发展，各种类型的探测器在不断地形成，同时，也在线制上有了很大的改观。

2. 火灾自动报警系统的发展

火灾自动报警系统的发展大体可以分为 5 个阶段。

①第 1 代产品称为传统的（多线制开关量式）火灾自动报警系统（出现于 20 世纪 70 年代以前），其特点是简单、成本低。该产品有许多明显的不足，比如误报率高、性能差、功能少等，无法满足火灾报警技术的发展需要。

②第 2 代产品称为总线制可寻址开关式火灾探测报警系统（在 20 世纪 80 年代初形成），其优点是省钱、省工、能准确地确定火情部位，相对第 1 代产品其火灾探测能力或判断火灾发生的能力均有所增强，但对火灾的判断和处置改进不大。

③第 3 代产品称为模拟量传输式智能火灾报警系统（20 世纪 80 年代后期出现），其特点是误报率降低，系统的可靠性提高。

④第 4 代产品称为分布智能火灾报警系统（也称多功能智能火灾自动报警系统）。探测器具有智能，相当于人的感觉器官，可对火灾信号进行分析和智能处理，作出恰当的判断，然后将这些判断信息传给控制器，使系统运行能力大大提高。此类系统分为 3 种，即智能侧重于探测部分、智能侧重控制部分和双重智能型。

⑤第 5 代产品称为无线火灾自动报警系统、空气样本分析系统（同时出现在 20 世纪 90 年代）和早期可视烟雾探测火灾报警系统（VSD）。该类系统具有节省布线费用及工时、安装开通容易的优点。

总之，火灾自动报警产品不断更新换代，使火灾报警系统发生了一次次革命，为及时准确地报警提供了重要保障。

五、火灾自动报警系统的组成

1. 组成

火灾自动报警系统由触发器件（探测器、手动报警按钮）、火灾报警装置（火灾报警控制器)、火灾警报装置(声光报警器)、控制装置(包括各种控制模块、火灾报警联动一体机、自动灭火系统的控制装置、室内消火栓的控制装置、防烟排烟控制系统及空调通风系统的控制装置、常开防火门、防火卷帘的控制装置、电梯迫降控制装置及火灾应急广播、火灾警报装置、消防通信设备、火灾应急照明和指示标志的控制装置等)、电源等组成。

2. 作用

各部分的作用如下。

(1)火灾探测器的作用

火灾探测器是火灾自动探测系统的传感部分,能在现场发出火灾报警信号或向控制和指示设备发出现场火灾状态信号,可形象地称它为“消防哨兵”,俗称“电鼻子”。

(2)手动报警按钮的作用

手动报警按钮也是向报警器报告所发生火情的设备,只不过探测器是自动报警而它是手动报警而已,其准确性更高。

(3)警报器的作用

当发生火情时,警报器能发出区别环境声光的声或光报警信号。

(4)控制装置的作用

在火灾自动报警系统中,当接收到来自触发器件的火灾信号或火灾报警控制器的控制信号后,控制装置能通过模块自动或手动启动相关消防设备并显示其工作状态。

(5)电源的作用

火灾自动报警系统属于消防用电设备,其主电源应当采用消防电源,备用电源一般采用蓄电池组。系统电源除火灾报警控制器供电外,还为与系统相关的消防控制设备等供电。

3. 种类

(1)区域报警系统(地方性的报警系统)

区域报警系统由区域火灾报警控制器和火灾探测器等组成,或由火灾报警控制器和火灾探测器等组成,是功能简单的火灾自动报警系统,其构成如图 7.1 所示。

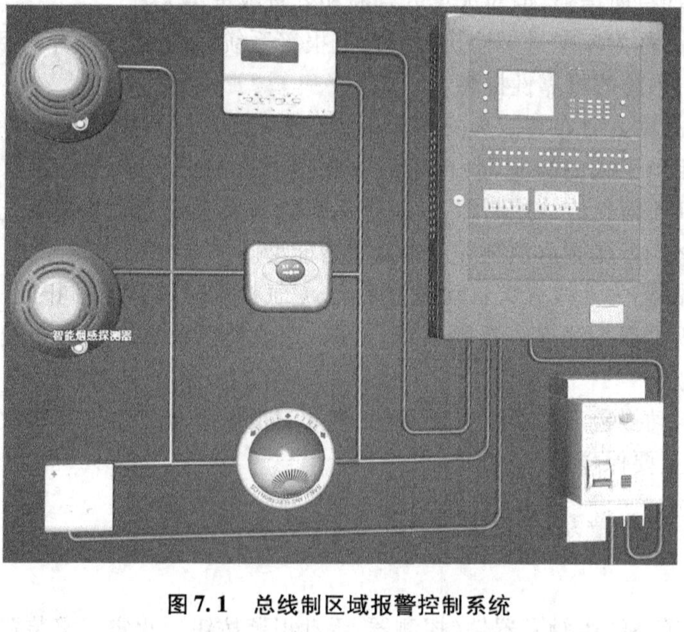

图 7.1　总线制区域报警控制系统

区域报警系统适用于仅需要报警，不需要联动消防灭火设备的保护对象。

(2)集中报警系统(遥远的报警系统)

集中报警系统是由集中火灾报警控制器、区域火灾报警控制器和火灾探测器等组成或由火灾报警控制器、区域显示器和火灾探测器等组成的功能较复杂的火灾自动报警系统，其构成如图 7.2 所示。

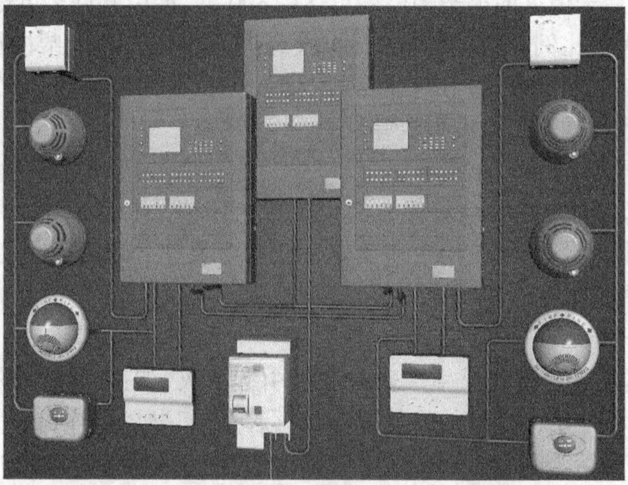

图 7.2　总线制集中报警控制系统

(3)控制中心报警系统

控制中心报警系统是由消防控制室的消防设备、集中火灾报警控制器、区域火灾报警控制器和火灾探测器等组成或由消防控制室的消防控制设备、火灾报警控制器、区域显示器和火灾探测器等组成的功能复杂的火灾自动报警系统。

六、火灾基础知识

1. 火灾形成的条件

在时间上失去控制的燃烧造成的火害称为火灾。在火灾发生时，火区的温度较高，使其中白炽的固体粒子和某些不稳定的中间物质分子内电子发生能级跃迁，从而发出各种波长的光。所发出的光就是火焰，它的存在是火在燃烧过程中的最明显标志。由于不完全燃烧等原因，会产生一些微小颗粒，这样就形成了烟。

烟是一种包含一氧化碳(CO)、二氧化碳(CO_2)、氢气(H_2)、二氧化硫(SO_2)、水蒸气及许多有毒气体的混合物。由于烟是一种燃烧的重要产物，所以在叙述火灾形成的过程时总要提及烟。火灾形成的过程也就是火焰和烟的形成过程。

总结起来可以得出火灾形成的必要条件：需要能够燃烧的物质，存在可供燃烧的热源和阻燃的氧化剂(一般是氧气)。

2. 火灾发生的常见原因

事故都有起因，火灾也同样。分析火灾发生的原因，了解火灾发生的特点，可以更有针对性地运用技术措施，有效控火，防止和减少火灾的危害。

(1)电气

电气原因引起的火灾在我国火灾中居于首位。

电气设备过负荷、电气线路接触不良、电气线路短路等是电气引起火灾的直接原因。其间接原因是电气设备故障或电器设备设置和使用不当,如将功率较大的电灯泡安防在木板、纸等可燃物附近,将荧光灯的镇流器安装在可燃基座上以及用纸或布做灯罩紧贴在灯泡表面,在易燃易爆的车间内使用非防爆型电动机、灯具、开关等。

(2)吸烟

烟蒂和点燃烟后未熄灭的火柴梗温度可达到800 ℃,能引起许多可燃物质燃烧,在起火原因中,占有相当大的比例。具体情况如:将没有熄灭的烟头和火柴梗扔在可燃物中引起火灾;躺在床上,特别是醉酒后躺在床上吸烟,烟头掉在被褥上引起火灾;在禁止火种的火灾高危场所,因违章吸烟引起火灾事故等。

(3)生活用火不慎

生活用火不慎主要是指城乡居民家庭生活用火不慎,如:炊事用火中炊事器具设置不当,安装不符合要求,在炉灶的使用中违反安全技术要求等引起的火灾;家中烧香祭祀过程中无人看管,造成香灰散落引发的火灾等。

(4)生产作业不慎

生产作业不慎主要是指违反生产安全制度引起火灾,如:在易燃易爆的车间内动用明火,引起爆炸起火;将性质相抵触的物品混存在一起,引起燃烧爆炸;在用气焊接和切割时,飞迸出的大量火星和熔渣,因未采取有效的防火措施,引燃周围可燃物;在机器运转过程中,不按时加油润滑,或没有清除附在机器轴承上面的杂质、废物,使机器该部位摩擦发热,引起附着起火;化工生产设备失修,出现可燃气体以及易燃、可燃液体跑、冒、滴、漏等现象,遇到明火燃烧或爆炸等。

(5)设备故障

在生产或生活中,一些设施设备疏于维护保养,导致在使用过程中无法正常运行,因摩擦、过载、短路等原因造成局部过热,从而引发火灾,如:一些电子设备长期处于工作或通电状态下,因散热不力,最终过热导致内部故障而引发火灾。

(6)玩火

未成年儿童因缺乏看管,玩火取乐,也是造成火灾发生常见的原因之一。此外,每逢节日庆典,不少人喜爱燃放烟花爆竹来增加气氛,被点燃的烟花爆竹本身即是火源,稍有不慎,就易引发火灾,还会造成人员伤亡。

(7)放火

放火主要是指由于人为放火的方式引起的火灾,一般是当事人以放火为手段达到某种目的。这类火灾为当事人故意为之,通常经过一定的策划准备,所以往往缺乏初期救助,火灾发展迅速,后果严重。

(8)雷击

雷电导致的火灾原因大体上有三种:一是雷电直接击在建筑物上发生热效应、机械效应作用等;二是雷电产生静电感应作用和电磁感应作用;三是高电位雷电波沿着电气线路或金属管道系统侵入建筑物内部。在雷击较多的地区,建筑物上如果没有设置可靠的防雷保护设施,便有可能发生雷击起火。

3. 灭火的基本原理

为了防止火势失去控制,继续扩大燃烧而造成灾害,需要采取以下方法降火扑灭,这些方法的根本原理是破坏燃烧条件。

(1)冷却灭火

可燃物一旦达到着火点,便会燃烧或持续燃烧。在一定条件下,将可燃物的温度降到着火点以下,燃烧即会停止。对于可燃固体,将其冷却在燃点以下;对于可燃液体,将其冷却在闪点以下,燃烧反应就可能会终止。用水扑灭一般固体物质引起的火灾,主要是通过冷却作用实现的。水具有较大的比热容和很高的汽化热,冷却性能很好。在用水灭火的过程中,水大量地吸收热量,使燃烧物的温度迅速降低,使火焰熄灭、火势得到控制、火灾终止。

(2)隔离灭火

在燃烧三要素中,可燃物是燃烧的主要因素。将可燃物与氧气、火焰隔离,就可以终止燃烧,扑灭火灾。如自动喷水泡沫联用系统在喷水的同时喷出泡沫,泡沫覆盖于燃烧液体或固体的表面,在发挥冷却作用的同时,将可燃物与空气隔离,从而可以灭火。

(3)窒息灭火

可燃物的燃烧是氧化作用,需要在最低氧浓度以上才能进行。低于最低氧浓度,燃烧不能进行,火灾即被扑灭。一般氧的体积分数低于15%时,就不能维持燃烧。在着火场所内,可以通过灌注不燃气体如二氧化碳、氮气、蒸汽等,降低空间的氧的体积分数,从而达到窒息灭火的目的。

(4)化学抑制灭火

由于有焰燃烧是通过链式反应进行的,如果能有效地抑制自由基的产生或降低火焰中的自由基浓度,即可使燃烧终止。

化学抑制灭火的灭火剂常见的有干粉和七氟丙烷。化学抑制法灭火,灭火速度快,使用得当可有效地扑灭初期火灾,减少人员伤亡和财产损失。

任务二　火灾自动报警系统设计

一、火灾自动报警系统的一般规定

1. 火灾自动报警系统的设计依据

为了有效防止和减少火灾对居民人身及财产安全造成危害,应根据建筑的性质、特点及使用功能设计相应合理的火灾自动报警系统。火灾自动报警系统的设计,应符合现行消防法规的要求。这些法规包括《民用建筑电气设计规范》《火灾自动报警系统设计规范》《建筑设计防火规范》《人民防空工程设计防火规范》《汽车库、修车库、停车库设计防火规范》等。

2. 火灾自动报警系统的保护分级

(1)建筑分类和保护对象分级

设计时,应根据建筑物的使用性质、火灾危险性及建筑物的分类,确定火灾自动报警系统保护对象的分级,从而确定火灾自动报警系统的设计方案。

(2)高层民用建筑分类

民用建筑根据其建筑高度和层数可分为单、多层民用建筑和高层民用建筑。

高层民用建筑根据其建筑高度、使用功能和楼层的建筑面积可分为一类和二类。民用建筑的分类应符合《建筑设计防火规范》GB 50016—2014 中规定,见表7.1。

表 7.1　高层民用建筑物分类

<table>
<tr><th rowspan="2">名称</th><th colspan="2">高层民用建筑</th><th rowspan="2">单、多层民用建筑</th></tr>
<tr><th>一类</th><th>二类</th></tr>
<tr><td>住宅建筑</td><td>建筑高度大于等于 19 层(约 54 m)的住宅建筑(包括设置商业服务网点的住宅建筑)</td><td>建筑高度大于 27 m,但不大于 54 m 的住宅建筑(包括设置商业服务网点的住宅建筑)</td><td>建筑高度不大于 27 m 的住宅建筑(包括设置商业服务网点的住宅建筑)</td></tr>
<tr><td>公共建筑</td><td>①建筑高度大于 50 m 的公共建筑
②任一楼层建筑面积大于 1 000 m^2 的商店、展览、电信、邮政、财贸今日建筑和其他多功能组合的建筑
③医疗建筑、重要公共建筑
④省级及以上的广播电视和防灾指挥调度建筑、网局级和省级电力调度建筑
⑤藏书超过 100 万册的图书馆、书库</td><td>除一类高层公共建筑外的其他高层公共建筑</td><td>①建筑高度大于 27 m 的单层公共建筑
②建筑高度不大于 27 m 的其他公共建筑</td></tr>
</table>

民用建筑中设置的火灾自动报警系统,根据其保护对象的不同,分为特级、一级和二级。通常,一类建筑属于一级保护对象,二类建筑属于二级保护对象。火灾自动报警系统保护对象分级详见表 7.2。

表 7.2　火灾自动报警系统保护对象分级

<table>
<tr><th>等级</th><th colspan="2">保护对象</th></tr>
<tr><td>特级</td><td colspan="2">建筑高度超过 100 m 的高层建筑</td></tr>
<tr><td rowspan="3">一级</td><td>居住建筑</td><td>19 层及以上的居住建筑</td></tr>
<tr><td>建筑高度不超过 100m 的公共建筑</td><td>一类建筑</td></tr>
<tr><td>建筑高度不超过 24 m 的公共建筑及建筑高度超过 24 m 的单层公共建筑</td><td>①200 床及以上的病房楼,每层建筑面积 1 000 m^2 及以上的门诊楼、疗养院、老年人建筑、儿童活动场所;
②任一层建筑面积超过 3 000 m^2 或总建筑面积大于 6 000 m^2 的商店、展览建筑、旅馆、财贸金融建筑、办公楼、教学楼、实验楼;
③图书、文物珍藏库(馆),藏书超过 100 万册的图书馆、书库,重要的档案库(馆);
④超过 3 000 座位的体育馆;
⑤重要的科研楼;
⑥省级及以上(含计划单列市)广播电视建筑、邮政楼、电信楼、电力调度楼、防灾指挥调度楼;
⑦设有大中型电子信息系统机房、记录介质库,特殊贵重或火灾危险性大的机器、仪表、仪器设备室、贵重物品库房的建筑;
⑧重点文物保护场所;
⑨大型及以上影剧院、会堂、礼堂;
⑩特大型、大型铁路旅客车站、航站楼、一级和二级汽车客运站、港口客运站</td></tr>
</table>

表 7.2(续)

等级	保护对象	
一级	工业建筑	①甲、乙类厂房; ②甲、乙类库房; ③占地面积或总建筑面积超过 1 000 m^2 的丙类库房,占地面积超过 500 m^2 或总建筑面积超过 1 000 m^2 的卷烟库房; ④总建筑面积超过 1 000 m^2 的地下丙、丁类厂房及库房。 ⑤任一层建筑面积大于 1 500 m^2 或总面积大于 3 000 m^2 的制鞋、制衣、玩具厂房
	地下公共建筑	①城市轨道交通地下车站和区间隧道、长度超过 1 000 m 的城市地下通道(隧道); ②地下或半地下影剧院、礼堂; ③建筑面积超过 1 000 m^2 的地下或半地下商场、医院、旅馆、展厅及其他公共场所; ④重要的实验室,图书、资料、档案库
二级	居住建筑	10 ~ 18 层的居住建筑
	建筑高度不超过 100 m 的高层公共建筑	二类建筑
	建筑高度不超过 24 m 的公共建筑	①任一层建筑面积超过 2 000 m^2 但不超过 3 000 m^2 或总面积不超过 6 000 m^2 的商店、展览建筑、旅馆、财贸金融建筑、办公楼、教学楼、实验楼; ②市、县级广播电视建筑、邮政楼、电信楼、电力调度楼、防灾指挥调度楼; ③中型及以下影剧院; ④设置在地上 4 层及以上的歌舞娱乐放映游艺场所; ⑤图书馆、书库、档案库(馆); ⑥中型铁路旅客车站,三级和四级汽车客运站、港口客运站、城市轨道交通地面和地上高架车站; ⑦200 床以下的病房楼,每层建筑面积 1 000 m^2 以下的门诊楼、疗养院、老年人建筑、儿童活动场所
	工业建筑	①丙类厂房; ②建筑面积大于 50 m^2 但不超过 1 000 m^2 的丙类库房; ③总建筑面积大于 50 m^2 但不超过 1 000 m^2 的地下丙、丁类厂房及库房
	地下公共建筑	①长度超过 500 m 的城市地下通道(隧道); ②建筑面积超过 500 m^2 但不超过 1 000 m^2 的地下或半地下商店、医院、旅馆、展厅及其他公共场所; ③地下或半地下歌舞娱乐放映游艺场所
三级	居住建筑	10 层以下的居住建筑
	建筑高度不超过 24 m 的公共建筑	一级和二级保护以外的公共建筑

二、火灾自动报警系统设计

1. 报警区域和探测区域的划分

(1)报警区域的划分

在火灾自动报警系统设计中,只有按照保护对象的保护等级和耐火等级合理正确地划分报警区域,才能在火灾初期及早地发现并扑灭火灾。一个报警区域宜由一个防火分区或同楼层的几个防火分区组成。

(2)探测区域的划分

探测区域的划分应符合下列规定。

①探测区域应按独立房间划分,一个探测区域的面积不宜超过 500 m^2。

②红外光束线型感烟探测器的探测区域长度不宜超过 100 m,缆式感温火灾探测器的探测区域长度不宜超过 200 m。

③符合下列条件之一的二级保护对象,可将几个房间划分为一个探测区域:

a. 相邻房间不超过 5 间,总面积不超过 400 m^2,并在门口设有灯光显示装置;

b. 相邻房间不超过 10 间,总面积不超过 1 000 m^2,在每个房间门口均能看清其内部,并在门口设有灯光显示装置。

④有些场所应分别单独划分探测区域,如:

a. 敞开或封闭楼梯间;

b. 防烟楼梯间前室、消防电梯前室、消防电梯及防烟楼梯间合用的前室;

c. 走道、坡道、管道井、电缆隧道;

d. 建筑物闷顶、夹层。

2. 火灾自动报警系统的基本形式及设计要求

(1)火灾自动报警系统的基本形式

①区域报警系统,适用于仅需要报警,不需要联动自动泊防设备的保护对象,如图 7.3 所示。

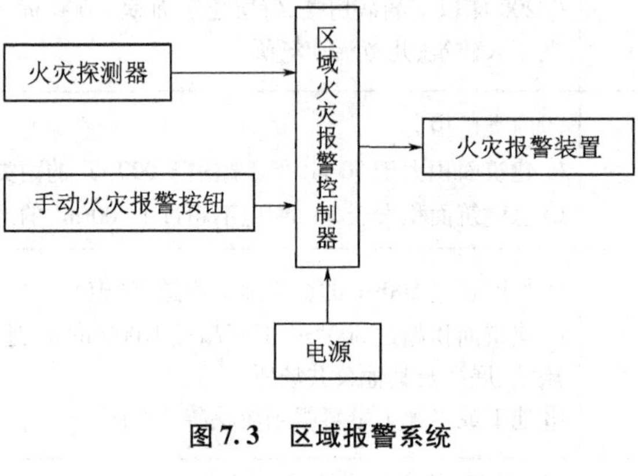

图 7.3　区域报警系统

②集中报警系统,适用于不仅需要报警,同时需要联动自动消防设备且只设置一台具有集中控制功能的火灾报警控制器和消防联动控制器的保护对象,如图 7.4 所示。

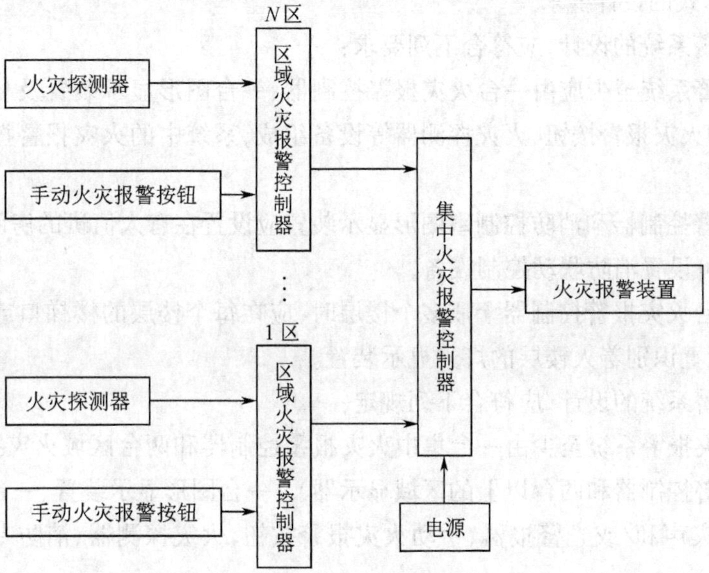

图7.4　集中报警系统

③控制中心报警系统，适用于设置两个及以上消防控制室的保护对象，或已设置两个及以上集中报警系统的保护对象，如图7.5所示。

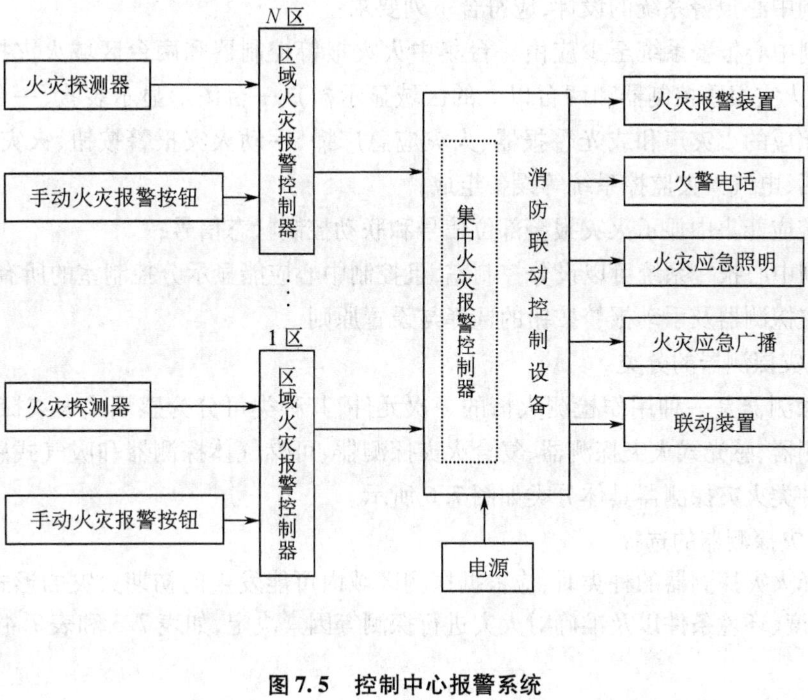

图7.5　控制中心报警系统

(2)系统形式的设计要求

①区域报警系统的设计,应符合下列要求:

a. 区域报警系统至少应由一台火灾报警控制器、一台图形显示装置及相应的火灾声或光警报器、手动火灾报警按钮、火灾探测器等设备组成,系统中的火灾报警控制器不应超过两台;

b. 火灾报警控制器和消防控制室图形显示装置应设置在有人值班的房间或场所;

c. 系统中可设置消防联动控制设备;

d. 当用一台火灾报警控制器警戒多个楼层时,应在每个楼层的楼梯口或消防电梯前室等明显部位,设置识别着火楼层的灯光显示装置。

②集中报警系统的设计,应符合下列规定:

a. 集中火灾报警系统至少由一台集中火灾报警控制器和两台区域火灾报警控制器(或由一台火灾报警控制器和两台以上的区域显示器)、一台图形显示装置、一台消防联动控制器及相应的火灾声和/或光警报器、手动火灾报警按钮、火灾探测器、消防专用电话等设备组成;

b. 集中火灾报警控制器和火灾报警控制器,应能显示火灾报警部位信号和控制信号,亦可进行联动控制;

c. 集中火灾报警控制器和火灾报警控制器,应设置在有专人值班的消防控制室或值班室内。

③控制中心报警系统的设计,应符合下列要求:

a. 控制中心报警系统至少应由一台集中火灾报警控制器和两台区域火灾报警控制器(或由一台火灾报警控制器和两台以上的区域显示器)、一台图形显示装置、一台消防联动控制器及相应的火灾声和或光警报器、火灾应急广播、手动火灾报警按钮、火灾探测器、消防专用电话、电气火灾监控系统等设备组成;

b. 系统应能集中显示火灾报警部位信号和联动控制状态信号;

c. 控制中心报警系统可以设分控制室,且控制中心应能显示分控制室的所有信息。

3. 火灾探测器及手动报警按钮的选择与设置原则

(1)火灾探测器的分类

火灾探测器是一种用作检测火情的一次元件,其种类可分为感烟式火灾探测器、感温式火灾探测器、感光式火灾探测器、复合火灾探测器、可燃气体探测器和吸气式感烟探测器等。不同种类火灾探测器具体分类如图 7.6 所示。

(2)火灾探测器的选择

在选择火灾探测器的种类时,应根据探测区域内可能发生的初期火灾的形式和发展特征、房间高度、环境条件以及准确对火灾进行探测等因素决定,如表 7.3 和表 7.4 所示。

- 可燃性气体探测器
  - 固体电介质可燃性气体探测器
  - 光电式可燃性气体探测器
  - 气敏半导体可燃性气体探测器
  - 催化燃烧型可燃性气体探测器（铂丝催化、载体催化）

- 复合式火灾探测器
  - 复合式感温感烟探测器
  - 复合式感烟感光探测器
  - 复合式感温感光探测器
  - 分离式红外光束感温感烟探测器

- 感温式火灾探测器
  - 点型
    - 定温式
      - 玻璃球膨胀形定温探测器
      - 热敏电阻定温探测器
      - 水银结点定温探测器
      - 半导体定温探测器
      - 金属膜片定温探测器
      - 易熔金属定温探测器
      - 热电偶定温探测器
      - 双金属定温探测器
    - 差温式
      - 热敏电阻差温探测器
      - 金属膜盒式差温探测器
      - 双金属差温探测器
      - 半导体差温探测器
    - 差定温式
      - 热敏电阻差定温探测器
      - 金属膜盒式差定温探测器
      - 双金属动圈式差定温探测器
      - 半导体差定温探测器
  - 线型（分布式）
    - 定温式
      - 半导体形定温探测器
      - 可熔绝缘物线形定温探测
    - 差温式
      - 热电偶线形差温探测器
      - 空气管线形差温探测器
    - 差定温式
      - 半导体差定温探测器
      - 热敏电阻差定温探测器
      - 膜盒式差定温探测器
      - 双金属差定温探测器

- 感烟式火灾探测器
  - 点型
    - 离子感烟探测器
      - 单源式离子感烟探测器
      - 双源式离子感烟探测器
    - 光电感烟探测器
      - 散射式光电感烟探测器
      - 减光式光电感烟探测器
  - 线型
    - 激光感烟探测器
    - 分离式红外光束感烟探测器

图 7.6　不同种类火灾探测器具体分类图

表 7.3　对不同高度的点型火灾探测器的选择

房间高度 /m	点型感烟火灾探测器	点型感温火灾探测器			火焰探测器
		A_1,A_2	B	C,D,E,F,G	
$12 < h \leq 20$	适合	不适合	不适合	不适合	适合
$6 < h \leq 8$	适合	适合	不适合	不适合	适合
$4 < h \leq 6$	适合	适合	适合	不适合	适合
$h \leq 4$	适合	适合	适合	适合	适合

注：A_1,A_2,B,C,D,E,F,G 为点型感温探测器的不同类别，其具体参数应符合《火灾自动报警系统设计规范》中的相关规定。

表 7.4　点型感温火灾探测器分类

探测器类别	点型应用温度 /℃	最高应用温度 /℃	动作温度下限值 /℃	动作温度上限值 /℃
A_1	25	50	54	65
A_2	25	50	54	70
B	40	65	69	85
C	55	80	84	100
D	70	95	99	115
E	85	110	114	130
F	100	125	129	145
G	115	140	144	160

一般规定：

①对火灾初期有阴燃阶段，产生大量的烟盒少量的热，很少或没有火焰辐射的场所，应选择感烟探测器；

②对火灾发展迅速，可产生大量热、烟和火焰辐射的场所，可选择感温探测器、感烟探测器、火焰探测器或其组合；

③对火灾发生迅速，有强烈的火焰辐射和少量的烟、热的场所，应选择火焰探测器；

④对火灾形成特征不可预料的场所，可根据模拟试验的结果选择探测器；

⑤对使用、生产或聚集可燃气体的场所，应选择可燃气体探测器。

(3)点型火灾探测器的设置

①在一个探测区域内每一个相对独立的房间，即使该房间的面积比一只探测器的保护面积小得多，均应设置一只探测器保护。

②感烟探测器、感温探测器的保护面积和保护半径，应按表 7.5 一一确定。

③感烟探测器、感温探测器的安装间距应根据探测器的保护面积 A 和保护半径 R 确定。

表 7.5　感烟、感温探测器的保护面积和保护半径

火灾探测器的种类	地面面积 S /m²	房间高度 h /m	探测器的保护面积 A 和保护半径 R（房顶坡度 θ）					
			$\theta\leq15°$		$15°<\theta\leq30°$		$\theta>30°$	
			A/m	R/m	A/m	R/m	A/m	R/m
感烟探测器	$S\leq80$	$h\leq12$	80	6.7	80	7.2	80	8.0
	$S>80$	$6<h\leq12$	80	6.7	100	8.0	120	9.9
		$h\leq6$	60	5.8	80	7.2	100	9.0
感温探测器	$S\leq30$	$h\leq8$	30	4.4	30	4.9	30	5.5
	$S>30$	$h\leq8$	20	3.6	30	4.9	40	6.3

如图 7.7 所示为点型光电感烟火灾探测器，如图 7.8 所示为点型感温火灾探测器。

图 7.7　点型光电感烟火灾探测器

图 7.8　点型感温火灾探测器

根据保护面积和保护半径确定最佳安装间距选择，见表 7.6。

表 7.6　根据保护面积和保护半径确定最佳安装间距选择

探测器种类	保护面积 A/m²	保护半径 R 的极限值/m	最佳安装间距 a、b 及其保护半径 R 值/m					
			$a_1\times b_1$	R_1	$a_2\times b_2$	R_2	$a_3\times b_3$	R_3
感温探测器	30	3.6	3.1×6.5	3.6	4.5×4.5	3.2	3.9×5.3	3.3
	30	4.4	3.8×7.9	4.4	5.5×5.5	3.9	4.8×6.3	4.0
	30	4.9	3.2×9.2	4.9	5.5×5.5	3.9	4.8×6.3	4.0
	30	5.5	2.8×10.6	5.5	5.5×5.5	3.9	4.8×6.3	4.0
	40	6.3	3.3×12.2	6.3	6.5×6.5	4.6	7.4×5.5	4.6
感烟探测器	60	5.8	6.1×9.9	5.8	7.7×7.7	5.4	6.9×8.8	5.6
	80	6.7	7.0×11.4	6.7	9.0×9.0	6.4	8.0×10.0	6.4
	80	7.2	6.1×13.0	7.2	9.0×9.0	6.4	8.0×10.0	6.4
	80	8.0	5.3×15.1	8.0	9.0×9.0	6.4	8.0×10.0	6.4
	100	8.0	6.9×14.4	8.0	10.0×10.0	7.1	8.7×11.6	7.3
	100	9.0	5.9×17.0	9.0	9.0×10.0	7.1	8.7×11.6	7.3
	120	9.9	6.4×18.7	9.9	11.0×11.0	7.8	9.6×12.5	7.9

在实际工程中房间功能及探测区域大小不一，房间高度和棚顶坡度也各异，应按规范

规定确定探测器的数量。规范规定每个探测区域内至少设置一个火灾探测器。一个探测区域内所设置探测器的数量为

$$N \geqslant \frac{S}{k \cdot A}\text{（个）}$$

式中 N——一个探测区域内所设置的探测器的数量，单位用“个”表示，N 应取整数（小数进位取整）；

S——一个探测区域的地面面积（单位为 m^2）；

A——探测器的保护面积（单位为 m^2），指一个探测器能有效探测的地面面积，由于建筑物房间的地面通常为矩形，因此，所谓“有效”探测器的地面面积实际上是指探测器能探测到矩形地面的面积，探测器的保护半径 R（单位为 m）是指一个探测器能有效探测的单向最大水平距离；

k——安全修正系数，容纳人数为 10 000 人以上的特级保护对象 k 取 0.7 ~ 0.8，容纳人数为 2 000 ~ 10 000 人的一级保护对象 k 取值为 0.8 ~ 0.9，容纳人数为 500 ~ 2 000 人的二级保护对象 k 取 0.9 ~ 1.0。

选取时，根据设计者的实际经验，并考虑发生火灾后对人和财产的损失程度、火灾危险性大小、疏散、扑救火灾的难易程度及对社会的影响大小等多种因素。

另外，通风换气对感烟探测器的面积有影响。在通风换气房间，烟的自然蔓延方式受到破坏。换气越频繁，燃烧产物（烟气体）的浓度越低，部分烟被空气带走，导致探测器接受烟量的减少，或者说探测器感烟灵敏度相对降低。常用的补偿方法有两种：一是压缩每个探测器的保护面积；二是增大探测器的灵敏度，但要注意防误报。感烟探测器保护面积的压缩系数如表 7.7 所示。可根据房间每小时换气次数（n），将探测器的保护面积乘以一个压缩系数。

表 7.7　感烟探测器保护面积的压缩系数表

每小时换气次数 n	保护面积的压缩系数
$10 < n \leqslant 20$	0.9
$20 < n \leqslant 30$	0.8
$30 < n \leqslant 40$	0.7
$40 < n \leqslant 50$	0.6
$n > 50$	0.5

【例 7.1】　设房间换气次数为 50 次/h，感烟探测器的保护面积为 80 m^2，考虑换气影响后，探测器的保护面积为 $A = 80 \times 0.6 = 48\ m^2$。

【例 7.2】　某高层教学楼的其中一个被划为一个探测区域的阶梯教室，其地面面积为 30 m × 40 m，房顶坡度为 13°，房间高度为 8 m，属于二级保护对象，试求：

①应选用何用类型的探测器；

②探测器的数量为多少个？

解　①根据使用场所可知，选感烟或感温探测器均可，但按房间高度可知，仅能选感烟探测器。

②因属二级保护对象，所以 k 取 1，地面面积 $S = 30\ m \times 40\ m = 1\ 200\ m^2 > 80\ m^2$，房间高度 $h = 8$ m，即 $6 < h \leqslant 12$，房顶坡度 θ 为 13°，即 $\theta \leqslant 15°$，于是根据表 7.4 得保护面积 $A = 80\ m^2$，保护半径 $R = 6.7$ m，所以有

$$N=\frac{1\ 200}{1\times 80}=15(\text{个})$$

由上例可知：对探测器类型的确定必须全面考虑。确定了类型，数量也就被确定了。那么数量确定之后如何布置、安装及在有梁等特殊情况下探测区域怎样划分则是我们以下要解决的问题。

(4) 点型火灾探测器的布置

在平面图中布置点型火灾探测器时，需要先确定其安装间距，再考虑梁的影响及特殊场所探测器安装要求。

①确定探测器的安装间距

《火灾自动报警系统设计规范》中规定：探测器周围 0.5 m 内，不应有遮挡物(以确保探测效果)；探测器至墙壁、梁边的水平距离不应小于 0.5 m。

探测器在房间中布置时，如果是多个探测器，那么两相邻探测器的水平距离和垂直距离称为安装间距，分别用 a 和 b 表示。

安装间距 a，b 的确定有以下几种方法。

a. 计算法

根据从表 7.5 中查得的保护面积 A 和保护半径 R，计算直径 $D=2R$，根据所算 D 值大小对应保护面积 A 在图 7.9 中曲线粗实线上取一点，此点所对应的数即为安装间距 a，b 值。在布置中，实际值不应大于查得 a，b 值。

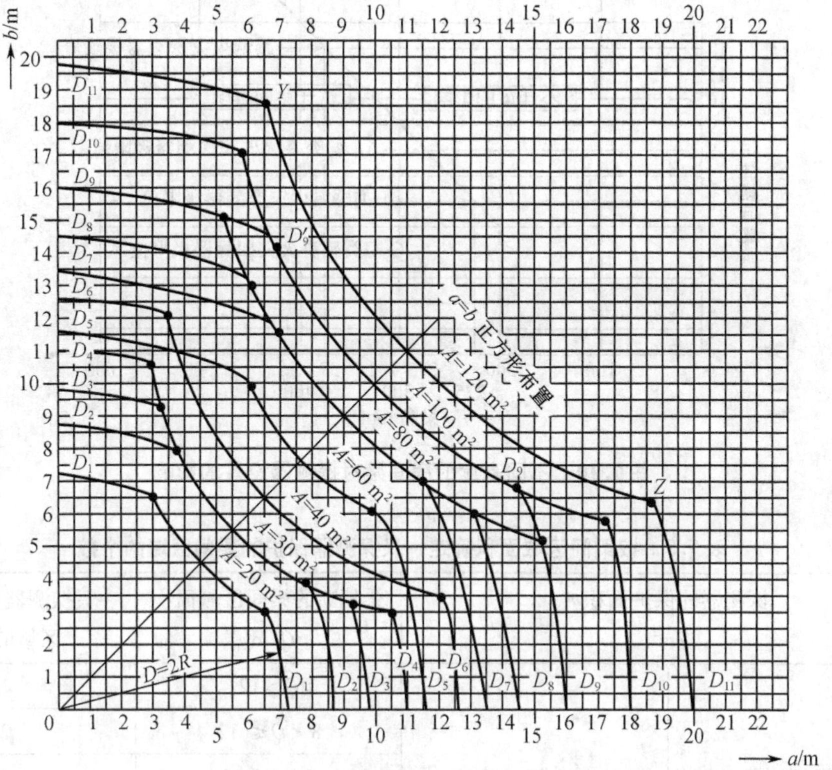

图 7.9　探测器安装间距极限曲线

A—探测器的保护面积；a，b—探测器的安装间距；

$D_1\sim D_{11}$—在不同保护面积 A 和保护半径下确定探测器安装间距 a，b 的极限曲线；

Y，Z——极限曲线的端点(在 Y 和 Z 两点间的曲线范围内，保护面积可得到充分利用)

b. 查表法

查表法是指根据探测器种类和数量直接从表 7.6 中查到适当的安装间距 a 和 b 值布置即可。

c. 正方形组合布置法

这种方法的安装间距 $a=b$，且完全无“死角”，但使用时受到房间尺寸及探测器数量多少的约束，很难合适。

②梁对探测器的影响

如图 7.10 所示，在有梁的顶棚上设置感烟探测器、感温探测器时，应符合下列规定：

a. 当梁突出顶棚的高度小于 200 mm 时，可不计梁对探测器保护面积的影响；

b. 当梁突出顶棚的高度为 200 ~ 600 mm 时，应按《火灾自动报警系统设计规范》GB 50116—2013 中附录 B 及表 7.8 确定梁对探测器保护面积的影响和一只探测器能够保护的梁间区域的个数；

c. 当梁突出顶棚的高度超过 600 mm 时，被梁隔断的每个梁间区域至少应设置一只探测器；

d. 当被梁隔断的区域面积超过一只探测器的保护面积时，被隔断的区域应按规范规定计算探测器的设置数量；

e. 当梁间净距小于 1 m 时，可不计梁对探测器保护面积的影响。

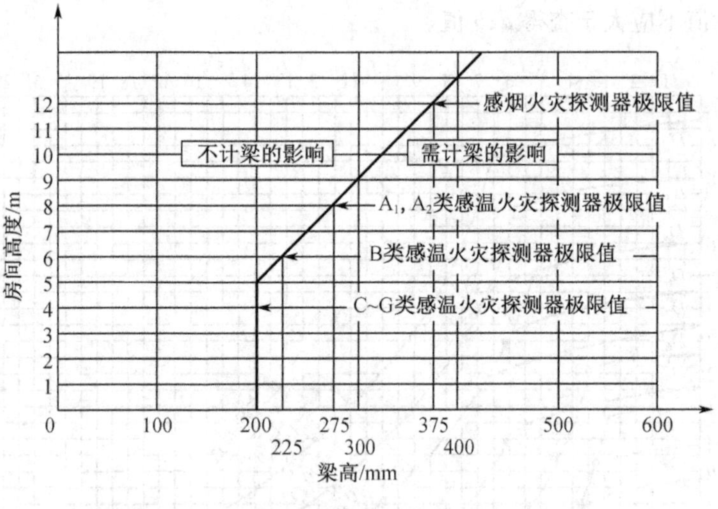

图 7.10　不同高度的房间梁对探测器设置的影响

表 7.8　按梁间区域面积确定一只探测器保护的梁间区域的个数

探测器的保护面积 A /m²		梁隔断的梁间区域面积 Q/m²	一只探测器保护的梁间区域的个数
感温探测器	20	$Q>12$	1
		$8<Q\leqslant 12$	2
		$6<Q\leqslant 8$	3
		$4<Q\leqslant 6$	4
		$Q\leqslant 4$	5

表 7.8(续)

探测器的保护面积 A /m²		梁隔断的梁间区域面积 Q/m²	一只探测器保护的梁间区域的个数
感温探测器	30	$Q>18$	1
		$12<Q>18$	2
		$9<Q\leqslant 12$	3
		$6<Q\leqslant 9$	4
		$Q\leqslant 6$	5
感烟探测器	60	$Q>36$	1
		$24<Q\leqslant 36$	2
		$18<Q\leqslant 24$	3
		$12<Q\leqslant 18$	4
		$Q\leqslant 12$	5
	80	$Q>48$	1
		$32<Q\leqslant 48$	2
		$24<Q\leqslant 32$	3
		$16<Q\leqslant 24$	4
		$Q\leqslant 16$	5

在宽度小于 3 m 的内走道顶棚上设置探测器时,宜居中布置。感温探测器的安装间距不应超过 10 m;感烟探测器的安装间距不应超过 15 m;探测器至端墙的距离不应大于探测器安装间距的一半。

探测器至墙壁、梁边的水平距离不应小于 0.5 m。

探测器周围 0.5 m 内,不应有遮挡物。

房间被书架、设备或隔断等分隔,其顶部至顶棚或梁的距离小于房间净高的 5% 时,每个被隔开的部分至少应安装一只探测器。

探测器至空调送风口边的水平距离不应小于 1.5 m,并宜接近回风口安装。探测器至多孔送风顶棚孔口的水平距离不应小于 0.5 m。

当屋顶有热屏障时,感烟探测器下表面至顶棚或屋顶的距离,应符合表 7.9 的规定。

表 7.9　感烟探测器下表面至顶棚或屋顶的距离

探测器的安装高度 h /m	感烟探测器下表面至顶棚或屋顶的距离 d/mm					
	顶棚或屋顶坡度 θ					
	$\theta\leqslant 15°$		$15°<\theta\leqslant 30°$		$\theta>30°$	
	最小	最大	最小	最大	最小	最大
$h\leqslant 6$	30	200	200	300	300	500
$6<h\leqslant 8$	70	250	250	400	400	600
$8<h\leqslant 10$	100	300	300	500	500	700
$10<h\leqslant 12$	150	350	350	600	600	800

4. 消防控制室的设计要求

消防控制室应具有接受火灾报警、发出火灾信号和安全疏散指令、控制各种消防联动控制设备及显示系统运行情况等功能。

①消防控制室应至少由火灾报警控制器、消防联动控制器、消防控制室图形显示装置或其组合设备组成;应能监控消防系统及相关设备(设施)显示相应设备(设施)的动态信息和消防管理信息,向远程监控中心传输火灾报警及其他相应信息。

②消防系统及其相关设备(设施)应包括火灾探测报警、消防联动控制、消火栓、自动灭火、防烟排烟、通风空调、防火门及防火卷帘、消防应急照明和疏散指示、消防应急广播、消防设备电源、消防电话、电梯、可燃气体探测报警、电气火灾监控等全部或部分系统或设备(设施)。

③建筑或建筑群具有二个及以上消防控制室时,应符合下列要求:

a. 上一级的消防控制室应能显示下一级的消防控制室的各类系统的相关状态;

b. 上一级的消防控制室可对下一级的消防控制室进行控制;

c. 下一级的消防控制室应能将所控制的各类系统相关状态和信息传输到上一级的消防控制室;

d. 相同级别的消防控制室之间可以互相传输、显示状态信息,不应互相控制。

④消防控制室应设有用于火灾报警的外线电话。

⑤消防控制室应有相应的竣工图纸、各分系统控制逻辑关系说明、设备使用说明书、系统操作规程、应急预案、值班制度、维护保养制度及值班记录等。

三、消防联动控制系统设计

消防联动控制系统是火灾自动报警系统中的执行机构。火灾发生时,火灾报警控制器向消防控制室发出报警信息,消防控制室手动或自动,即根据预先设定的联动关系启动有关消防设备实施灭火。

1. 消防联动控制系统组成

①火灾报警控制;

②自动灭火控制;

③室内消火栓控制;

④防烟、排烟及空调通风控制;

⑤常开防火门、防火卷帘门控制;

⑥电梯回降控制;

⑦火灾应急广播控制;

⑧火灾警报装置控制;

⑨火灾应急照明与疏散指示标志的控制。

由于每个建筑的使用性质和功能要求有所不同,选择哪些控制系统也应根据工程的实际情况决定。但无论选择哪几种控制系统,其控制装置均应集中于消防控制室内,即使控制设备分散在其他房间,其操作信号也应反馈到消防控制室。

2. 消防联动设计一般规定

①消防联动控制器应能按设定的控制逻辑向各相关的受控设备发出联动控制信号,并接受相关设备的联动反馈信号。

②消防联动控制器的电压控制输出应采用直流 24 V,其电源容量应满足受控消防设备

同时启动且维持工作的控制容量要求。

③各受控设备接口的特性参数应与消防联动控制器发出的联动控制信号相匹配。

④消防水泵、防烟和排烟风机的控制设备，除应采用联动控制方式外，还应在消防控制室设置手动直接控制装置。

⑤启动电流较大的消防设备宜分时启动。

⑥需要火灾自动报警系统联动控制的消防设备，其联动触发信号应采用两个独立的报警触发装置报警信号的“与”逻辑组合。

3. 消防联动控制设计要求

①消防联动设备必须在自动和手动状态下均能启动，如消防水泵、防、排 烟风机等元件为重要消防设备，它们的可靠性直接关系到消防灭火工作的成败。因此，这些消防联动设备不仅能接受火灾探测器发送来的报警信号，根据事先设定的联动，自动启动进行工作，还应能手动控制其启动，以避免因其他非灭火设备故障因素而影响它们的启动。

②当消防联动控制设备的控制信号和火灾探测器的报警信号在同一总线回路上传输时，其布线要求应首先满足控制线路的布线要求，因为报警传输线路的作用是在火灾初期传输火灾探测报警信号，而联动控制线路的作用则是在火灾报警后，扑灭火灾过程中传输联动控制信号和联动设备的状态信号。因此，联动控制线路在布线的要求上要严于报警传输线路。

③设置在消防控制室以外的消防联动控制设备的动作状态信号均应在消防控制室显示，目的是便于消防指挥人员随时掌握各消防设备的运行状态。

消防联动与控制系统图例的名称如表 7. 10 所示，火灾显示盘如图 7. 12 所示。

表 7. 10　消防联动与控制系统

图例	名称
	智能编码消火栓启泵按钮
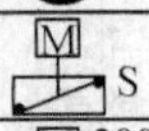	送风阀
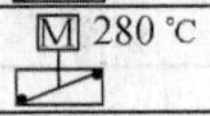	280防火阀
	信号闸阀（压力开关）
	水流指示器
FXDY	非消防电源配电箱
JLM	防火卷帘门控制箱
ZYFJ	正压送风机控制箱
PYFJ	排烟风机控制箱
PLB	喷淋泵控制箱
XFB	消防泵控制箱
	控制箱

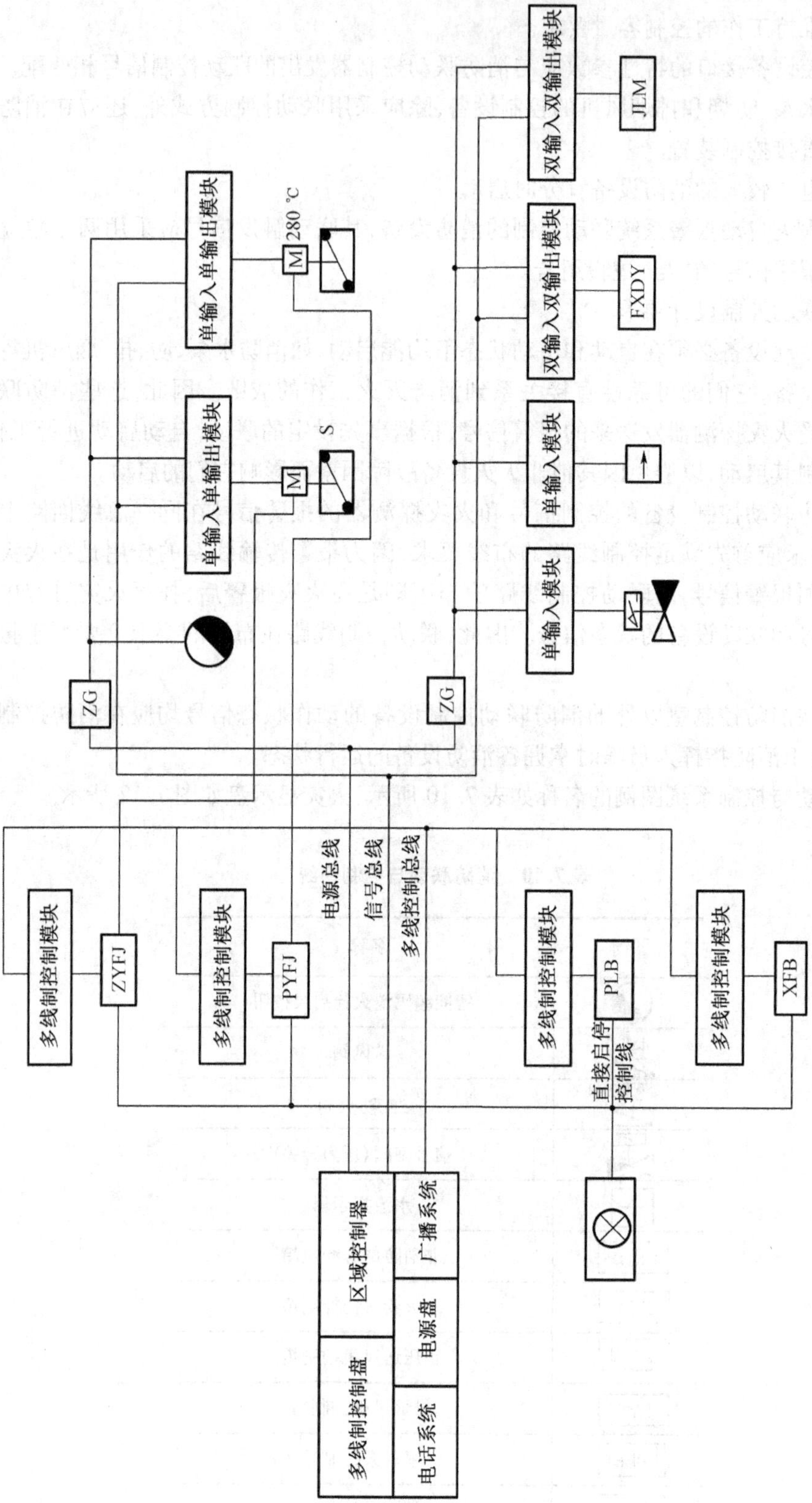

图7.11 消防联动系统图

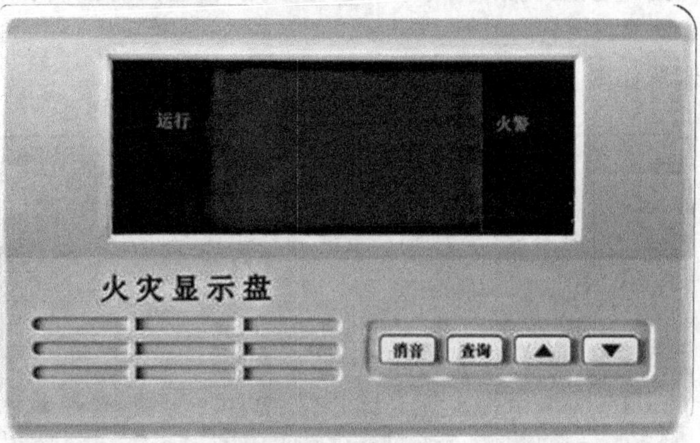

图 7.12 火灾显示盘

4. 对各消防联动控制系统的设计要求

(1)火灾警报和消防应急广播系统的联动控制设计

火灾发生后,及时向火区发出火灾警报,有秩序地组织人员疏散,是保证人身安全的重要方面。

①火灾自动报警系统应设置火灾声光警报器,并应在确认火灾后启动建筑内的所有火灾声光警报器。

②未设置消防联动控制器的火灾自动报警系统,火灾声光警报器应由火灾报警控制器控制;设置消防联动控制器的火灾自动报警系统,火灾声光警报器应由火灾报警控制器或消防联动控制器控制。

③公共场所宜设置具有同一种火灾变调声的火灾声警报器;具有多个报警区域的保护对象,宜选用带有语音提示的火灾声警报器;学校、工厂等各类日常使用电铃的场所,不应使用警铃作为火灾声警报器。

④火灾声警报器设置带有语音提示功能时,应同时设置语音同步器。

⑤同一建筑内设置多个火灾声警报器时,火灾自动报警系统应能同时启动和停止所有火灾声警报器工作。

⑥火灾声警报器单次发出火灾警报时间宜为 8 ~ 20 s ,同时设有消防应急广播时,火灾声警报应与消防应急广播交替循环播放。

⑦集中报警系统和控制中心报警系统应设置消防应急广播。

⑧消防应急广播系统的联动控制信号应由消防联动控制器发出。当确认火灾后,应同时向全楼进行广播。

⑨消防应急广播的单次语音播放时间宜为 10 ~ 30 s ,应与火灾声警报器分时交替工作,可采取 1 次火灾声警报器播放、1 次或 2 次消防应急广播播放的交替工作方式循环播放。

⑩在消防控制室应能自动或按预设控制逻辑联动控制选择广播分区、启动或停止应急广播系统,并应能监听消防应急广播。在通过传声器进行应急广播时,应自动对广播内容进行录音。

⑪消防控制室内应能显示消防应急、广播的广播分区的工作状态。

⑫消防应急广播与普通广播或背景音乐广播台用时,应具有强制切入消防应急广播的功能。

火灾报警控制器如图 7.13 所示。

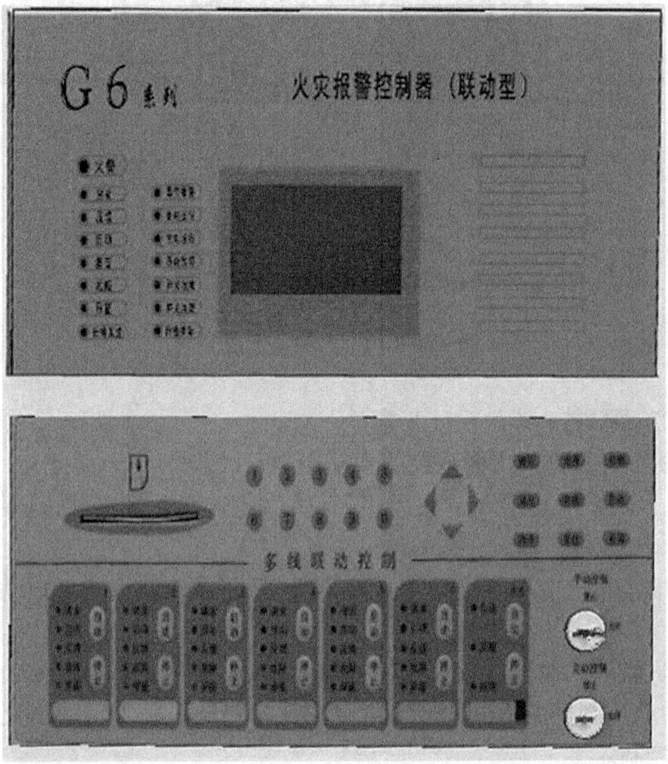

图 7.13　火灾报警控制器

(2)消防控制室的消防通信设备

①消防控制室应设置消防专用电话总机,消防专用电话总机与电话分机或电话插孔之间呼叫方式应该是直通的,中间不应有交换或转接程序,所以宜选择共电式电话总机或对讲通信电话设备,如图 7.14 所示。

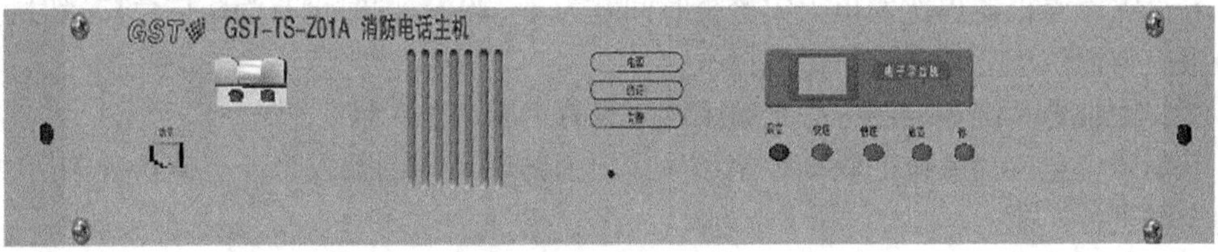

图 7.14　消防电话主机

②为了保证消防控制室同有关设备间的工作联系,应在有关部位设置消防专用电话分机,如消防水泵房、备用发电机房、变配电室、主要通风和空调机房、排烟机房、消防电梯机房及其他与消防联动控制有关的经常有人值班的机房、灭火控制系统操作装置处或控制室及消防值班室。

③如图 7.15 和图 7.16 所示，设有手动火灾报警按钮、消火栓按钮等处，宜设置电话插孔。电话插孔在墙上安装时，其底边距地面高度宜为 1.3 ~ 1.5 m。

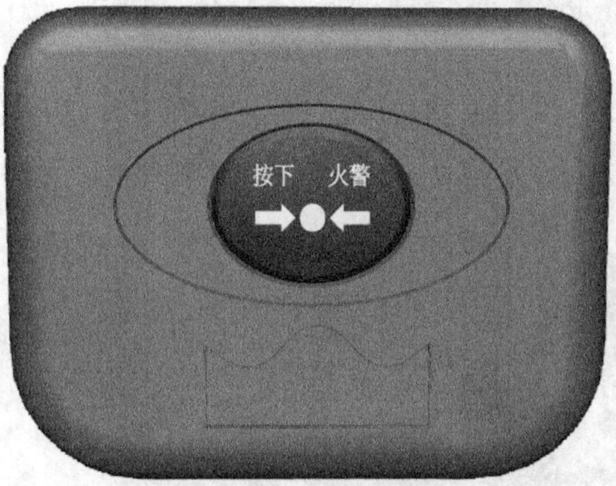

图 7.15　手动报警按钮

图 7.16　消火栓按钮

(3)确认火灾发生后切断相关部位的非消防电源

在火灾发生时，应急照明、疏散指示灯是组织人员疏散的必备设备，如图 7.17 和图 7.18 所示。当消防控制室确认火灾发生后，应切断相关部位的非消防电源，并接通警报装置及火灾应急照明灯和疏散指示灯。所谓切断相关部位的非消防电源是指一旦着火，应切断本防火分区或楼层的非消防电源。切断方式应具有手动或自动两种切断方式。切断顺序应考虑按楼层或防火分区的范围逐人实施，以减少断电带来的不必要的惊慌。如图 7.19 所示为应急照明与疏散指示灯联动图。

图 7.17　疏散指示灯

图 7.18　消防应急照明灯

(4)对电梯进行控制

消防控制室在确认火灾后，应能控制电梯全部停于首层，并接收其反馈信号。一般对电梯的控制有两种方式：一种是将电梯的控制显示盘设在消防控制室，消防值班人员在必要时可直接操作；另一种是在人工确认真正是火灾后，消防控制室向电梯控制室发出火灾信号及强制电梯下降的指令,所有电梯停于首层。如图 7.20 所示为电梯控制联动图。

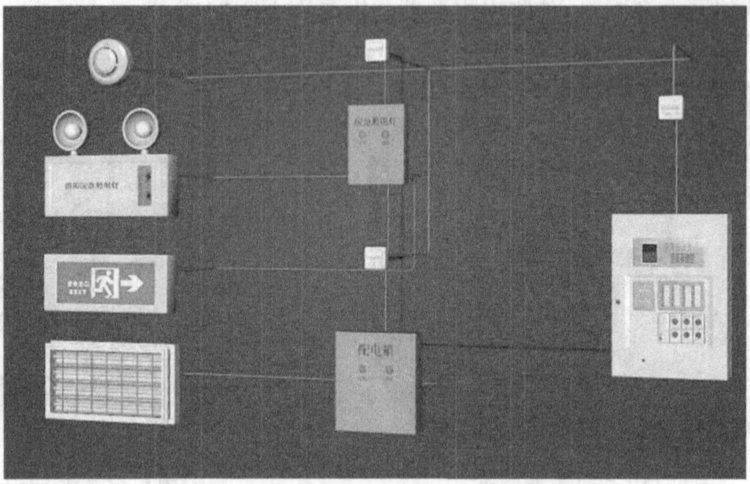

图 7.19　应急照明与疏散指示灯联动图

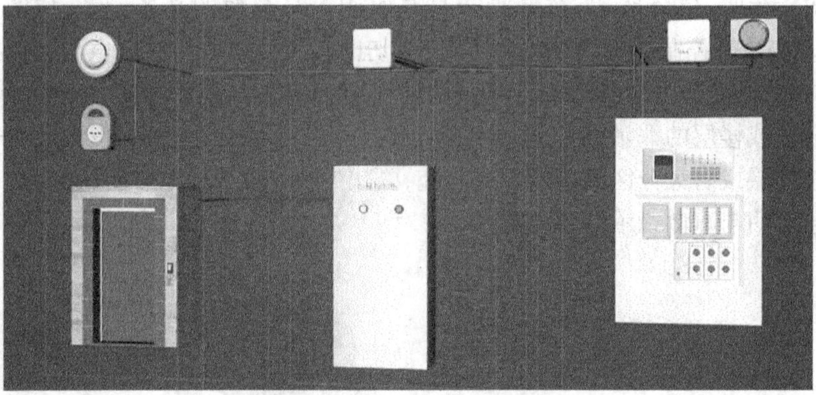

图 7.20　电梯控制联动图

(5)室内消火栓是建筑内最基本的消防设备

消火栓启泵装置及消防水泵等都是室内消火栓必须配套的设备。为便于火灾扑救和平时维修调试工作,消防控制室内的消防控制设备对室内消火栓系统及水喷淋系统应具有如下控制和显示功能:

①显示消防水泵电源的供应和工作情况;

②显示消防水泵的工作、故障状态;

③显示消火栓按钮的位置;

④显示水流指示器、报警阀、安全信号阀的工作状态;

⑤显示启泵按钮的位置;

⑥控制消防水泵的启、停;

⑦监视水池、水箱的水位情况;

⑧监视预作用喷水灭火系统的最低气压;

⑨监视干式喷水灭火系统的最高和最低气温。

如图 7.21 所示为消防水泵联动图。

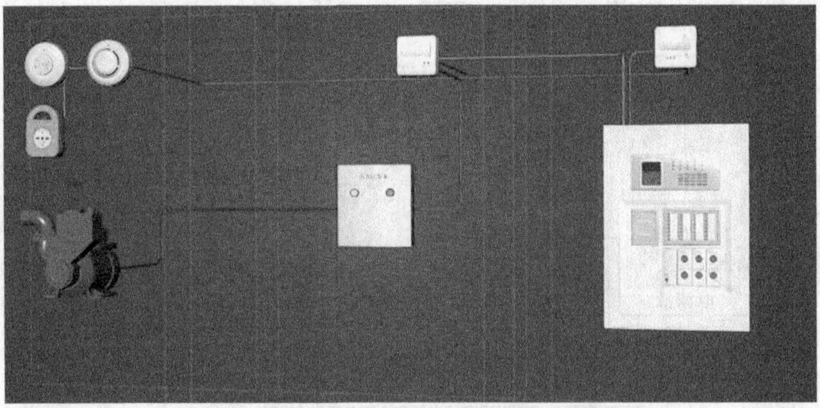

图 7.21　消防水泵联动图

(6)消防控制设备对管网气体灭火系统应有的控制和显示功能

①显示系统的手动、自动工作状态;

②在报警、喷射各阶段,控制室应有相应的声、光警报信号,并能手动切除声响信号;

③在延时阶段,应自动关闭防火门、窗,停止通风空调系统,关闭有关部位防火阀;

④显示气体灭火系统防护区的报警、喷放及防火门(帘)、通风空调等设备的状态。

如图 7.22 所示为七氟丙烷气体来火设备。

图 7.22　七氟丙烷气体灭火设备

(7)控制设备对泡沫灭火系统及干粉灭火系统应有的控制和显示功能

①控制系统启、停;

②显示系统工作状态。

如图 7.23 所示为泡沫灭火系统图。

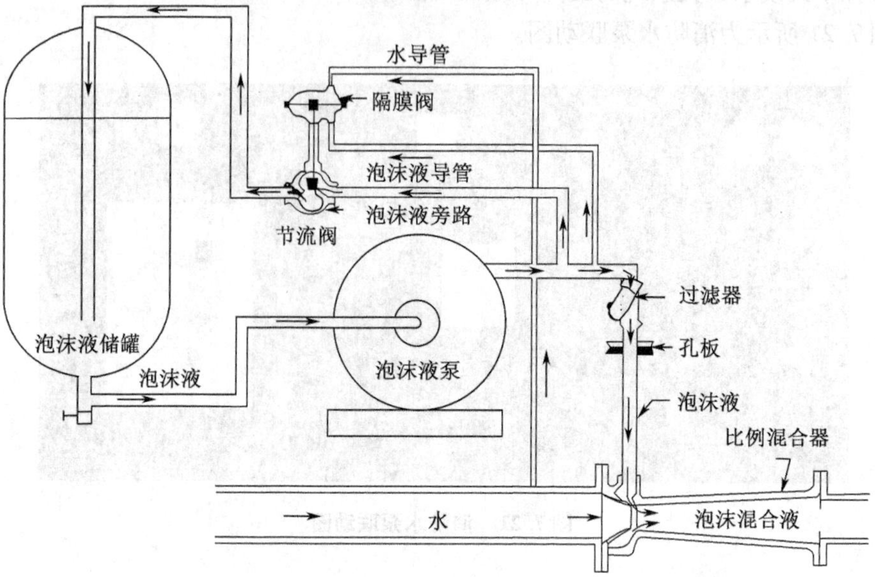

图 7.23　泡沫灭火系统图

(8)消防控制设备对常开防火门的控制要求

火灾发生时,应能自动关闭,以起到防火分隔作用。因此,常开防火门两侧应设置火灾探测器,任意一侧报警后,防火门应能自动联动关闭,且关闭后,信号反馈至消防控制室。

(9)消防控制设备对防火卷帘的控制要求

①疏散通道上的防火卷帘两侧设置火灾探测器组及其警报装置,且两侧应设置手动控制按钮。

②疏散通道上的防火卷帘应按下列程序自动控制:感烟探测器动作后,卷帘下降至距地(楼)面 1.8 m;感温探测器动作后,卷帘下降到底。

③用作防火分隔的防火卷帘,火灾探测器动作后,卷帘应下降到底。

④感烟、感温火灾探测器的报警信号及防火卷帘的关闭信号应送至消防控制室。

如图 7.24 所示为防火卷帘门联动图。

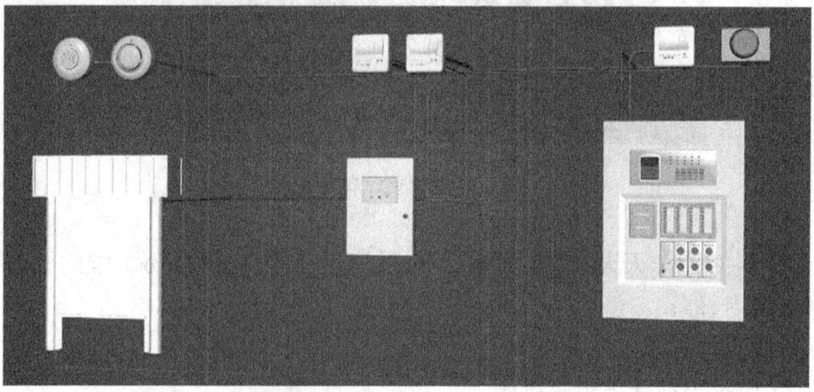

图 7.24　防火卷帘门联动图

(10)消防控制设备对防排烟设施及空调通风设施的控制功能

火灾发生时,空调系统对火灾发展影响很大,而防排烟设备有利于防止火灾蔓延和人员疏散。因此,当火灾报警系统发出报警信号后,消防控制设备对防排烟设施及空调通风设施应有如下控制功能:

①显示防烟和排烟风机电源的供应和工作情况;

②停止相关部位的空调送风,关闭电动防火阀,并接收其反馈信号;

③启动有关部位的防烟和排烟风机、排烟阀等,并接收其反馈信号;

④控制挡烟垂壁等防烟设施。

如图 7.25 所示为排烟风机,如图 7.26 所示为防排烟系统联动图。

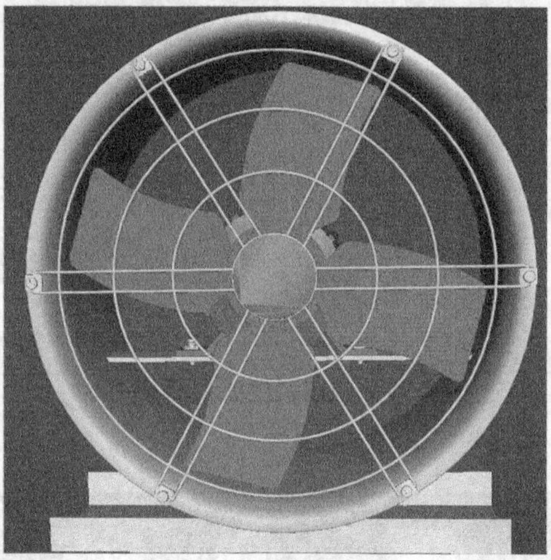

图 7.25　排烟风机

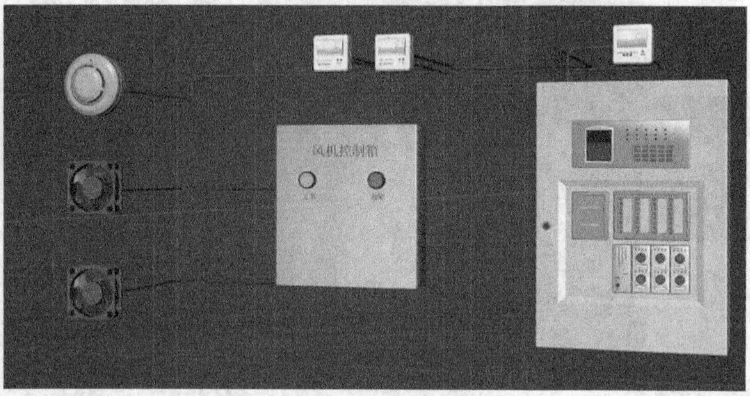

图 7.26　防排烟系统联动图

(11)火灾警报和应急广播系统的联动控制设计

①应急广播系统的联动控制信号应由消防联动控制器发出。当确认火灾后,应急广播系统首先向全楼或建筑(高、中、低)分区的火灾区域发出火灾警报,然后向着火层和相邻层进行应急广播,再依次向其他非火灾区域广播,3 min 内应能完成对全楼的应急广播。

②火灾应急广播的单次语音播放时间宜在 10～30 s 之间，并应与火灾声警报器分时交替工作，可连续广播两次。

③消防控制室应显示处于应急广播状态的广播分区和预设广播信息。

④消防控制室应手动或按照预设控制逻辑自动控制选择广播分区，启动或停止应急广播系统，并在传声器进行应急广播时，自动对广播内容进行录音。

如图 7.27 所示为吸顶式消防广播扬声器，如图 7.28 所示为火灾应急广播系统联动图。

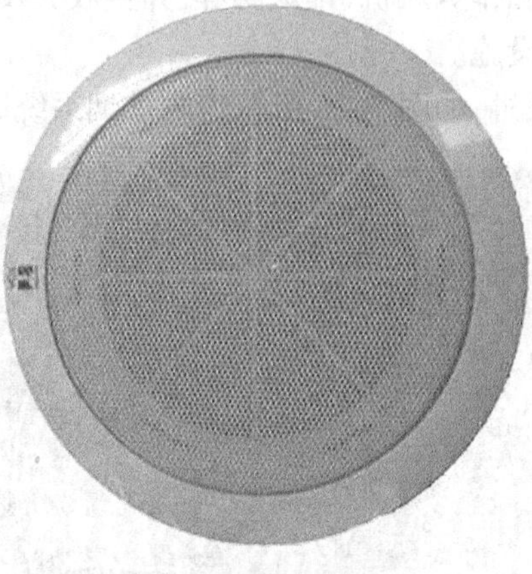

图 7.27　吸顶式消防广播扬声器

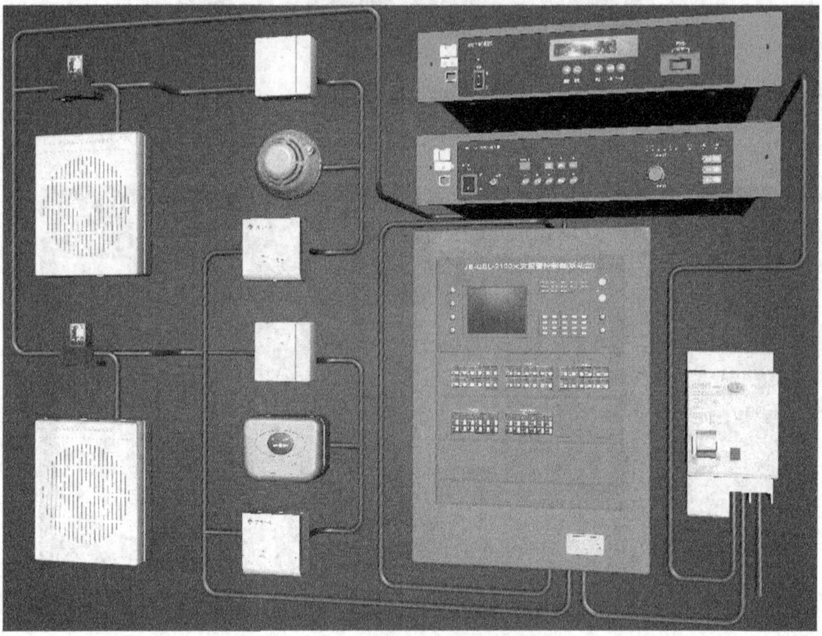

图 7.28　火灾应急广播系统联动图

如图 7.29 所示为消防平面图。

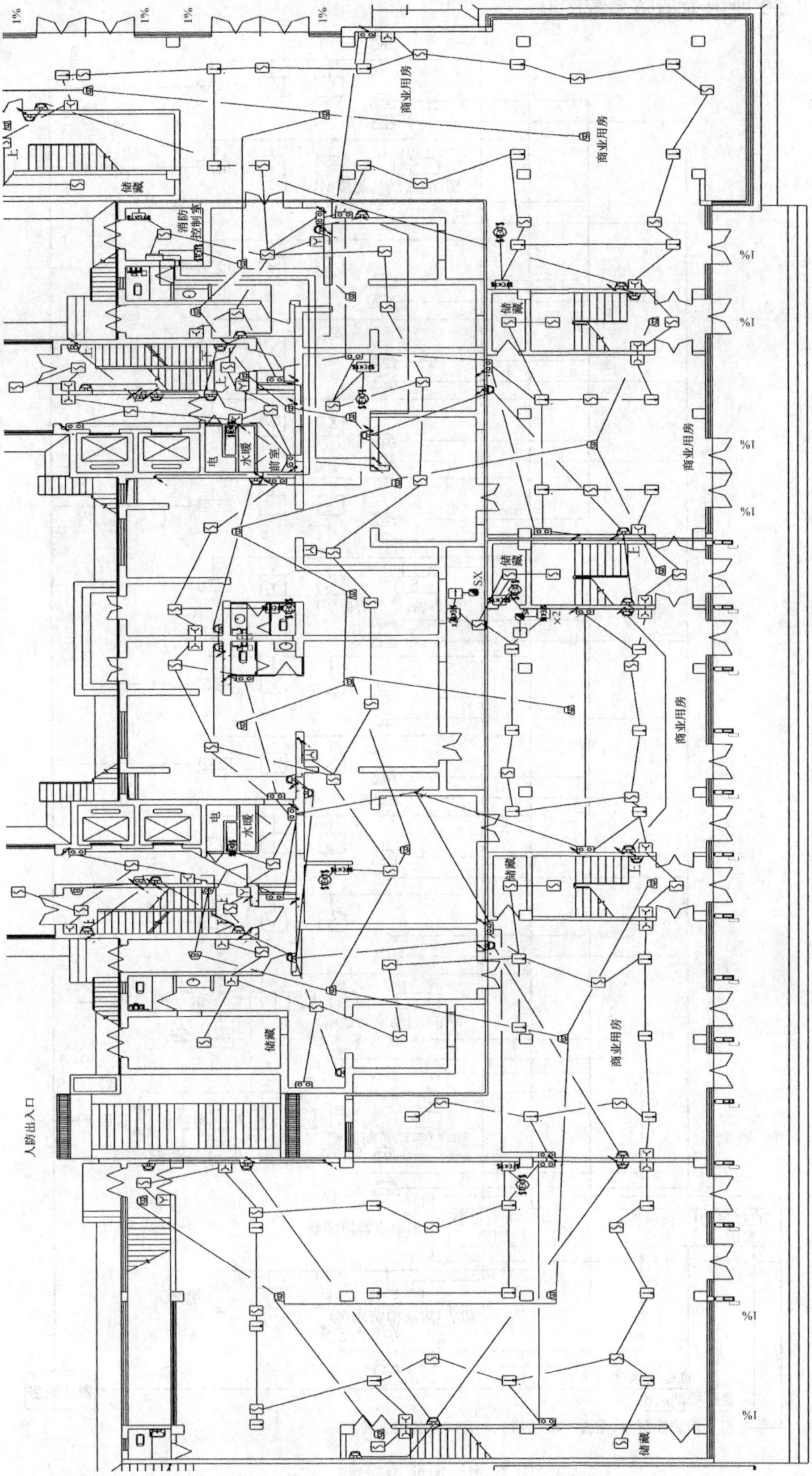

图7.29　消防平面图

如图 7.30 所示为消防系统图。

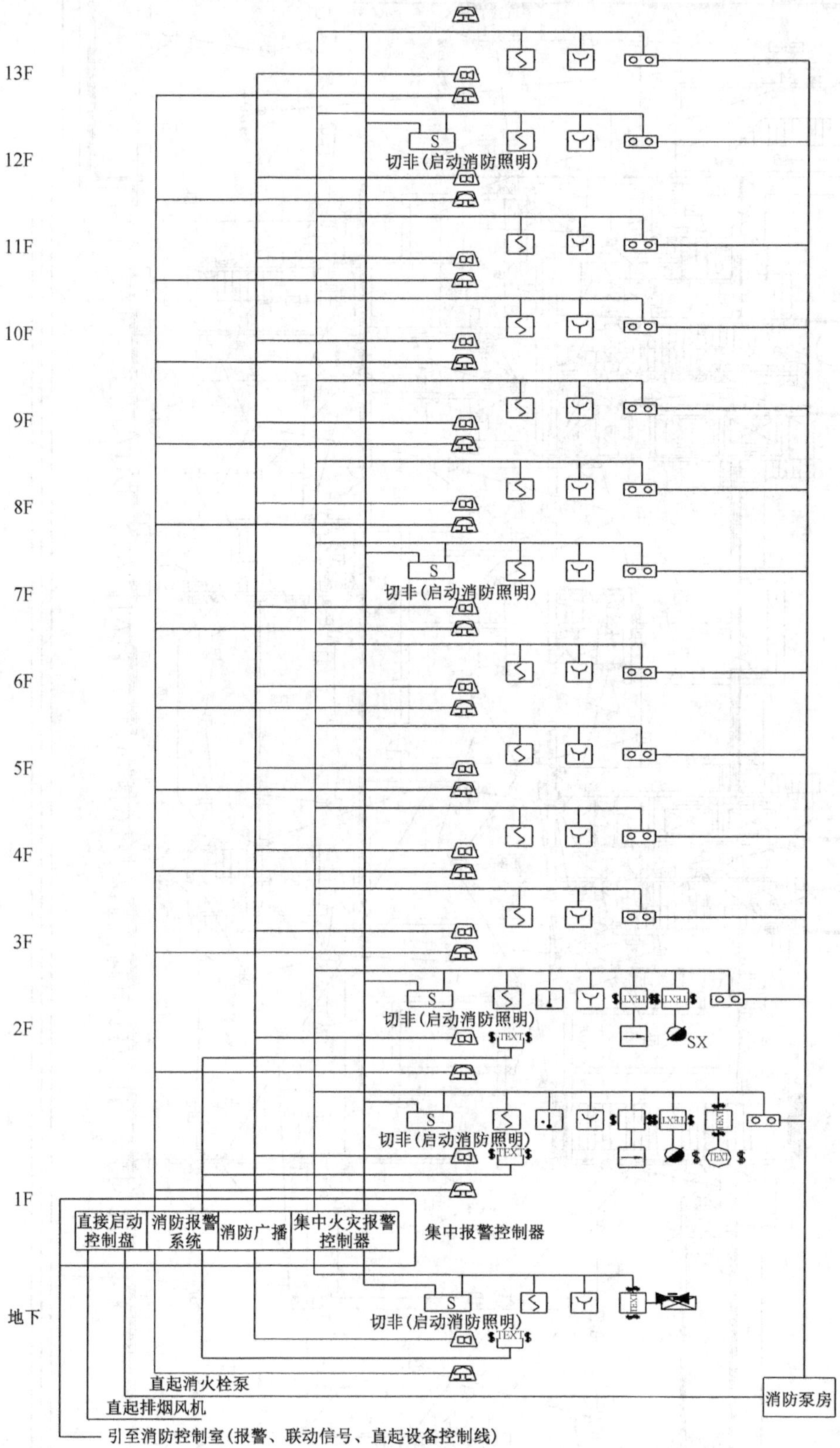

图 7.30　消防系统图

任务三　火灾自动报警系统施工

一、火灾自动报警系统施工的一般规定

①火灾自动报警系统施工前,应具备系统图、设备布置平面图、接线图、安装图以及消防设备联动逻辑说明等必要的技术文件。

②火灾自动报警系统施工过程中,施工单位应做好施工(包括隐蔽工程验收)、检验(包括绝缘电阻、接地电阻)、调试、设计变更等相关记录。

③火灾自动报警系统施工过程结束后,施工方应对系统的安装质量进行全数检查。

④火灾自动报警系统竣工时,施工单位应完成竣工图及竣工报告。

二、控制器类设备的安装

①火灾报警控制器、可燃气体报警控制器、区域显示器、消防联动控制器等控制器类设备(以下称控制器)在墙上安装时,其底边距地(楼)面高度宜为 1.3 ~1.5 m,其靠近门轴的侧面距墙不应小于 0.5 m, 正面操作距离不应小于 1.2 m;落地安装时,其底边宜高出地(楼)面 0.1 ~0.2 m。

②控制器应安装牢固,不应倾斜;安装在轻质墙上时,应采取加固措施。

③引入控制器的电缆或导线,应符合下列要求:

a. 配线应整齐,不宜交叉,并应固定牢靠;

b. 电缆芯线和所配导线的端部,均应标明编号,并与图纸一致,字迹应清晰且不易褪色;

c. 端子板的每个接线端,接线不得超过 2 根;

d. 电缆芯和导线,应留有不小于 200 mm 的余量;

e. 导线应绑扎成束;

f. 导线穿管、线槽后,应将管口、槽口封堵。

④控制器的主电源应有明显的永久性标志,并应直接与消防电源连接,严禁使用电源插头,控制器与其外接备用电源之间应直接连接。

⑤控制器的接地应牢固,并有明显的永久性标志。

三、火灾探测器安装

1. 点型感烟、感温火灾探测器的安装

点型感烟、感温火灾探测器的安装应符合下列要求:

①探测器至墙壁、梁边的水平距离不应小于 0.5 m;

②探测器周围水平距离 0.5 m 内不应有遮挡物;

③探测器至空调送风口最近边的水平距离不应小于 1.5 m,至多孔送风顶棚孔口的水平距离不应小于 0.5 m;

④在宽度小于3 m的内走道顶棚上安装探测器时宜居中安装,点型感温火灾探测器的安装间距不应超过10 m,点型感烟火灾探测器的安装间距不应超过15 m,探测器至端墙的距离不应大于安装间距的一半;

⑤探测器宜水平安装,当确需倾斜安装时,倾斜角不应大于45°。

2. 线型红外光束感烟火灾探测器的安装

线型红外光束感烟火灾探测器的安装应符合下列要求:

①当探测区域的高度不大于20 m时,光束轴线至顶棚的垂直距离宜为0.3~1.0 m,当探测区域的高度大于20 m时,光束轴线距探测区域的地(楼)面高度不宜超过20 m;

②发射器和接收器之间的探测区域长度不宜超过100 m;

③相邻两组探测器的水平距离不应大于14 m,探测器至侧墙水平距离不应大于7 m,且不应小于0.5 m;

④发射器和接收器之间的光路上应无遮挡物或干扰源;

⑤发射器和接收器应安装牢固,并不应产生位移。

3. 缆式线型感温火灾探测器的安装

缆式线型感温火灾探测器在电缆桥架、变压器等设备上安装时,宜采用接触式布置;在各种皮带输送装置上敷设时,宜敷设在装置的过热点附近。

4. 线型差温火灾探测器的安装

敷设在顶棚下方的线型差温火灾探测器,至顶棚距离宜为0.1 m,相邻探测器之间水平距离不宜大于5 m,探测器至墙壁距离宜为1~1.5 m。

5. 可燃气体探测器的安装

可燃气体探测器的安装应符合下列要求:

①安装位置应根据探测气体密度确定,若其密度小于空气密度,探测器应位于可能出现泄漏点的上方或探测气体的最高可能聚集点上方,若其密度大于或等于空气密度,探测器应位于可能出现泄漏点的下方;

②在探测器周围应适当留出更换和标定的空间;

③在有防爆要求的场所,应按防爆要求施工;

④线型可燃气体探测器在安装时,应使发射器和接收器的窗口避免日光直射,且在发射器与接收器之间不应有遮挡物,两组探测器之间的距离不应大于14 m。

6. 吸气式感烟火灾探测器的安装

通过管路采样的吸气式感烟火灾探测器的安装应符合下列要求:

①采样管应固定牢固;

②采样管(含支管)的长度和采样孔应符合产品说明书的要求;

③非高灵敏度的吸气式感烟火灾探测器不宜安装在天棚高度大于16 m的场所;

④高灵敏度吸气式感烟火灾探测器在设为高灵敏度时可安装在天棚高度大于16 m的场所,并保证至少有2个采样孔低于16 m;

⑤安装在大空间时,每个采样孔的保护面积应符合点型感烟火灾探测器的保护面积要求。

7. 点型火焰探测器和图像型火灾探测器的安装

点型火焰探测器和图像型火灾探测器的安装应符合下列要求：

①安装位置应保证其视场角覆盖探测区域；

②与保护目标之间不应有遮挡物；

③安装在室外时应有防尘、防雨措施。

8. 探测器底座的安装

探测器的底座应安装牢固，与导线连接必须可靠压接或焊接。当采用焊接时，不应使用带腐蚀性的助焊剂。

9. 探测器底座连接导线的安装

探测器底座的连接导线应留有不小于 150 mm 的余量，且在其端部应有明显标志。

10. 探测器底座穿线孔的安装

探测器底座的穿线孔宜封堵，安装完毕的探测器底座应采取保护措施。

11. 探测器报警确认灯的安装

探测器报警确认灯应朝向便于人员观察的主要入口方向。

12. 探测器的安装时间

探测器在即将调试时方可安装，在调试前应妥善保管并应采取防尘、防潮、防腐蚀措施。

四、手动火灾报警按钮安装

①火灾报警按钮应安装在明显和便于操作的部位。当安装在墙上时，其底边距地（楼）面高度宜为 1.3～1.5 m。

②手动火灾报警按钮应安装牢固，不应倾斜。

③手动火灾报警按钮的连接导线应留有不小于 150 mm 的余量，且在其端部应有明显标志。

五、消防电气控制装置安装

①消防电气控制装置在安装前，应进行功能检查，不合格者严禁安装。

②消防电气控制装置外接导线的端部，应有明显的永久性标志。

③消防电气控制装置箱体内不同电压等级、不同电流类别的端子应分开布置，并应有明显的永久性标志。

④消防电气控制装置应安装牢固，不应倾斜；安装在轻质墙上时，应采取加固措施。

六、模块安装

①同一报警区域内的模块宜集中安装在金属箱内。

②模块（或金属箱）应独立支撑或固定，安装牢固，并应采取防潮、防腐蚀等措施。

③模块的连接导线应留有不小于 150 mm 的余量，其端部应有明显标志。

④隐蔽安装时在安装处应有明显的部位显示和检修孔。

如图 7.31 所示为 GST－LD－8302C 切换模块，如图 7.32 所示为 GST－LD－8305 消防广播模块。

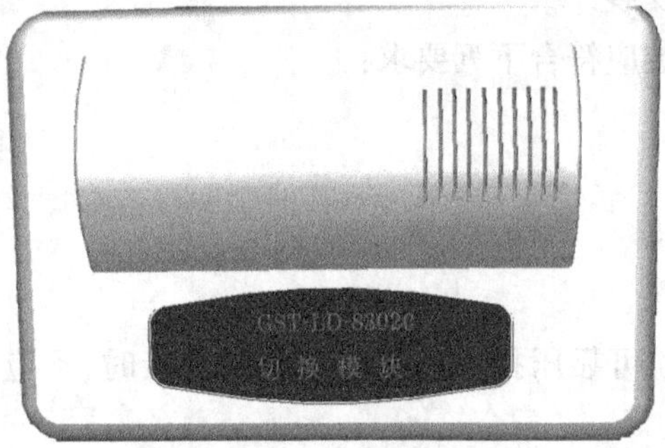

图 7.31　切换模块

图 7.32　消防广播模块

七、消防电话安装

①消防电话、电话插孔、带电话插孔的手动报警按钮宜安装在明显、便于操作的位置。当在墙面上安装时，其底边距地（楼）面高度宜为 1.3 ~ 1.5 m。

②消防电话和电话插孔应有明显的永久性标志。

八、火灾应急广播扬声器和火灾警报装置安装

①火灾应急广播扬声器和火灾警报装置安装应牢固可靠，表面不应有破损。

②火灾光警报装置应安装在安全出口附近明显处，距地面 1.8 m 以上。光警报器与消防应急疏散指示标志不宜在同一面墙上，安装在同一面墙上时，距离应大于 1 m。

③扬声器和火灾声警报装置宜在报警区域内均匀安装。

九、消防设备应急电源安装

①消防设备应急电源的电池应安装在通风良好地方，当安装在密封环境中时，应有通风装置。

②酸性电池不得安装在带有碱性介质的场所，碱性电池不得安装在带酸性介质的场所。

③消防设备应急电源不应安装在靠近带有可燃气体的管道、仓库、操作间等场所。

④单相供电额定功率大于 30 kW、三相供电额定功率大于 120 kW 的消防设备应安装独立的消防应急电源。

十、系统接地

①交流供电和 36 V 以上直流供电的消防用电设备的金属外壳应有接地保护，接地线应与电气保护接地干线（PE）相连接。

②接地装置施工完毕后，应按规定测量接地电阻，并做记录。

任务四　火灾自动报警系统的验收

火灾自动报警系统竣工后,建设单位应负责组织施工、设计、建立等单位进行验收,验收不合格不得投入使用。

火灾自动报警系统工程验收时应按表 7.11 的要求填写相应的记录。

表 7.11　火灾自动报警系统工程验收记录

工程名称			分部工程名称	
施工单位			项目经理	
监理单位			总监理工程师	
序号	验收项目名称	条款	验收记录内容	验收评定结果
1	布线	5.3.1		
2	技术文件	5.3.2		
3	火灾报警控制器	5.3.3		
4	点型火灾探测器	5.3.4		
5	线型感温火灾探测器	5.3.5		
6	红外光束感烟火灾探测器	5.3.6		
7	空气吸气式火灾探测器	5.3.7		
8	点型火焰探测器和图像型火灾探测器	5.3.8		
9	手动火灾报警按钮	5.3.9		
10	消防联动控制器	5.3.10		
11	消防电气控制装置	5.3.11		
12	区域显示器	5.3.12		
13	可燃气体报警控制器	5.3.13		
14	可燃气体探测器	5.3.14		
15	消防电话	5.3.15		
16	消防应急广播设备	5.3.16		
17	系统备用电源	5.3.17		
18	消防设备应急电源	5.3.18		
验收单位	施工单位:(单位印章)		项目经理:(签章) 年　月　日	
	监理单位:(单位印章)		总监理工程师:(签章) 年　月　日	
	设计单位:(单位印章)		项目负责人:(签章) 年　月　日	
	建设单位:(单位印章)		建设单位项目负责人:(签章) 年　月　日	
注:分部工程质量验收由建设单位项目负责人组织施工单位项目经理、总监理工程师和设计单位项目负责人等进行				

对系统中下列装置的安装位置、施工质量和功能等进行验收：

①火灾报警系统装置（包括各种火灾探测器、手动火灾报警按钮、火灾报警控制器和区域显示器等）；

②消防联动控制系统（包含消防联动控制器、气体灭火控制器、消防电气控制装置、消防设备应急电源、消防应急广播设备、消防电话、传输设备、消防控制中心图形显示装置、模块、消防电动装置、消火栓按钮等设备）；

③自动灭火系统控制装置（包括自动喷水、气体、干粉、泡沫等固定灭火系统的控制装置）；

④消火栓系统的控制装置；

⑤通风空调、防烟排烟及电动防火阀等控制装置；

⑥电动防火门控制装置、防火卷帘控制器；

⑦消防电梯和非消防电梯的回降控制装置；

⑧火灾报警装置；

⑨火灾应急照明和疏散指示控制装置；

⑩切断非消防电源的控制装置；

⑪电动阀控制装置；

⑫消防联网通信；

⑬系统内的其他消防控制装置。

按《火灾自动报警系统设计规范》GB 50116—2013 设计的各项系统功能进行验收。

系统中个装置的安装位置、施工质量和功能等的验收数量应满足下列要求。

①各类消防用电设备主、备电源的自动转换装置，应进行 3 次转换试验，每次试验均应正常。

②火灾报警控制器（包含可燃气体报警控制器）和消防联动控制器应按实际安全数量全部进行功能检验。消防联动控制系统中其他各种用电设备、区域显示器应按下列要求进行功能检验：

a. 实际安装数量在 5 台一下者，全部检验；

b. 实际安装数量在 6 ~ 10 台者，抽验 5 台；

c. 实际安装数量超过 10 台者，应按实际安装数量的 30% ~ 50% 进行抽验，但抽验总数不少于 5 台；

d. 各装置的安装位置、型号、数量、类别及安装质量应符合设计要求。

③火灾探测器（包含可燃气体探测器）和手动火灾报警按钮应按下列要求进行模拟火灾响应（可燃气体报警）和故障信号检验：

a. 实际安装数量在 100 只一下者，抽验 20 只（每个回路都应抽验）；

b. 实际安装数量超过 100 只，每个回路按实际安装数量为 10% ~ 20% 进行抽验，但抽验总数不少于 20 只；

c. 被检查的火灾探测器的类别、型号、适用场所、安装高度、保护半径、保护面积和探测器的间距等均应符合设计要求。

④室内消火栓的功能验收应在出水压力符合现行国家有关建设设计防火规范的条件下，抽验下列装置功能：

a. 在消防控制室内操作启、停泵 1 ~ 3 次；

b. 消火栓处操作启泵按钮，按 5% ~10% 抽验。

⑤自动喷水灭火系统，应在符合现行国家标准《自动喷水灭火系统设计规范》GB 50084 的条件下，抽验下列控制功能：

a. 在消防控制室内操作启、停泵 1 ~3 次；

b. 水流指示器、信号阀等按实际安装数量的 30% ~50% 的比例进行抽验；

c. 压力开关、电动阀、电磁阀等按实际安装数量全部进行检验。

⑥气体、泡沫、干粉等灭火系统，应在符合国家现行有关系统设计规范的条件下按实际安装数量的 20% ~30% 抽验下列控制功能：

a. 自动、手动启动和紧急切断试验 1 ~3 次；

b. 与固定灭火设备联动控制的其他设备动作（包括关闭防火门窗、停止空调风机、关闭防火阀等）试验 1 ~3 次。

⑦电动防火门、防火卷帘，5 台以下的应全部检验，超过 5 台的应按实际安装数量的 20% 但不小于 5 台抽验联动控制功能。

⑧防烟排烟风机应全部检验，通风空调和防排烟设备的阀门，应按实际安装数量的 10% ~20% 抽验联动功能，并应符合下列要求：

a. 报警联动启动、消防控制室直接启停、现场手动启动联动防烟排烟风机 1 ~3 次；

b. 报警联动停、消防控制室远程停通风空调送风 1 ~3 次；

c. 报警联动开启、消防控制室开启、现场手动开启防排烟阀门 1 ~3 次。

⑨消防电梯应进行 1 ~2 次手动控制和联动控制功能检验，非消防电梯应进行 1 ~2 次联动返回首层功能检验，其控制功能、信号均应正常。

⑩火灾应急广播设备，应按实际安装数量的 10% ~20% 进行下列功能检验：

a. 对所有广播分区进行选区广播，对共用扬声器进行强行切换；

b. 对扩音机和备用扩音机进行全负荷试验；

c. 检查应急广播的逻辑工作和联动功能；

⑪消防专用电话的检验，应符合下列要求：

a. 消防控制室与所设的对讲电话分机进行 1 ~3 次通话试验；

b. 电话插孔按实际安装数量的 10% ~20% 进行通话试验；

c. 消防控制室的外线电话与另一部外线电话模拟报警电话进行 1 ~3 次通话试验。

⑫火灾应急照明和疏散指示控制装置应进行 1 ~3 次使系统转入应急状态检验，系统中各消防应急照明灯具均应能转入应急状态。

各项检验项目中，当有不合格时，应修复或更换，并进行复验。复验时，对有抽验比例要求的，应加倍检验。

系统工程质量验收评定标准应符合下列要求：

①系统内的设备及配件规格型号与设计不符、无国家相关证明和检验报告的，系统内的任一控制器和火灾探测器无法发出报警信号，无法实现要求的联动功能的，定为 A 类不合格；

②验收前提供资料不符合本规范要求的定为 B 类不合格；

③除 A，B 类不合格外，其余不合格项均为 C 类不合格；

④系统验收合格评定为 A =0，B≤2，且 B + C≤检查项的 5% 为合格，否则为不合格。

施工现场质量管理检查记录见表 7.12。

表 7.12 施工现场质量管理检查记录

工程名称			
建设单位		监理单位	
设计单位		项目负责人	
施工单位		施工许可证	
序号	项　　目		内　容
1	现场质量管理制度		
2	质量责任制		
3	主要专业工种人员操作上岗证		
4	施工图审查情况		
5	施工组织设计、施工方案及审批		
6	施工技术标准		
7	施工质量检验制度		
8	现场材料、设备管理		
9	其他项目		
结论	施工单位项目负责人： （签章） 年　月　日	监理工程师： （签章） 年　月　日	建设单位项目负责人： （签章） 年　月　日

任务五　电气消防工程设计案例

一、工程概况

本建筑工程共 11 层，1 层和 2 层为商服，3 ~ 11 层为住宅。本栋楼总建筑面积为 9 227. 17 m^2，商服建筑面积为 1 579. 78 m^2，住宅建筑面积为 7 647. 39 m^2，建筑总高度为 39. 00 m。

二、设计依据

①《民用建筑电气设计规范》（JGJ 16—2008）；
②《高层民用建筑设计防火规范》（GB 50045—95）（2005 年版）；
③《火灾自动报警系统设计规范》（GB 50116—98）；
④建设单位提供的有关资料；
⑤其他专业提供的相关条件。

三、系统设计

①本工程高层为二类建筑，保护等级为二级保护对象，按集中报警系统设计；

②消防控制中心主机设在小区消防控制中心，消防干线敷设在防火金属线槽内，由消控中心引至一层电井内，再引至其他单元层接线箱内，消防报警联动线路采用耐火铜芯电缆或耐火铜芯电线；

③按照消防规范设置感烟探测器，探测器与灯具水平净距应大于 0. 2 m。

④消防电梯前室、走道、门厅等处设手动报警按钮（带消防对讲电话插孔）；

⑤电梯前室，走道设置声光报警器；

⑥电梯机房设置消防专用电话分机；

⑦防控制室可接收感烟感温探测器的火灾自动报警信号、接收手动报警按钮、消火栓敲击按钮及消防报警电话的人工报警信号；

⑧消火栓敲击按钮通过消防控制室自动或手动启停消防泵，并接受其反馈信号；

⑨火灾确认后，消防控制室发出指令，接通声光报警器；

⑩火灾时，消防控制室可对非消防用电设备进行断电控制，并接收其反馈信号；

⑪火灾时，消防控制室可对电梯进行控制，强制电梯降至首层，并接收其反馈信号。

四、导线选型及线路敷设

1. 导线选型

①电源总线：NH－BV－2X4。

②报警总线：NH－RVS－2X2.5。

③对讲通讯线：NH－RVVP－2X2.5。

④手动控制线：NH－KVV(6X1.5)。

2. 线路敷设

①消防支线均穿镀锌钢管保护暗敷设在墙内、顶板内，保护层厚度不小于3 cm，明敷设管线需在保护管外壁涂耐火不小于1 h的防火涂料，平面图中未标注导线根数者均为(2×1.5)SC16。

②各类风机，电磁阀等与消防水及通风专业有关的设备，控制要求及具体位置见表7.13。

火灾报警及联动系统图如图7.33所示。

表7.13　消防图例表

序号	符号	名　称	型　号	安装方式
1	B	点型光电感烟火灾探测器	JTY-GD-G3	吸顶
2	B	声光报警器	GST-HX-M8501	墙上安装距地2.5 m
3	B	消火栓起泵按钮	J-SAM-GST9124	消火栓箱内，距地1.5 m
4	B	手动报警按钮(带电话插孔)	J-SAM-GST912	底距地1.5 m
5	B	多线消防电话分机		底距地1.5 m
6	$TEXT$	总线隔离器	GST-LD-8313	位于端子箱侧
7	$TEXT$	输入模块	GST-LD-8300	就近墙上距棚0.2 m安装
8	$TEXT$	输入输出模块	GST-LD-8301	就近墙上距棚0.2 m安装
9		消防接线端子箱		电井内明挂，距地1.5 m
10		双电源切换箱		底距地1.5 m明装
11		应急照明箱		底距地1.5 m暗装
12	电梯控制屏	电梯控制屏		落地安装
13	$TEXT$	模块箱		底距地明装

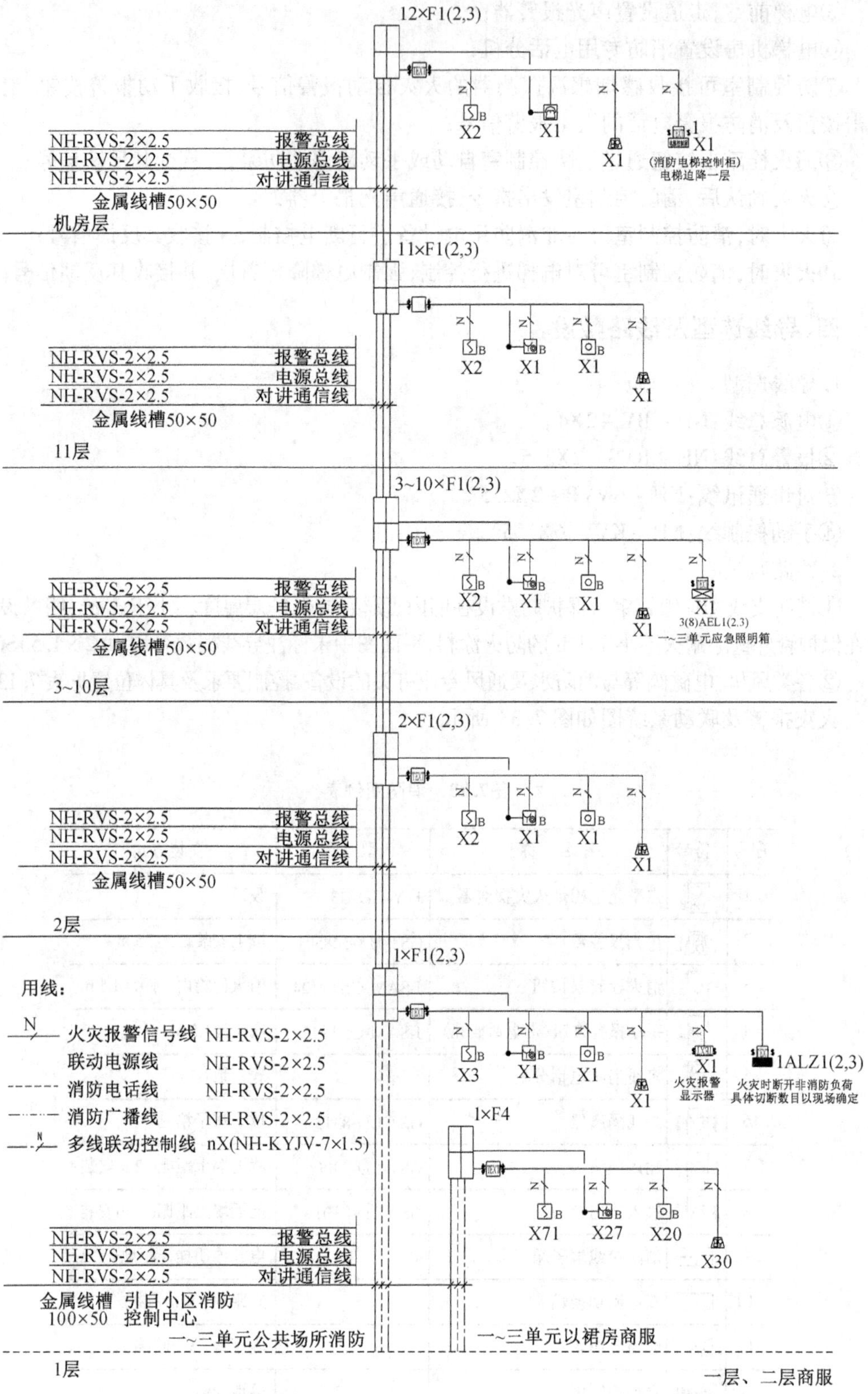

12×F1(2,3)
NH-RVS-2×2.5 报警总线
NH-RVS-2×2.5 电源总线
NH-RVS-2×2.5 对讲通信线
金属线槽50×50
机房层
X2
X1
X1
1
X1
(消防电梯控制柜)
电梯追降一层
11×F1(2,3)
NH-RVS-2×2.5 报警总线
NH-RVS-2×2.5 电源总线
NH-RVS-2×2.5 对讲通信线
金属线槽50×50
11层
X2
X1
X1
X1
3~10×F1(2,3)
NH-RVS-2×2.5 报警总线
NH-RVS-2×2.5 电源总线
NH-RVS-2×2.5 对讲通信线
金属线槽50×50
3~10层
X2
X1
X1
X1
X1
3(8)AEL1(2.3)
一~三单元应急照明箱
2×F1(2,3)
NH-RVS-2×2.5 报警总线
NH-RVS-2×2.5 电源总线
NH-RVS-2×2.5 对讲通信线
金属线槽50×50
2层
X2
X1
X1
X1
1×F1(2,3)
用线:
火灾报警信号线 NH-RVS-2×2.5
联动电源线 NH-RVS-2×2.5
消防电话线 NH-RVS-2×2.5
消防广播线 NH-RVS-2×2.5
多线联动控制线 nX(NH-KYJV-7×1.5)
X3
X1
X1
X1
X1
火灾报警显示器
1ALZ1(2,3)
火灾时断开非消防负荷
具体切断数目以现场确定
1×F4
X71
X27
X20
X30
NH-RVS-2×2.5 报警总线
NH-RVS-2×2.5 电源总线
NH-RVS-2×2.5 对讲通信线
金属线槽 100×50
引自小区消防控制中心
一~三单元公共场所消防
一~三单元以裙房商服
1层
一层、二层商服

(a)

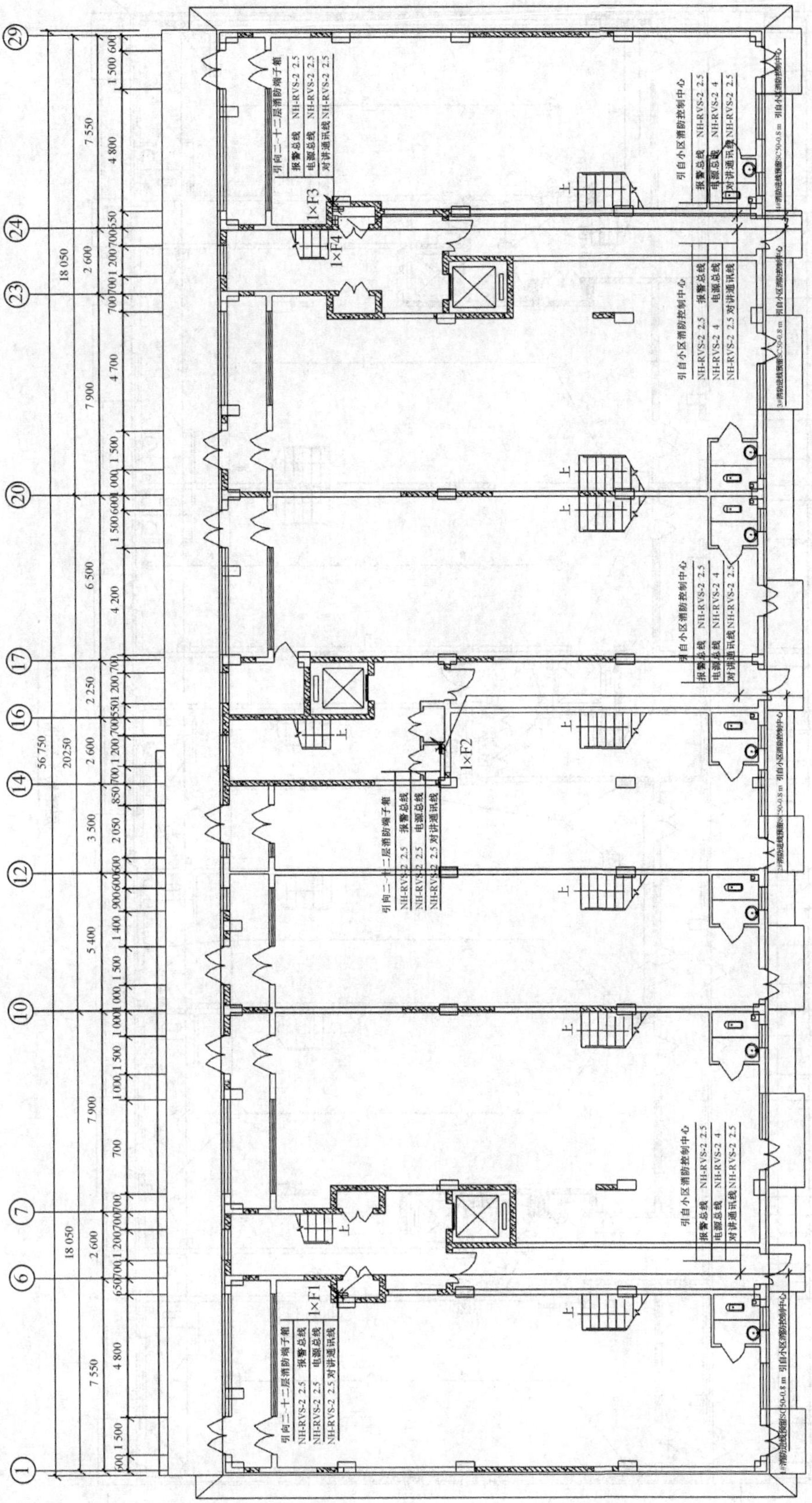

一层消防干线平面图　1:100

(b)

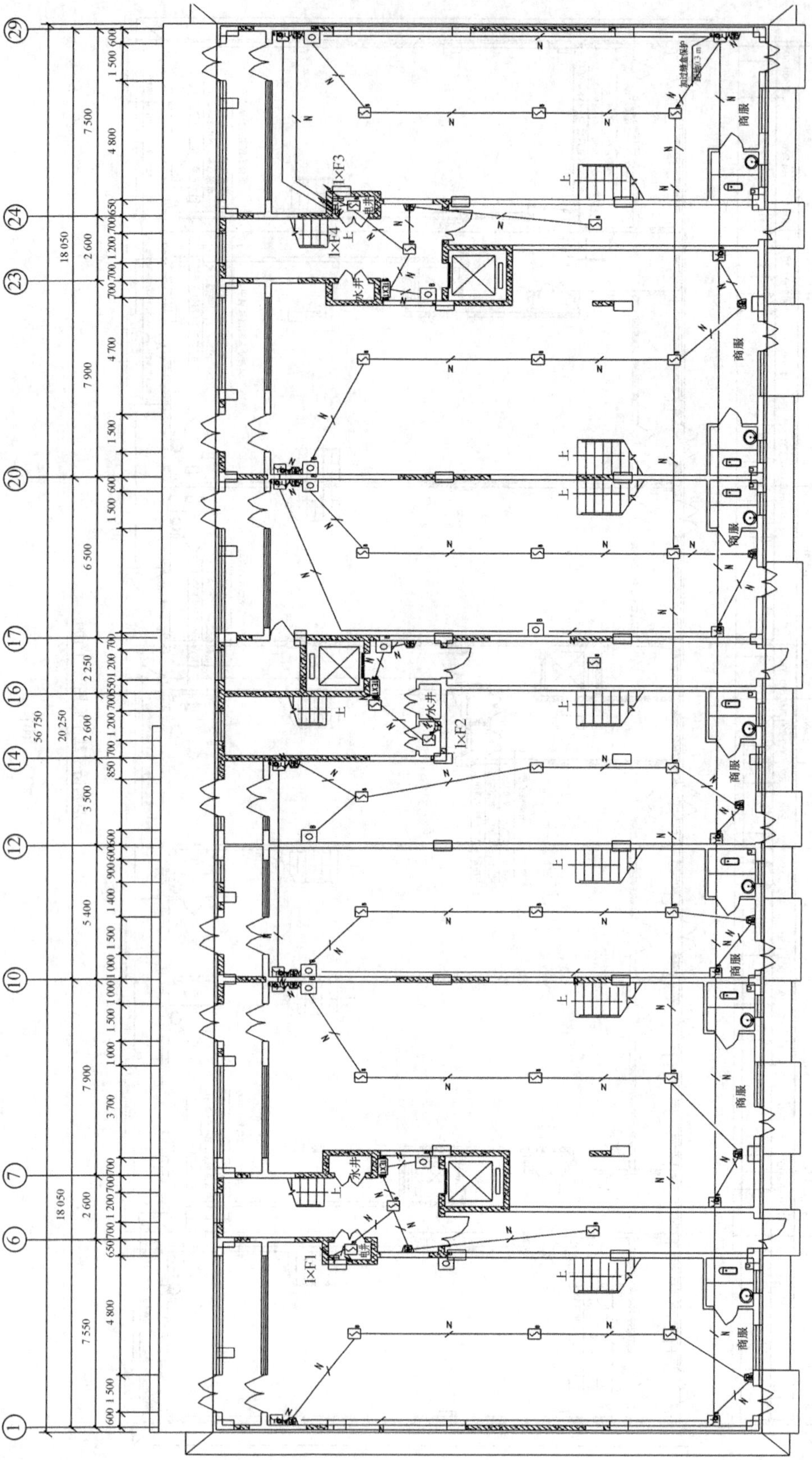

一层消防平面图　1:100

(c)

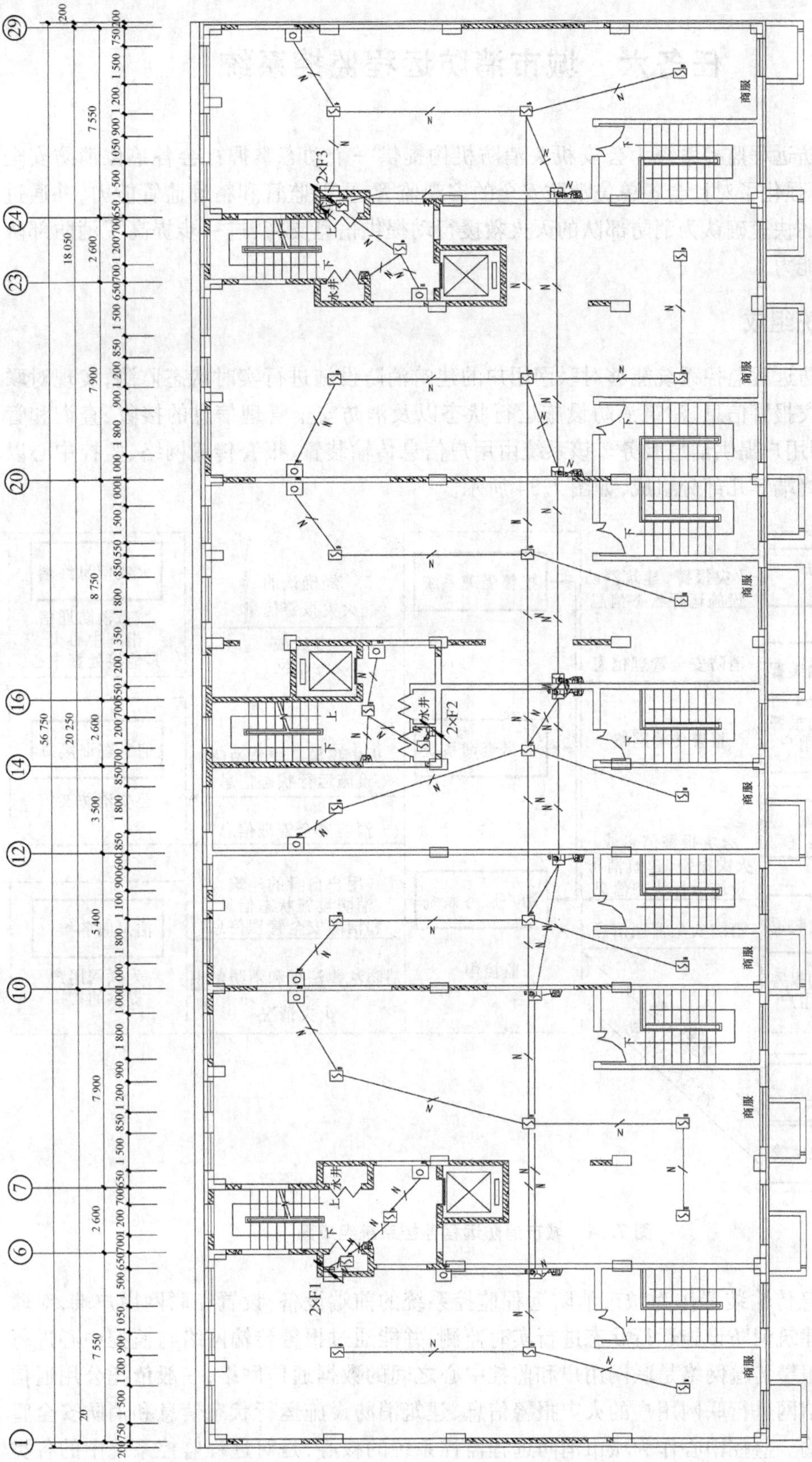

二层消防平面图　1:100

(d)

图7.33　火灾报警及联动系统图

任务六　城市消防远程监控系统

城市消防远程监控系统为公安机关消防机构提供一个动态掌握社会各单位消防安全状况的平台,强化了对社会各单位消防安全的宏观监管、重点监管和精确监管能力,并通过对火灾警情的快速确认为消防部队的灭火救援行动提供信息支持,进一步提高了消防部队的快速反应能力。

一、系统组成

城市消防远程监控系统能够对联网用户的建筑消防设施进行实时状态监测,实现对联网用户的火灾报警信息、建筑消防设施运行状态以及消防安全管理信息的接收、查询和管理,并为联网用户提供信息服务。该系统由用户信息传输装置、报警传输网络、监控中心以及火警信息终端等几部分组成,如图 7.34 所示。

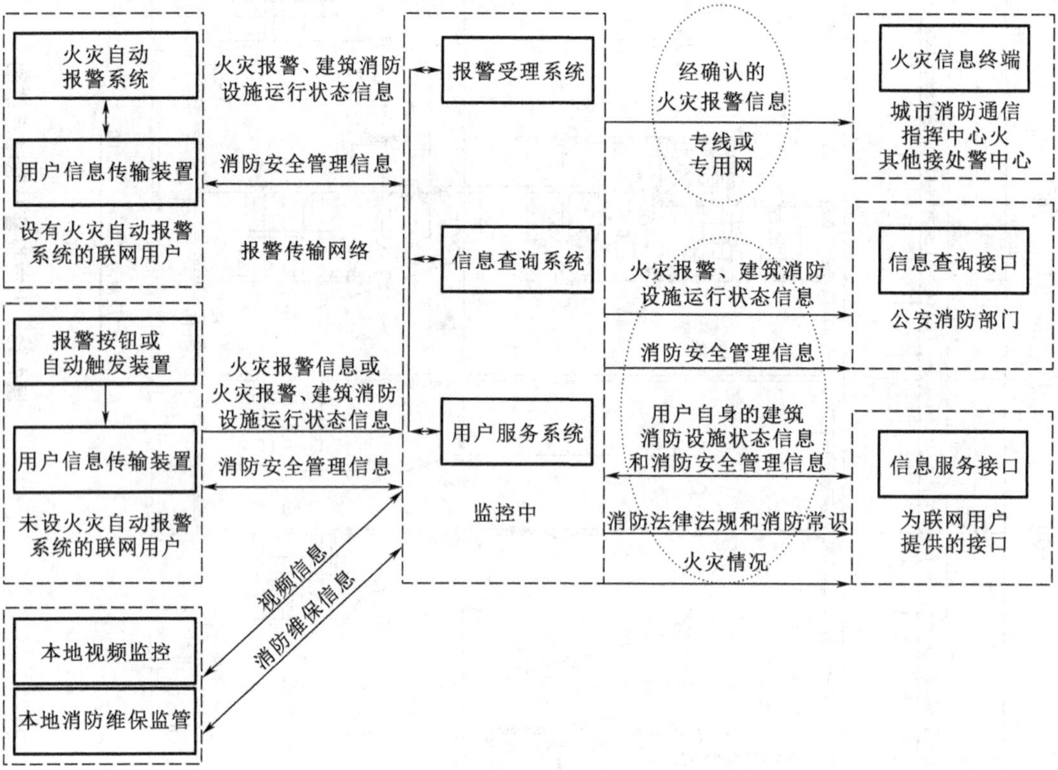

图 7.34　城市消防远程监控系统组成图

用户信息传输装置作为城市消防远程监控系统的前端设备,设置在联网用户端,对联网用户内的建筑消防设施运行状态进行实时监测,并能通过报警传输网络与监控中心进行信息传输。报警传输网络是联网用户和监控中心之间的数据通信网络,一般依托公用通信网或专用通信网进行联网用户的火灾报警信息、建筑消防设施运行状态信息和消防安全管理信息的传输。监控中心作为城市消防远程监控系统的核心,是对远程监控系统中的各类信息进行集中管理的节点。火警信息终端设置在城市消防通信指挥中心或其他接警中心，用于接收并显示监控中心发送的火灾报警信息。

监控中心的主要设备包括报警受理系统、信息查询系统和用户服务系统，同时，还包括通信服务器、数据库服务器、网络设备、电源设备等。

二、系统分类

按信息传输方式，城市消防远程监控系统可分为有线城市消防远程监控系统、无线城市消防远程监控系统和有线/无线兼容城市消防远程监控系统。

按报警传输网络形式，城市消防远程监控系统可分为基于公用通信网的城市消防远程监控系统、基于专用通信网的城市消防远程监控系统和基于公用/专用兼容通信网的城市消防远程监控系统。

三、系统的工作原理

城市消防远程监控系统能够对系统内各联网用户的火灾自动报警信息和建筑消防设施运行状态等信息进行数据采集、传输、接收、显示和处理，并能为公安机关消防机构和联网用户提供信息查询和信息服务，同时，城市消防远程监控系统也能提供联网用户对消防值班人员进行远程查岗功能。

1. 数据采集和传输

城市消防远程监控系统通过设置在联网用户端的用户信息传输装置，实现火灾自动报销信息和建筑消防设施运行状态等信息的采集和传输。

通过连接建筑消防设施的状态输出通信接口，用户信息传输装置实时监测所连接的火灾自动报警系统等建筑消防设施的输出数据和状态，通过数据解析和状态识别，准确获取建筑消防设施的运行工作状态。一旦建筑消防设施发出火警提示或设施运行状态发生改变，用户信息传输装置能够立即进行现场声光提示或信息指示，并按照规定的协议方式对采集到的建筑消防设施运行装置信息进行信息协议编码，立即向监控中心传输数据。

2. 信息的接收和显示

设在监控中心的报警受理系统能够对用户信息传输装置发来的火灾自动报警信息和建筑消防设施运行状态信息进行接收和显示，如图 7.35 所示。

图 7.35　城市消防远程监控中心

报警受理系统在接收到报警监控信息后,按照不同信息类型,将数据存入数据库,同时数据也被传送到监控中心,由监控受理员进行相应警情的显示,并提示中心值班人员进行警情受理。监控中心可显示的信息包括:

①报警联网用户的详细文字信息;

②报警联网用户的地理信息,并可以在楼层平面图上定位具体报警消防设施的位置,显示报警消防设施类型等。

3. 信息处理

监控中心对接收到的信息按照不同信息类型进行分别处理。

(1)火灾报警信息处理

监控中心接收到联网用户的火灾报警信息后,由中心值班人员根据警情信息,同联网用户消防控制室值班人员联系,进行警情确认。一旦火灾警情被确认后,监控中心立即向设置在城市消防通信指挥中心的火警信息终端传送报警信息。

城市消防通信指挥中心通过火警信息终端,实时接收监控中心发送的联网单位火灾报警信息,并根据火警信息快速进行灭火救援力量的部署和调度。

(2)其他建筑消防设施运行信息的处理

监控中心将接收到建筑消防设施的故障及运行状态等信息通过短信或邮件等方式发送给消防设施维护人员处理,同时,也发送给联网用户的相关管理人员进行信息提示。

4. 信息查询和信息服务

监控中心在对联网用户的火灾自动报警信息、建筑消防设施运行状态信息和消防安全管理信息进行接收和存储处理后,一般通过 Web 服务方式,向公安机关消防机构和联网用户提供相应的信息查询和信息服务。公安机关消防机构和联网用户通过登录监控中心提供的网站入口,根据不同人员系统权限,进行相应的信息浏览、检索、查询、统计等相关操作和处理。

5 远程查岗

监控中心能够根据不同权限,为公安机关消防机构的监管人员或联网用户安全负责人提供远程查岗功能。

监控中心通过信息服务接口收到远程查岗请求后,自动向相应被查询联网用户的信息传送装置发出查岗指令,用户信息传输装置立即发出查岗声光指示,提示联网用户的值班人员进行查岗应答操作,并将应答信息传送到监控中心。

四、系统的主要设备

1. 用户信息传输装置

用户信息传输装置设置在联网用户端,是通过报警传输网络与监控中心进行信息传输的装置,应满足国家标准的要求,其主要具备以下功能。

(1)火灾报警信息的接收和传输功能

用户信息传输装置应能接收来自联网用户火灾探测报警系统的火灾报警信息,并在10 s内将信息传输至监控中心。

(2)建筑消防设施运行状态信息的接收和传输功能

用户信息传输装置应能接收来自联网用户建筑消防设施的运行状态信息,并在10 s内将信息传输至监控中心。

(3)手动报警功能

用户信息传输装置应设置手动报警按钮。

(4)巡检和查岗功能

略。

(5)故障报警功能

略。

(6)自检功能

略。

(7)主、备电影切换功能

略。

2. 报警受理系统

报警受理系统设置在监控中心，接收、处理联网用户按规定协议发送的火灾报警信息、建筑消防设施运行状态信息，并能向城市消防通信指挥中心或其他接处警中心发送火灾报警信息的设备。

3. 信息查询系统

信息查询系统是设置在监控中心为公安机关消防机构提供信息查询的设备，如图 7.36 所示。

图 7.36　信息查询设备

4. 用户服务系统

用户服务系统是设置在监控中心为联网用户提供信息服务的设备。

5. 火警信息终端

火警信息终端设置在城市消防通信指挥中心或其他接处警中心，是接收并显示监控中心发送的火灾报警信息的设备。

6. 通信服务器

通信服务器能够进行用户信息传输装置传送数据的接收转换和信息转发，如图 7.37 所示。

图 7.37　通信服务器

7. 数据库服务器

数据库服务器用于存储和管理监控中心的各类信息数据，主要包括联网单位信息数据、消防设施数据、地理信息数据和历史记录数据等，为监控中心内各系统的运行提供数据支持，如图 7.38 所示。

图 7.38　数据库服务器

思考题

1. 电气消防系统由哪些设备组成，设备的功能是什么？
2. 探测器分为几类？
3. 手动报警按钮与消火栓报警按钮的区别是什么？
4. 请在图 7.39 中完成消防报警的基本设计。

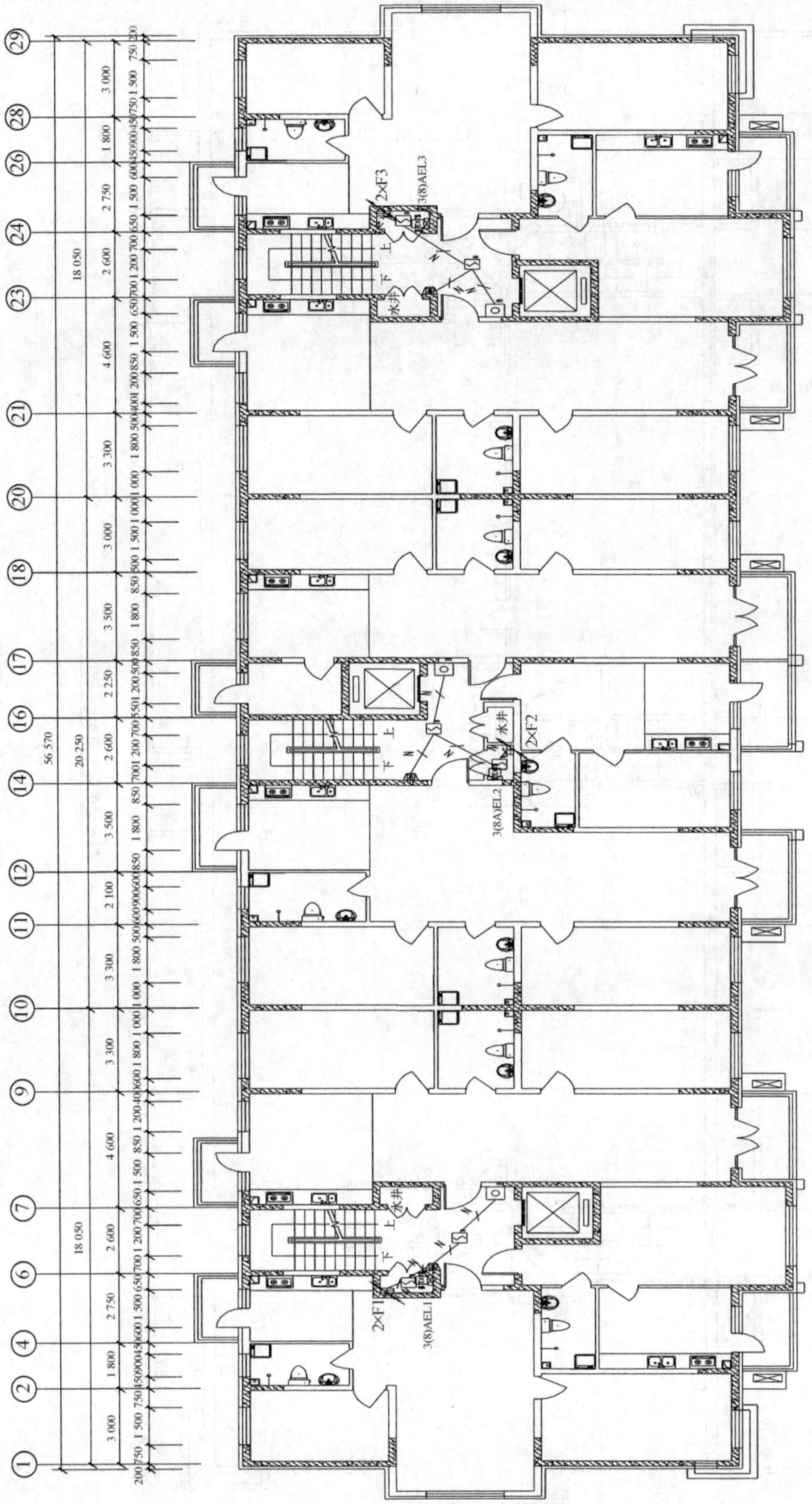

三至十一层消防平面图　1:100

(a)

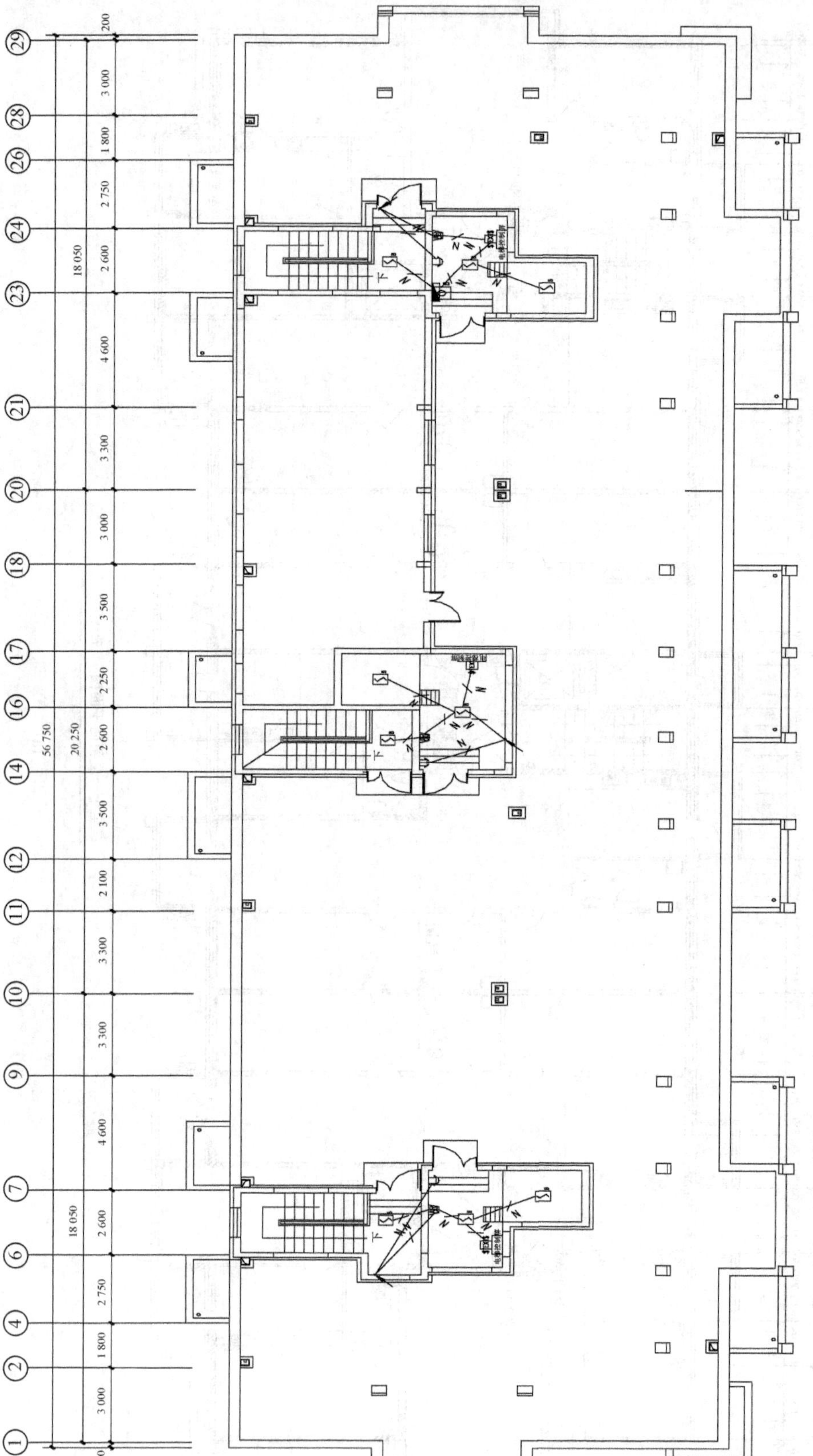

机房层消防平面图 1:100

(b)

图7.39 思考题第4题图

情境八　安全防范系统集成设计

能力目标：

了解安防系统集成的条件。

知识目标：

初步掌握安全防范系统的集成设计。

安全防范系统是楼宇智能化系统的一个组成部分。所谓楼宇智能化，就是通过安装多种智能化的设备、软件，尽可能地把烦琐、机械的事务交给机器处理，让物业管理人员从事更多创造性的工作。而现在备受关注的集成管理系统、中央管理系统（即 IBMS）就是在楼宇自控（即 BA 系统）的基础上，将办公自动化系统、安防管理系统等多个系统的资源整合起来，形成一个庞大的有机体，避免不必要的重复建设，为业主提供全方位、立体式的服务。

任务一　安全防范系统集成的条件

系统集成是在统一的平台上对各个子系统进行集中的监控，即监督运行状态并采集信号与控制运行方式。它综合利用各个子系统产生的信息，并根据这些信息的变换情况，让各个系统做出相应协调动作。在统一的平台上，通过集中的管理与控制实现了信息在不同子系统间的交换、提取、共享和处理。此外，在采用集成系统之后，各个子系统间形成紧密的联系。例如，门禁系统与中央空调的冷阀门之间建立一定的关联，冷阀门会根据门禁闭合次数判断室内的人流量，实时调节室内温度，为人们提供舒适的环境，最大限度地节省电能。因此，系统集成与独立系统相比，能够帮助管理者实现高效、节能的目的，是智能化系统的集大成者，也是智能建筑发展的最高境界。

系统集成程度往往被看作是安全防范系统智能化程度的指标。因此，人们总在努力将一个繁杂的系统集成起来。然而，系统集成是有条件的，有技术条件及其他条件未成熟的情况下，一味追求系统的集成程度，只能带来巨大的资金投入和系统的不可靠性，甚至使系统很难全面开通运行。

实践告诉人们：科学合理的综合布线是系统集成的纽带，网络层的协议标准化则是系统真正集成的基础和前提。因此，要实现系统的良好集成，需注意以下几个条件。

一、网络通信协议的统一化

目前，就局域网来说，既成事实的国际标准是广泛应用的 TCP/IP 协议；就底层网络来说,由于采用的硬件形式不同,软件协议也不同。因此,传统的底层 RS-232 和 RS-485 等总线协议无法直接与基于 TCP/IP 的网络进行连接,往往要通过特定的转换器才能实现与上层网络的通信。在新兴的现场总线中,Lon Works 总线可以实现与基于 TCP/IP 协议的良好嵌入或连接。此外,随着"三网合一"(电话网、数据网和有线电视网)技术的成熟和运作的推进,相关的协议需要进一步统一。

二、接口标准化

不同生产厂家的产品不仅要有统一的软件通信协议标准,同时各种产品还需要提供标准化的系列接口,供工程选择需要。

三、组成模块化

无论是硬件设备还是软件产品,均要模块化设计。系统可根据需要,选择硬件组装,利用提供的模块化软件,进行简单易行的二次开发集成,为实现硬件系统集成提供可能。

四、设计并行化

安全防范系统的总体设计中,各子系统设计需要并行进行,子系统之间要相互协调,这样才能保证系统总体的一致性。

五、产品安装工程化

目前,普遍存在系统现场装配复杂的问题,产品安装工程化将加速系统集成化进程。

六、使用和维护的简单化

系统集成程度不仅要看系统的功能集成程度,还要看集成后的系统在使用和维护方面是否简单化。

任务二　安全防范系统的集成设计

目前,在智能化工程中出现的系统集成主要分为两种:一个是 BMS 系统,将楼宇自控系统(BA)、视频监控系统、防盗报警系统、门禁管理系统、消防系统等楼宇内弱电子系统资源联系在一起;另一个就是 IBMS 系统,它是在 BMS 系统的基础上,增加了物业管理系统、办公自动化系统等多个办公系统,扩大了系统集成的范围。

两种集成模式都需要解决多个复杂系统和多种控制协议之间的互联性、互操作性问题和用户二次开发等问题。

在进行安全防范系统的集成设计时应重点考虑如下的内容。

①安全防范系统的集成设计包括子系统的集成设计、总系统的集成设计,必要时还应考虑总系统与上一级管理系统的集成设计。

②入侵报警系统、视频安防系统、出入口控制系统等独立子系统的集成设计,是指它们各自主系统对其分系统的集成(如大型多级报警网络系统的设计),应考虑一级网络对二级网络的集成与管理,二级网络应考虑对三级网络的集成与管理等。大型视频安防监控系统

的设计应考虑监控中心(主控)对各分中心(分控)的集成与管理等。

③各子系统间的联动或组合设计应符合下列规定:

a. 根据安全管理的要求,出入口控制系统必须考虑与消防报警系统的联动,保证火灾情况下的紧急逃生;

b. 根据实际需要,电子巡查系统可与出入口控制系统或入侵报警系统进行联动或组合,出入口控制系统可与入侵报警系统或视频安防监控系统联动或组合,入侵报警系统可与视频安防监控系统或出入口控制系统联动或组合等。

④系统的总集成设计应符合下列规定:

a. 一个完整的安全防范系统,通常都是一个集成系统;

b. 安全防范系统的集成设计,主要是指其安全管理系统的设计;

c. 安全管理系统的设计可有多种模式,可以采用某一子系统为主(如视频安防监控系统)进行系统总集成设计,也可采用其他模式进行系统总集成设计,不论采用何种模式,其安全管理系统的设计除应符合《安全防范工程技术规范》(GB50348－2004)的规定外,还应满足有相应的信息处理能力和控制/管理能力,相应容量的数据库,通信协议和接口应符合国家现行有关标准的规定,系统应具有可靠性、容错性和维修性,系统应能与上一级管理系统进行更高一级的集成。

⑤安全防范系统中的集成控制。安防系统的集成有三个层面:一是单个安防子系统内各个环节的集成,二是安防各子系统(如闭路电视监控、防盗报警、出入口控制等)的集成,三是安防系统与智能建筑系统间的融合。从技术水平而言,也有仅实现联动的初级集成、能实现系统整合的中级集成和可实现业务融合的高级集成三个层次。

安全防范系统主要分为防盗报警、出入口控制、闭路电视监控、访客对讲与电子巡查以及停车场管理等功能模块。就传统的安防系统的系统构成而言,这些功能模块具有极大的独立性,各自具有中央控制器和控制显示器,彼此间的数据交换通过各功能模块间的硬件接口实现。同时,相对于中央管理系统的系统集成,各个功能模块又同时通过各自与中央管理系统的硬件接口实现信息上送和数据下载。为确保通信的安全性和稳定性,又必须对上述的通信网关进行热备份冗余设计。因此,系统的配置和管理十分复杂,系统的效费比相对较高。

任务三　典型的安防系统集成方案

一、计算机连接视频矩阵切换控制器组成的系统

在该结构中完成视频切换与控制的仍是视频矩阵切换控制器,但计算机起着上位机指挥命令的作用,既可以替代专用键盘实现视频切换显示及控制前端等动作,也可以利用其显示屏作为图像采集、存储及报警图像资料的检索、查询等功能。该计算机同时还可以管理门禁控制装置,计算机本身也可参与联网以接收来自网上的其他信息源,如图 8.1 所示为其基本结构。视频矩阵切换控制器与上位计算机之间通过 RS－232 或 RS－485 标准接口相连和进行通信。

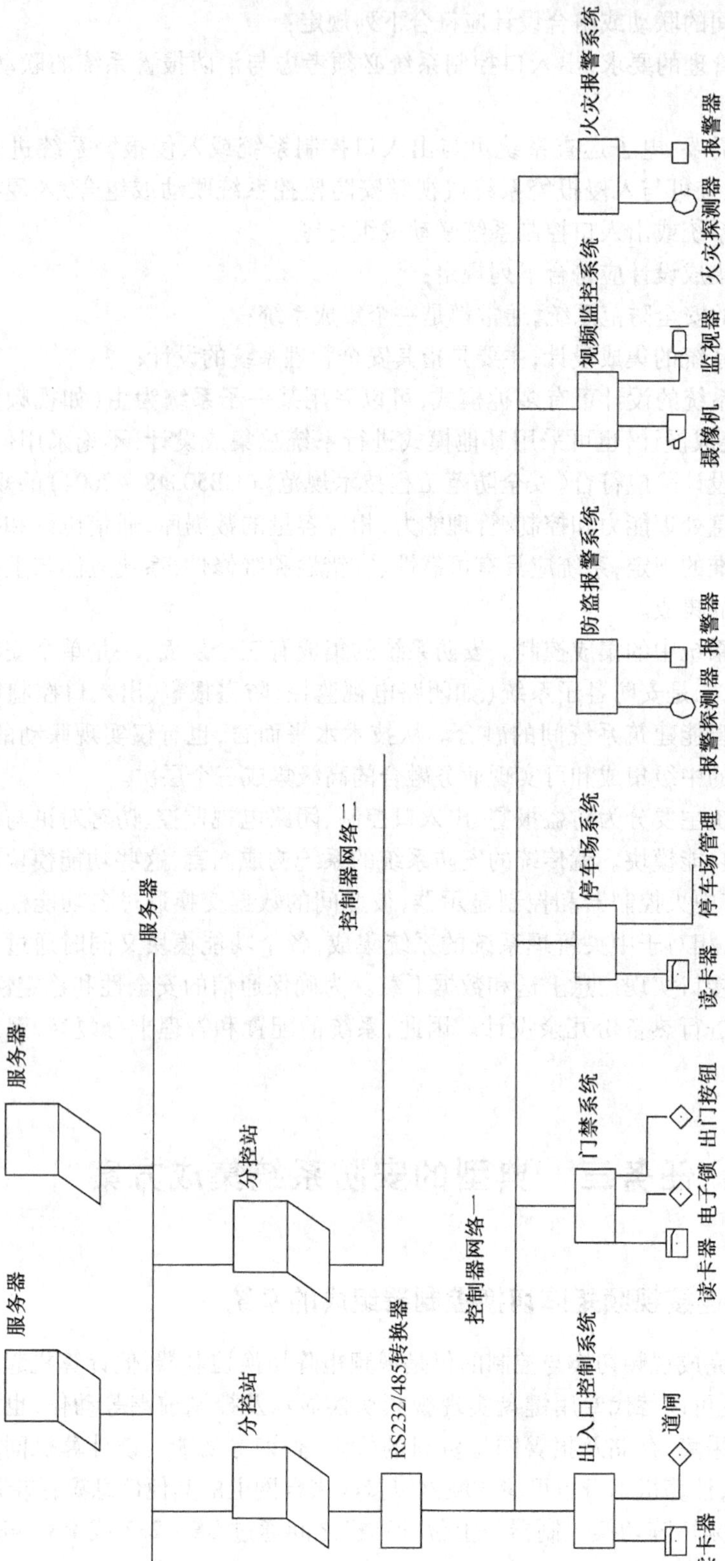
服务器
服务器
服务器
分控站
分控站
RS232/485转换器
控制器网络一
控制器网络二
出入口控制系统
读卡器
道闸
门禁系统
读卡器
电子锁
出门按钮
停车场系统
读卡器
停车场管理
防盗报警系统
报警探测器
报警器
视频监控系统
摄像机
监视器
火灾报警系统
火灾探测器
报警器

图8.1 网络式结构系统

二、基于计算机的 CCTV 系统

安定宝公司的 JAVELIN(标枪)CCTV 管理系统是一种全计算机方式的视频管理系统。有如下分类:

①Quest 中小型系统(简称 Q 控)——64 台摄像机 ×16 台监视器;

②Quest Plus 中大型系统(简称 Q 控 +)——1 000 台摄像机 ×1 000 台监视器;

③Quest 全球网络系统(简称 Q 网),采用标准以太网络结构。

Q 控系统硬件包括主控计算机、以 16 ×4 为单位的视频输入输出卡、32 路报警出入 ×4 路继电器输出卡,还可包括分控键盘或分控计算机(另配分控软件)、云台解码器、多画面处理器、录像机(含硬盘录像机)等设备,通过 RS - 232 串口进行连接。软件是运行于 Windows 环境下的中文版 Q 控软件,按照 RS - 232 或 DDE 方式与报警或门禁子系统实现集成。

三、网络式结构系统

网络式结构系统是以网络为核心的系统,所有的子系统或设备元件可挂上网运行,并通过网络完成信息的传送和交互。此时,监控装置完成基本监视与报警功能,网络通信实现命令传递与信息交换,计算机系统则统一整个保安管理系统的运行,其特点是可以实现综合性保安管理功能,从而有可能在图像压缩、多路复用等数字化进程基础上,实现将电视监控、探测报警和出入口控制这安防三要素真正有机结合在一起的综合数字网络,特别是将其建立在社会公共信息网络之上。

任务四　系统集成设计案例

本设计方案专门针对大厦、办公楼等各种需要区域防范的场合设计,结合巡更系统、CCTV 系统、门禁控制系统,楼控系统等同时控制,尤其适合于政府办公楼、博物馆、展览馆、商业大厦、百货大楼,写字楼等保安控制中心,实现统一监控、自动报警,有效地提高工作效率,保障人民生命财产的安全。

一、报警系统要求

报警主机和计算机监控安装在物业管理中心保安监控室。

报警系统在需要防护的房间安装壁挂式双鉴探测器和吸顶式双鉴探测器,建筑物围墙安装红外线对射探测器。

报警信号联动 CCTV 系统。

报警主机信号连接计算机,在计算机上用电子地图显示防区状态,记录报警系统的数据。

使用总线方式传送报警信号。

二、设计依据

①× ×工程项目安全防范系统招标文件;

②××建筑设计院提供的××建筑底图；

③中华人民共和国公共安全行业标准《防盗报警控制器通用技术条件》GB 12663—2001；

④《 安全防范工程技术规范》GB 50348—2004；

⑤《民用建筑电气设计规范》JGJ 16—2008；

⑥《民用闭路监视系统工程技术规范》(GB/50198—2011)；

⑦《智能建筑设计标准》GBT 50314—2006；

⑧《中国建筑电气设计规范》。

三、设计方案

选用一台加拿大 DSC 公司的大型报警主机 PC4020。加拿大 DSC 公司于 1980 年成立，至今已成为世界著名的电子防盗产品制造商，始终保持产品高科技水平，领导市场。

大型报警主机 PC4020 的扩展防区可以通过四线制总线、两线总线及无线方式扩展。

根据××工程项目的实际情况，大厦内使用四线总线扩展防区，围墙周界使用两线总线扩展防区。

PC4020 的主要性能如下：

①16 个基本接线防区，可扩充多达 128 个防区，可使用总线及无线防区；

②可划分 8 个子系统，连接 16 个键盘，每个子系统可以独立控制

③1 500 个使用者密码，划分为 7 个用户级别；

④可记录 3 000 宗事件以供参考，由键盘显示，也可接打印机输出；

⑤两种总线扩展方式。

1. 四线总线(COMBUS 总线)

总线上可以连接控制键盘、8 防区扩展模块(最多可扩展 112 防区)、4 路继电器模块、16 路小电流输出模块、门禁控制器、串行口模块。

四线总线可以连接 8 防区扩展模块 PC4108，这种方式的突出特点是防区反应速度快，报警的响应时间小于 1 s，特别是联动 CCTV 系统时，能及时联动 CCTV 系统切换出报警时的图像。

通过中继方式总线长度可达 4 200 m，使用 4×1. 5 非屏蔽线。四线总线设计的基本原则为：

①一段总线连接设备消耗的电流总和不大于 500 mA，超过时加总线电源驱动模块 PC4204CX；

②总线长度达到 1 200 m 时，加总线信号驱动模块 PC4204CX，可以延长 1 200 m，总线长度可达 4 200 m。

主要模块消耗电流数据：LCD4501 键盘——50 mA；PC4108(8 防区扩展模块)——30 mA；PC4216(16 路小电流输出模块)——60 mA；PC4401(串行口模块)——35 mA。

2. 两线总线(AML 总线)

PC4020 报警主机内置两路两线制总线驱动器，可以连接单防区 和 4 防区地址模块(最多 128 防区)、多种总线制探测器、总线延伸器。

两线制总线长度由两个条件决定：

①线径；

②总线连接设备消耗的电流总和。

使用 AMX－400 总线延伸器可提高总线驱动电流以延伸总线长度。

PC4020 内置两路两线制总线驱动器，在周界防范时，如果周界很长，总线可以顺时针方向布半周，逆时针方向布半周。

①可使用双向串行口模块连接到主控电脑，监测、显示、处理这些报警信息，主控电脑可以控制 PC4020 报警主机布防和撤防；

②多路输出模块可对灯光、录像、警号等控制，实现报警联动功能。

有两种输出模块供选择：PC4204CX 四路继电器模块；PC4216 16 路小电流输出模块，每路可提供 50 mA 12 V 输出。

系统结构图如图 8.2 所示。

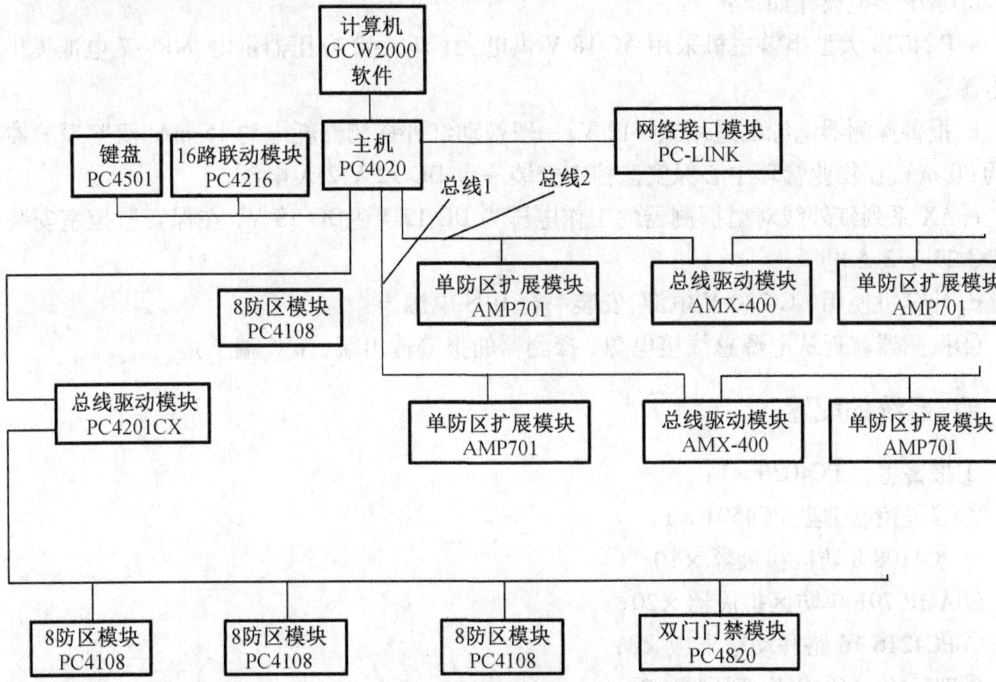

图 8.2　系统结构图

3. 选用丛文公司 GCW2000 警卫中心报警软件

深圳市丛文科技有限公司是深圳市政府首批认证的软件企业之一，公司下属的安防事业部专业从事安防系统高端管理控制专用软件及相关硬件的研制与开发。公司自 1994 年开始与多家世界一流安防产品制造商合作以来，由丛文公司开发的系列安防监控管理软件已经广泛应用在全国各地的近千家联网报警中心和大厦、博物馆、展览馆等要害部门的安保监控中心中，为广大用户能轻松管理、高效应用国外先进的安防产品做出重要的贡献。

4. 报警信号联动 CCTV 系统

使用 PC4216 联动输出模块，一块 PC4216 联动 16 路报警信号，联动输出为 12 V 信号，可以接入到 CCTV 系统的报警接口。

5. 探测器

①壁挂式双鉴探测器 DUO－220；

②吸顶式双鉴探测器 DUO－240；

③红外线对射探测器 AX 系列。

6. 数据总线的铺设连接和系统供电

PC4020 大型报警主机安装在物业管理中心保安监控室。

①从物业管理中心保安监控室沿弱电竖井铺设一根 4 芯线和一根 2 芯线，使用 RVV4×1.5 的电缆和 RVV2×1.5 的电缆。

4 芯线为 COMBUS 总线，2 芯线为探测器的电源线。

②从物业管理中心保安监控室沿围墙铺设一根 4 芯线，使用 RVV4×1.5 的电缆。其中，2 芯线为 AML 总线，另外 2 芯线为红外线对射探测器的电源线。

③系统供电设计如下：

a. PC4020 大型报警主机采用 AC 18 V 供电，由 TF－40 变压器供电，MF－7 电池提供后备电源；

b. 报警探测器电源的适用 DC 12 V，一般被动红外探测器耗电约 15 mA，双鉴探测器耗电约 30 mA，在物业管理中心保安监控室安装一台 DC 12 V 2 A 电源。

c. AX 系列红外线对射探测器的工作电压为 DC 12 V～DC 28 V，在保安监控室安装一台 DC 24 V 2 A 电源；

d. 计算机使用 AC 220 V 电源，安装一台 UPS 电源。

④探测器就近从电源总线接电源，探测器的报警输出端(N/C 端子)。

四、系统的配置

①报警主机 PC4020×1；

②编程控制键盘 PC4501×1；

③PC4108 8 防区扩展器×10；

④AMP 701 单防区扩展器×20；

⑤PC4216 16 路联动输出板×8；

⑥TF－40 AC 18 V 变压器×2；

⑦MF－7 电池×2；

⑧DC 24 V 2 A 直流电源×2；

⑨DC 12 V 2 A 直流电源×1；

⑩双鉴探测器 DUO－220×20；

⑪ AX 系列红外线对射探测器×20；

⑫PC4401 串口模块×1；

⑬GCW－2000 警卫中心软件×1；

⑭计算机×1；

⑮总线电源 PC4204CX×1；

⑯总线延伸器 AMX－400×1；

⑰警号 DT－24×1。

五、主要器材介绍

1. 中心控制主机

①型号：PC4020。

②品牌：DSC。

③产地：加拿大。

2. 编程及控制键盘

①型号：PC4501 - LCD。

②品牌：DSC。

③产地：加拿大。

④性能指标：

a. LCD 显示；

b. 多达 16 个键盘；

c. 2 行、32 个字符显示，文字提示防区状态、系统状态、故障状态、事件记录等；

d. 5 个可编程“一触式”功能键和 3 个双按键紧急按钮。

3. 防区扩展板

①型号：PC - 4108/4116。

②品牌：DSC。

③产地：加拿大。

④8 防区扩展板 PC - 4108。

⑤16 防区扩展板 PC - 4116。

⑥可以设置成 5.6 kΩ 线末电阻，双线末电阻和常闭三种回路

⑦不用 DIP 开关或跳线方式设置，设置时触发防拆联线，主机自动划分防区号，可编址回路（AML）延伸模块。

4. 单路可编地址扩展模块

单路可编地址扩展模块如图 8.3 所示。

图 8.3　单路可编地址扩展模块

①型号：AMP704/701。

②品牌：DSC 。

③产地：加拿大。

5. 总线驱动模块 PC4204CX

总线驱动模块 PC4204CX 如图 8.4 所示。

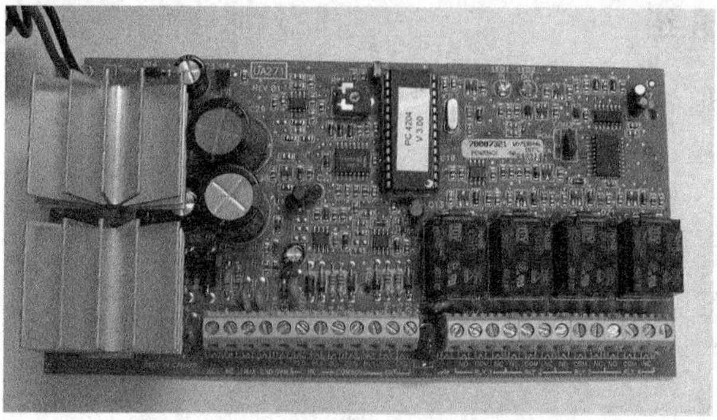

图 8.4　总线驱动模块 PC4204CX

①功能:总线电源驱动,总线信号驱动,直流电源。

②使用 AC 18 V 40 V·A 变压器供电。

思考题

1. 安全防范系统可以讲哪些子系统进行集成?
2. 安防系统集成的可选用哪些软件系统平台?

参 考 文 献

[1] 黄河. 安防与电视电话系统施工[M]. 北京:中国建筑工业出版社,2005.

[2] 刘健. 智能建筑弱电系统[M]. 重庆:重庆大学出版社,2002.

[3] 喻建华,陈旭平. 建筑弱电应用技术[M]. 武汉:武汉理工大学出版社。2009.

[4] 刘涌. 建筑安装工程施工图集[M]. 2 版. 北京:中国建筑工业出版社,2002.

[5] 梁华. 智能建筑弱电工程施工手册[M]. 北京:中国建筑工业出版社,2003.

[6] 黎连业. 安全防范工程设计与施工技术[M]. 北京:中国电力出版社,2008.

[7] 梁华. 智能建筑弱电工程施工手册[M]. 北京:中国建筑工业出版社,2006.

[8] 全国安全防范系统报警系统标准化技术委员会. 出入口控制系统工程设计规范[S](GB 50394—2007). 北京:中国计划出版社,2007.

[9] 全国安全防范报警系统标准化技术委员会. 入侵报警系统工程设计规范[S](GB 50394—2007). 北京:中国计划出版社,2007.